工学系のための確率統計

MATLABとExcelによる実践入門

福井正博 著

共立出版

まえがき

確率統計はデータを正しく扱うための学問である．工学をはじめ，経済，医学，農学，生物学，社会学などの多方面で応用され，実験のデータの読み方，理解の仕方，あるいは，工業製品の製造の品質を上げるための方法，景気の予測，医学療法や薬の効果の予測など様々な用途で大きな貢献をしている．昨今のコンピュータやインターネットなどの情報処理技術の発達に伴い，人類は大量のデータを収集し，それらを高速に計算処理できるようになってきたことにより，データの特性を知り，データから得られる本質的な知識情報を抽出する高度な情報処理のニーズが急速に高まってきている．人工知能やデータサイエンスなどはその顕著な例である．

本書はこのような時代に，工学を学ぶ学生や技術者を対象として，確率と統計の基本的な理論をできるだけ具体例を使ってわかりやすく，数式だけでなく直感的にも理解しやすいように工夫した．さらに，理論を現実問題に活用するための手段としてのプログラミングやアルゴリズムの具体例を示し解決手段への導入に無理が無いように配慮した．本書では，統計解析のための数式支援システムとしては多分野で広く活用されている MATLAB を使って解説を行う．MATLAB はベクトルや行列を容易に扱うことができ，確率統計で用いられる数式に近い抽象度でプログラムが記述できる点やグラフの表示やデータの取り込みが容易であるなどの利点がある．Excel や Python を使っている読者にも参考にしやすいという点もあるので広い読者層に活用いただきたい．理論の部分を前半に配置し，後半をプログラミングとしているので，理論のみを習得したい読者は前半部分のみを読み進めていただくことをお勧めする．

本書を通じて，読者が研究や技術開発の現場において実験から得られるデータの信頼性や，本質的な問題点を解析する実践的な力を身に着けることを願う．

本書で扱う内容と特徴

- 確率や統計の基礎理論をわかりやすく整理
- グラフや表を使った表現と理解が進むように工夫
- コンピュータを使った実用的な例題を多く解説，MATLAB ユーザだけでなく，Excel，python ユーザにも導入が容易であるように解説
- 工学におけるシミュレーションやモデル化への応用が容易となるように解説

2025 年 2 月

著者識す

目次

第1章 データの整理

集積回路や情報通信，コンピュータ，センサーなど電子技術の進化に伴い大量のデータが高速に扱われるようになってきた．実験や調査もIT化が進み大量のデータを効率よく集めることができるようになってきた．これらのデータの整理について述べる．**生データ** (raw data) は，センサーなどから直接得られる何の手も加えられていない状態のデータのことをいう．ある特性を数値あるいは数式で示したものを**変量** (variate, variable) という．変量には，重量，容量，温度などのように連続数で表現される**連続変量** (continuous variable) と，物の個数，場合の数，勝敗の回数，金額などのように離散数で表現される**離散変量** (discrete variable) に分けられる．生データに対して整理，分析，特徴抽出などを行うことで付加価値を得る．データの整理は，統計的な特徴を得るための初期段階の手続きである．

1.1 統計量の扱い

得られた生データを整理して表にする代表的な方法として**度数分布表** (table of frequency distribution) がある．変量の範囲をいくつかの**組** (class) に分けたとき，各々の組に属するデータの個体数を**度数** (frequency) という．**級** (rank) はデータの属性（グループ，範囲）を示す．各組に対する度数の系列を**度数分布** (frequency distribution) といい，これを表で示したものが度数分布表である．級の幅を**級間隔** (class width) といい，一般には等しくとる．級の中央値を**級中央** (class center) あるいは**階級値** (class mark) といい，この組に入る測定値を丸めて級の代表値とする．

表1.1で与えられたある学級の数学と英語の点数の生データの数学の点数に関して10点間隔で組を定義し，度数分布表を作ると表1.2が得られる．各

表 1.1：ある学級の数学と英語の点数の生データ

番号	数学	英語	番号	数学	英語	番号	数学	英語	番号	数学	英語
1	100	94	26	61	55	51	100	86	76	35	36
2	59	52	27	33	17	52	51	57	77	61	70
3	46	62	28	60	73	53	57	56	78	52	46
4	59	56	29	46	38	54	58	68	79	80	83
5	67	63	30	54	35	55	65	68	80	65	66
6	58	61	31	45	66	56	67	59	81	59	59
7	45	75	32	98	100	57	42	39	82	42	55
8	66	73	33	19	28	58	77	82	83	94	80
9	58	49	34	53	40	59	100	100	84	65	64
10	35	36	35	39	33	60	70	77	85	72	55
11	58	67	36	67	79	61	24	21	86	71	76
12	85	75	37	70	65	62	69	49	87	45	55
13	21	31	38	59	65	63	88	70	88	80	73
14	66	80	39	43	45	64	73	76	89	60	52
15	82	82	40	87	82	65	62	63	90	58	60
16	85	71	41	50	40	66	66	67	91	53	51
17	58	63	42	60	61	67	61	65	92	74	58
18	74	65	43	71	64	68	81	75	93	97	98
19	95	77	44	78	80	69	41	55	94	51	68
20	74	37	45	73	59	70	100	92	95	55	64
21	95	73	46	56	52	71	43	54	96	58	51
22	65	74	47	58	31	72	51	65	97	77	83
23	78	81	48	82	83	73	63	85	98	76	66
24	47	61	49	68	64	74	73	66	99	64	67
25	62	55	50	10	32	75	61	72	100	60	53

級の度数を加え合わせて累積度数をつくると**累積度数分布** (cumulative frequency distribution) が得られる．これをまとめると，表 1.3 のような**累積度数分布表** (table of cumulative frequency distribution) が得られる．

統計資料を図で表現したものが**統計図表** (statistical diagram) である．度数分布に関する図表について代表的なものを以下に示す．

度数分布を長方形の柱状のグラフで表現したものが**ヒストグラム** (histogram) である．図 1.1 のヒストグラムは表 1.2 の度数分布表に対応するものである．図 1.2 の**累積度数分布図** (cumulative frequency distribution chart) は表 1.3

表 1.2：表 1.1 の数学に対する度数分布表

組	級中値	度数
0 - 9	4.5	0
10 - 19	14.5	2
20 - 29	24.5	2
30 - 39	34.5	4
40 - 49	44.5	11
50 - 59	54.5	23
60 - 69	64.5	24
70 - 79	74.5	16
80 - 89	84.5	9
90 - 100	95	9

表 1.3：表 1.1 の数学に対する累積度数分布表

階級	累積度数
4.5	0
14.5	2
24.5	4
34.5	8
44.5	19
54.5	42
64.5	66
74.5	82
84.5	91
95	100

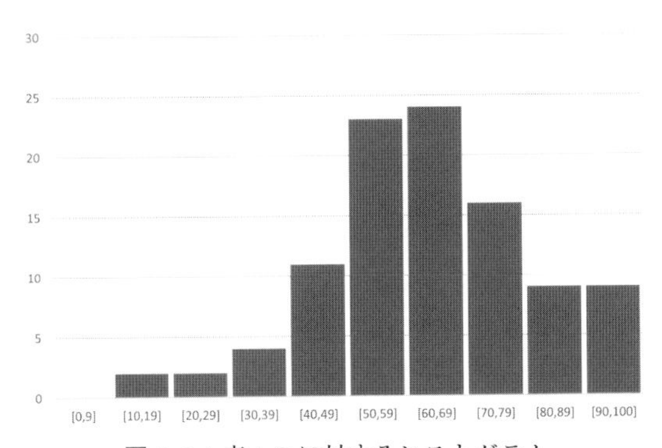

図 1.1：表 1.2 に対するヒストグラム

の累積度数分布表に対応するものである．いずれも視覚的に分布を把握するために使われる．

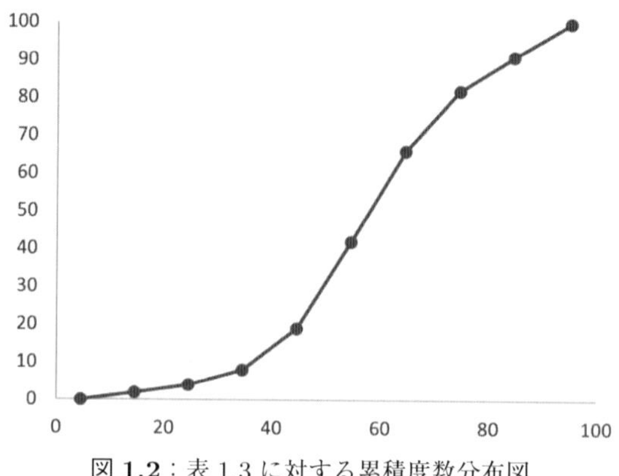

図 **1.2**：表 1.3 に対する累積度数分布図

（まとめ）データの整理

生データ (raw data)： 何の手も加えられていない状態のデータ
度数分布表 (table of frequency distribution)： 変量の範囲を組に分けそれぞれの度数を表にしたもの
累積度数分布表 (table of cumulative frequency distribution)： 度数の累積を表にしたもの
ヒストグラム (histogram)： 度数分布を棒グラフで示したもの
累積度数分布図 (cumulative frequency distribution chart)： 度数の累積を折れ線グラフで示したもの
※いずれもデータの分布の特徴を把握しやすくするための手段である．

問題 1.1.　表 1.3 の累積度数分布表を用いて 40 点から 80 点の間に含まれる度数の合計を求めよ．

1.2　代表値

分布の特性を示す基本的な数値は代表値である．いくつかの代表値について述べる．変量 x の N 個の測定値を $x_1, x_2, \ldots, x_N$ とする．

1.2.1 算術平均

算術平均 (arithmetical mean) は変量 $x = x_1, x_2, \ldots, x_N$ の全ての x_i の値を加えたものを値の個数 N で割ったものである．生データに対して計算する場合は次式を使う．

$$\overline{x} = \frac{1}{N}\sum_{i=1}^{N} x_i = \frac{x_1 + x_2 + \cdots + x_N}{N}$$

度数分布表から算術平均を求める場合は，各級の級中値を x_i，各級の度数を f_i，級の個数を k とした場合に次式を使う（N は測定値の個数，$N = \sum_{i=1}^{k} f_i$）．

$$\overline{x} = \frac{1}{N}\sum_{i=1}^{k} f_i x_i = \frac{f_1 x_1 + f_2 x_2 + \cdots + f_k x_k}{N}$$

例 1.1 表 1.2 の度数分布表に対しては以下のように算術平均を求める．$N = 100$（度数の合計）である．

$$\overline{x} = \frac{1}{100}(4.5 \times 0 + 14.5 \times 2 + 24.5 \times 2 + 34.5 \times 4 + 44.5 \times 11 + \cdots + 95 \times 9)$$

1.2.2 幾何平均

変量 $x = x_1, x_2, \ldots, x_N$ の N 個の値 x_i が正の数であるときは次式で幾何平均 (geometrical mean) が定義される．

$$G = \sqrt[N]{x_1 x_2 \cdots x_N}$$

幾何平均 G の対数をとると

$$\log G = \frac{\log x_1 + \log x_2 + \cdots + \log x_N}{N}$$

となる．すなわち，幾何平均の対数は変量の対数の算術平均に等しい．各級の級中値を x_i，各級の度数を f_i とした場合には，次式で求める．

$$G = \sqrt[N]{x_1^{f_1} x_2^{f_2} \cdots x_k^{f_k}}$$

幾何平均は変化率を扱う場合に適しており，物価指数や人口増加率などの代表値に適している．

1.2.3　中央値

N 個の測定値 x_i を大きさの順に並べたときに中央にくる値を**中央値** (median) という．N が奇数の場合は，$(N+1)/2$ 番目の値が中央値であり，N が偶数の場合は，$N/2$ 番目と $(N/2)+1$ 番目の値の算術平均値を中央値とする．

例 1.2　5 個の測定値を昇順に並べたものが 1, 2, 5, 7, 8 であるとすると，この中央値は 3 番目の値 5 である．

例 1.3　6 個の測定値を昇順に並べたものが 1, 2, 3, 5, 7, 8 であるとすると，この中央値は 3 番目と 4 番目の 算術平均 $= (3+5)/2 = 4$ である．

1.2.4　モード

測定された変量のうち，もっとも出現頻度の大きいものを**最頻値**または**モード** (mode) という．度数分布表であれば最頻値は度数が最も大きい階級になる．最頻値を用いることで，どの部分のデータが多く存在しているのかわかる．

例 1.4　9 個の測定値を昇順に並べたものが 1, 1, 2, 3, 3, 3, 5, 7, 8 であるとすると，この最頻値は 3 である．

（まとめ）代表値

算術平均 (arithmetical mean)： 変量 $x = x_1, x_2, \ldots, x_N$ に対して直接計算する場合は次式を使う．N は値の個数.

$$\overline{x} = \frac{1}{N}\sum_{i=1}^{N} x_i = \frac{x_1 + x_2 + \cdots + x_N}{N}$$

度数分布表の各級の級中値を x_i，各級の度数を f_i としたとき次式で与える.

$$\overline{x} = \frac{1}{N}\sum_{i=1}^{k} f_i x_i = \frac{f_1 x_1 + f_2 x_2 + \cdots + f_k x_k}{N}$$

中央値 (median)： 大きさの順に並べたときに中央にくる値，全体が偶数個の場合は中央の 2 個の値の平均

最頻値 (mode)： もっとも出現頻度の大きい値

1.3　偏差と散布度

平均値 $\overline{x}$ から変量 x の各値 x_i へのずれ $(x_i - \overline{x})$ を**偏差** (deviation) という．**散布度** (measure of dispersion) は，分布の散らばり度合いを表すものである．

散布度を示す代表的なものとして，平均からの偏差の 2 乗の平均値を**分散** (variance) といい，σ^2 で表す．変量 $x = x_1, x_2, \ldots, x_N$ に対して直接計算する場合は次式を使う．

$$\sigma^2 = \frac{1}{N}\sum_{i=1}^{N}(x_i - \overline{x})^2$$

変量 x が度数分布表によって与えられる場合は，各級の級中値を x_i，各級の度数を f_i，級の個数を k として次式で与える．（N は測定値の個数，$N = \sum_{i=1}^{k} f_i$）

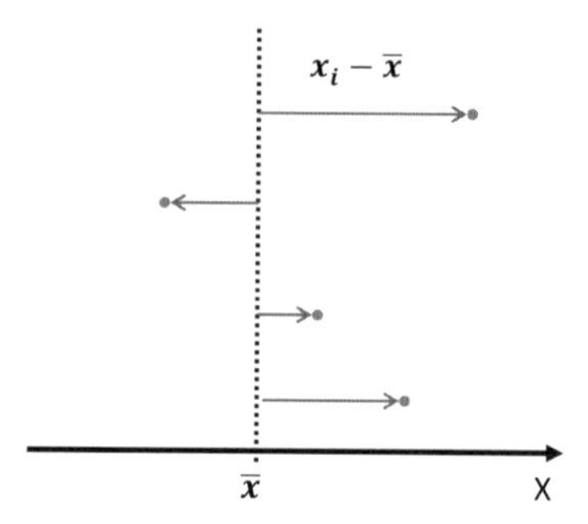

図 **1.3**：平均値 $\overline{x}$ からのデータの散らばり度合いと偏差 $(x_i - \overline{x})$

$$\sigma^2 = \frac{1}{N}\sum_{i=1}^{k} f_i(x_i - \overline{x})^2$$

この式において，度数分布表のそれぞれの組の要素がただ一つであるとした特殊な場合を考えると，組の個数が $k = N$，各組の度数がすべて 1 $(f_i = 1, 1, \ldots, 1)$ となり，両方の式は一致する．したがって，どちらの定義式を用いても同様の性質が定義される．以下では度数分布表が与えられる場合について主に説明を行う．

分散の平方根（正）を分布の**標準偏差** (standard deviation) といい σ で表す．分散または標準偏差の値が大きい場合は，データの散らばり度合いが大きい（分布が広がっている）ということを意味する．逆に，分散または標準偏差の値が小さい場合は，データの分布が平均値付近に集中していることを意味する．

$$\sigma^2 = \frac{1}{N}\sum_{i=1}^{k} f_i(x_i - \overline{x})^2 = \frac{1}{N}\sum_{i=1}^{k} f_i(x_i^2 - 2\overline{x}x_i + \overline{x}^2) = \frac{1}{N}\sum_{i=1}^{k} f_i x_i^2 - \overline{x}^2$$

すなわち，分散は「変量 x の 2 乗の平均 − 平均の 2 乗」と等しい．このことから，以下の定理が得られる．

定理 1.1. 分散は，変量 x の各値 x_i の 2 乗の平均値から，変量 x の平均値の 2 乗を引いたものに等しい．すなわち，

$$\sigma^2 = \frac{1}{N}\sum_{i=1}^{k} f_i x_i^2 - \overline{x}^2$$

が成立する．

変量 $x = x_1, x_2, \ldots, x_N$ に対して直接計算する場合には，

$$\sigma^2 = \frac{1}{N}\sum_{i=1}^{N} x_i^2 - \overline{x}^2$$

で示される．

変量 x に対する分散を $\sigma^2(x)$ と表記する．このとき，

$$\sigma^2(x) = \frac{1}{N}\sum_{i=1}^{k} f_i x_i^2 - \overline{x}^2$$

である．

変量 x に定数 c を乗じた新変量を $cx = \{cx_1, cx_2, \ldots, cx_N\}$ とするとき，u の平均値が $c\overline{x}$ であることは自明であり，分散 $\sigma^2(cx)$ に対しては，以下の関係式が成立する．

$$\begin{aligned}\sigma^2(cx) &= \frac{1}{N}\sum_{i=1}^{k} f_i(cx_i - c\overline{x})^2 = \frac{1}{N}\sum_{i=1}^{k} f_i(cx_i)^2 - (c\overline{x})^2 \\ &= c^2\left(\frac{1}{N}\sum_{i=1}^{k} f_i x_i^2 - \overline{x}^2\right) = c^2\sigma^2(x)\end{aligned}$$

これから次の定理が得られる．

定理 1.2.　変量 x に定数 c を乗じた変量 cx の分散 $\sigma^2(cx)$ に対して関係式

$$\sigma^2(cx) = c^2\sigma^2(x)$$

が成立する．

定理 1.2 の式の両辺の正の平方根をとることにより標準偏差に関しては次の定理が得られる．

定理 1.3.　変量 x に定数 c を乗じた変量 cx の標準偏差 $\sigma(cx)$ に対して関係式

$$\sigma(cx) = c\sigma(x)$$

が成立する．

変量 x に定数 c を加えた新変量を $x + c = \{x_1 + c, x_2 + c, \ldots, x_N + c\}$ とするとき，$(x + c)$ の平均値が $(\overline{x} + c)$ であることは自明である．分散 $\sigma^2(x + c)$ に対しては，次の関係式が成立する．

$$\sigma^2(x + c) = \frac{1}{N}\sum_{i=1}^{k} f_i\big((x_i + c) - (\overline{x} + c)\big)^2 = \frac{1}{N}\sum_{i=1}^{k} f_i(cx_i - c\overline{x})^2 = \sigma^2(x)$$

これから次の定理が得られる．

定理 1.4.　変量 x に定数 c を加えた新変量 $x + c$ の分散 $\sigma^2(x + c)$ に対して関係式

$$\sigma^2(x + c) = \sigma^2(x)$$

が成立する．標準偏差に関しては，

$$\sigma(x + c) = \sigma(x)$$

が成立する．

（まとめ）偏差と分散

分散の定義式：平均からの偏差の 2 乗平均

（変量 $x = x_1, x_2, \ldots, x_N$ に対して直接計算する場合）

$$\sigma^2 = \frac{1}{N}\sum_{i=1}^{N}(x_i - \overline{x})^2$$

（変量 x が度数分布表によって与えられ，f_i を各組の度数とする場合）

$$\sigma^2 = \frac{1}{N}\sum_{i=1}^{k} f_i(x_i - \overline{x})^2$$

- 定理 1.1　分散の定義式

（変量 $x = x_1, x_2, \ldots, x_N$ に対して直接計算する場合）

$$\sigma^2 = \frac{1}{N}\sum_{i=1}^{N} x_i^2 - \overline{x}^2$$

（変量 x が度数分布表によって与えられ，f_i を各組の度数とする場合）

$$\sigma^2 = \frac{1}{N}\sum_{i=1}^{k} f_i x_i^2 - \overline{x}^2$$

- 定理 1.2　分散に関する公式

$$\sigma^2(cx) = c^2\sigma^2(x)$$

- 定理 1.3　標準偏差に関する公式

$$\sigma(cx) = c\sigma(x)$$

- 定理 1.4　分散と標準偏差に関する公式

$$\sigma^2(x+c) = \sigma^2(x)$$

$$\sigma(x+c) = \sigma(x)$$

問題 1.2.　あるクラスで数学と英語の試験を行なったところ，下記のように成績 0 ～ 5 点に対してそれぞれの人数分布が得られた．このとき，数学および英語の平均，分散，標準偏差を計算しなさい．

点数	数学（人数）	英語（人数）
0	2	0
1	4	2
2	3	3
3	7	8
4	2	5
5	2	2
平均		
分散		
標準偏差		

問題 1.3.　問題 1.1 において，点数をそれぞれ 20 倍して，0 ～ 100 点とした場合に，数学と英語の平均，分散，標準偏差を計算しなさい．

1.4　散布図と相関係数

一般に人の身長 h と体重 w の関係を考えた場合，身長が高ければ体重も重い傾向があることが想像できる．しかし，痩せた人や太った人，筋肉質の人や脂肪体質の人など様々な要因があるので，身長と体重の間にはどちらかが決まればもう一方の値が決定するといった一意的な関数関係が成立しているわけではない．このように，一方の変化が他方の変化にある傾向を伴うとき，h，w の間には**相関関係** (correlation) があるという．このような 2 項目のデータの関連の度合いを直感的にとらえるために，縦軸，横軸に 2 項目

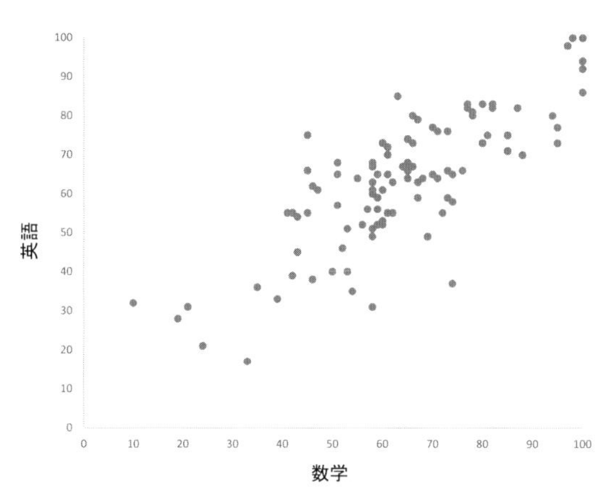

図 **1.4**：表 1.1 の数学と英語の点数に対する散布図

の量や大きさなどを対応させ，データを点でプロットすると**散布図** (scatter plot) が得られる．表 1.1 の数学と英語の点数分布について，縦軸に英語の点数，横軸に数学の点数をとった散布図は図 1.4 に示すとおりである．英語の点数 x_i が高い場合に数学の点数 y_i も高くなる傾向がみられる．この図のように，散布図の点がある勾配をもっており，その傾きが正である場合は，変量 $x = x_1, x_2, \ldots, x_N$ と $y = y_1, y_2, \ldots, y_N$ の間には**正の相関** (positive correlation) があるという．

図 1.5 のように，散布図の点がある勾配をもっており，その傾きが負である場合は，変量 x, y の間には**負の相関** (negative correlation) があるという．図 1.6 のように，散布図の点が何ら傾向を示さない場合は，変量 x, y は**無相関** (no correlation) であるという．

以上で述べた相関の度合いを数量的に示すものを**相関係数** (correlation coefficient) といい，相関係数 r は以下の式で定義される．

$$r = \frac{\sum_{i=1}^{N}(x_i - \overline{x})(y_i - \overline{y})}{\sqrt{\sum_{i=1}^{N}(x_i - \overline{x})^2}\sqrt{\sum_{i=1}^{N}(y_i - \overline{y})^2}}$$

または，

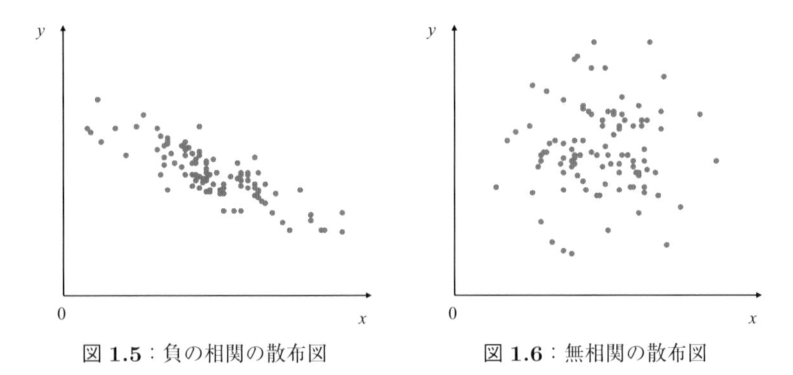

図 **1.5**：負の相関の散布図　　図 **1.6**：無相関の散布図

$$r = \frac{\frac{1}{N}\sum_{i=1}^{N}(x_i - \overline{x})(y_i - \overline{y})}{\sigma_x \sigma_y} = \frac{\mathrm{cov}(x, y)}{\sigma_x \sigma_y}$$

この式中の

$$\mathrm{cov}(x, y) = \frac{1}{N}\sum_{i=1}^{N}(x_i - \overline{x})(y_i - \overline{y})$$

は変量 $x = x_1, x_2, \ldots, x_N$ と $y = y_1, y_2, \ldots, y_N$ の**共分散** (covariance) という．共分散は，系列の大きさが同じ2つの変量 x, y の，それぞれの平均からの偏差の積の平均値である．式からもわかるように共分散の値は，正負のいずれもとりうる．定義から明らかなように共分散と相関係数の正負は一致する．

相関係数 r は $-1 \leq r \leq 1$ の値をとり，その値が正の場合は正の相関，その値が負の場合は負の相関を意味する．$r = 0$ となる場合を無相関という．相関係数が1に近いほど正の相関が強まり，正の傾きをもった直線付近に散布図の点が集まる．相関係数が -1 に近いほど負の相関が強まり，負の傾きをもった直線付近に散布図の点が集まる．なお，実際には，$r = 0$ となる場合だけでなく，近似的に $-0.5 < r < 0.5$ のときはほとんど無相関とみなされる．$0.7 < r$ のときに正の相関が強くなり，$r < -0.7$ のときに負の相関が強くなるとして扱う．

定理 1.5.　変量 x, y の間の相関係数の値は -1 から 1 の間である．すなわち，不等式 $-1 \leq r \leq 1$ が成立する．

ところで，共分散の式は

$$
\begin{aligned}
\mathrm{cov}(x,y) &= \frac{1}{N}\sum_{i=1}^{N}(x_i-\overline{x})(y_i-\overline{y}) \\
&= \frac{1}{N}\sum_{i=1}^{N}(x_iy_i-\overline{x}y_i-\overline{y}x_i+\overline{x}\,\overline{y}) \\
&= \frac{1}{N}\sum_{i=1}^{N}x_iy_i-\overline{x}\,\overline{y}
\end{aligned}
$$

のように変形できるので，以下の定理が成り立つ．

定理 1.6. 共分散 $\mathrm{cov}(x,y)$ に関して，次の式が成立する．

$$
\mathrm{cov}(x,y) = \frac{1}{N}\sum_{i=1}^{N}x_iy_i-\overline{x}\,\overline{y}
$$

この式を用いて，相関係数の式は

$$
r = \frac{\mathrm{cov}(x,y)}{\sigma_x\sigma_y} = \frac{\frac{1}{N}\sum_{i=1}^{N}x_iy_i-\overline{x}\,\overline{y}}{\sigma_x\sigma_y}
$$

のように変形できるので，以下の定理が成り立つ．

定理 1.7. 相関係数 r に関して，次の式が成立する．

$$
r = \frac{\frac{1}{N}\sum_{i=1}^{N}x_iy_i-\overline{x}\,\overline{y}}{\sigma_x\sigma_y}
$$

（まとめ）散布図と相関係数

散布図 (scatter plot)：2 項目のデータの関連をとらえるために，縦軸 y，横軸 x で 2 項目の特性を示し，各要素の特性を点 (x_i, y_i) で表現したもの．

相関係数 (correlation coefficient)：

$$r = \frac{\sum_{i=1}^{N}(x_i - \overline{x})(y_i - \overline{y})}{\sqrt{\sum_{i=1}^{N}(x_i - \overline{x})^2}\sqrt{\sum_{i=1}^{N}(y_i - \overline{y})^2}} = \frac{\frac{1}{N}\sum_{i=1}^{N}(x_i - \overline{x})(y_i - \overline{y})}{\sigma_x \sigma_y}$$
$$= \frac{\mathrm{cov}(x, y)}{\sigma_x \sigma_y}, \quad -1 \leq r \leq 1$$

共分散 (covariance)：

$$\mathrm{cov}(x, y) = \frac{1}{N}\sum_{i=1}^{N}(x_i - \overline{x})(y_i - \overline{y})$$

- 定理 1.6　共分散 $\mathrm{cov}(x, y)$ に関する公式

$$\mathrm{cov}(x, y) = \frac{1}{N}\sum_{i=1}^{N} x_i y_i - \overline{x}\,\overline{y}$$

- 定理 1.7　相関係数 r に関する公式

$$r = \frac{\frac{1}{N}\sum_{i=1}^{N} x_i y_i - \overline{x}\,\overline{y}}{\sigma_x \sigma_y}$$

無相関 (no correlation)：相関係数 $r = 0$ となる場合を無相関という（実際には $-0.5 < r < 0.5$ の場合は，ほぼ無相関とみなされる）

1.5　回帰直線

相関性のある分布を代表する直線を回帰直線 (regression line) という．回帰直線 $y = mx + k$ は，散布図において変量 x, y を示す各点 (x_i, y_i) の周辺に存

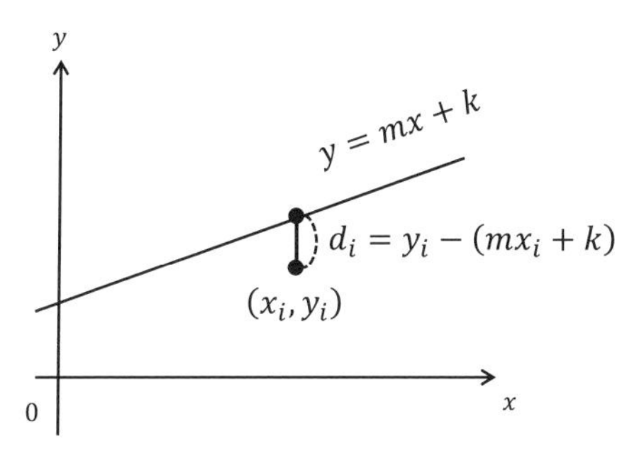

図 **1.7**：回帰直線

在するように直線の傾き m と切片 k を最適化して求める．

図 1.7 に示すように散布図の任意の点 (x_i, y_i) と回帰直線 $y = mx + k$ の y 方向の距離 d_i に着目し，その 2 乗和

$$\sum_{i=1}^{N} d_i^2 = \sum_{i=1}^{N} \{y_i - (mx_i + k)\}^2$$

を最小化するように直線の傾き m と切片 k を定める．これが**最小二乗法** (method of least squares) の原理である．

計算を簡易にするために x, y の平均値 $\overline{x}$, $\overline{y}$ を用いて，

$$x' = x - \overline{x}, \qquad y' = y - \overline{y}$$

と置き換えると，直線 $y = mx + k$ は $y' = mx' + k'$ の形に変換される．したがって，2 乗和は

$$\sum_{i=1}^{N} d_i^2 = \sum_{i=1}^{N} \{y_i' - (mx_i' + k')\}^2$$

となる．この式を整理すると

$$\sum_{i=1}^{N} d_i^2 = \sum_{i=1}^{N} \{ {y'_i}^2 - 2y'_i(mx'_i + k') + (mx'_i + k')^2 \}$$
$$= \sum_{i=1}^{N} {y'_i}^2 - 2m \sum_{i=1}^{N} y'_i x'_i - 2k' \sum_{i=1}^{N} y'_i + m^2 \sum_{i=1}^{N} {x'_i}^2 + 2k'm \sum_{i=1}^{N} x'_i + \sum_{i=1}^{N} {k'}^2$$

となる．ところで

$$\sum_{i=1}^{N} y'_i = \sum_{i=1}^{N} x'_i = 0, \quad \sum_{i=1}^{N} {x'}_i^2 = N\sigma_x^2,$$
$$\sum_{i=1}^{N} {y'}_i^2 = N\sigma_y^2, \quad \sum_{i=1}^{N} y'_i x'_i = Nr\sigma_x\sigma_y$$

となるから

$$\sum_{i=1}^{N} d_i^2 = N\{\sigma_y^2 + m^2\sigma_x^2 + {k'}^2 - 2mr\sigma_x\sigma_y\}$$
$$= N\{(m\sigma_x - r\sigma_y)^2 + (1 - r^2)\sigma_y^2 + {k'}^2\}$$

となる．この式を最小にする m, k' は

$$m\sigma_x - r\sigma_y = 0, \qquad k' = 0$$

となるように選べばよい．したがって，

$$m = r\left(\frac{\sigma_y}{\sigma_x}\right)$$

が得られる．したがって，適合する直線は

$$y' = r\left(\frac{\sigma_y}{\sigma_x}\right)x'$$
$$(y - \overline{y}) = r\left(\frac{\sigma_y}{\sigma_x}\right)(x - \overline{x})$$

となる．

このようにして得られた直線を $\boldsymbol{y}$ の $\boldsymbol{x}$ への回帰直線 (regression line of y on x) といい，その傾き $r(\frac{\sigma_y}{\sigma_x})$ を $\boldsymbol{y}$ の $\boldsymbol{x}$ への回帰係数 (coefficient of regression line of y on x) という．

ここで得られた回帰直線は，元データの各点 (x_i, y_i) を y 軸方向の距離の 2 乗和を最小化近似することで得られた y の推定値であるから，推定値を意味する $\hat{y}$ を用いて，

$$\hat{y} = mx + k$$

と記述すると，$x = x_i$ のときの回帰直線上の値は

$$\hat{y_i} = mx_i + k$$

である．図 1.7 で示された距離 d_i

$$d_i = y_i - \hat{y_i}$$

は，y 方向の予測誤差を意味する値で，これを残差 (residual) という．回帰直線の予測度合いを評価する値として，次式で示される**決定係数** (coefficient of determination)R^2 を用いる．

$$R^2 = \frac{\sum_{i=1}^{N}(\hat{y_i} - \overline{y})^2}{\sum_{i=1}^{N}(y_i - \overline{y})^2} \quad (0 \leq R^2 \leq 1)$$

決定係数 R^2 の平方根 R は観測値 y_i と予測値 $\hat{y_i}$ の間の相関係数を表し，**重相関係数** (multiple regression) とよばれる．決定係数 R^2 が 1 に近いほど回帰直線による近似度合いが高いことを示す．

次に第 2 の場合として，回帰直線 $y = mx + k$ の x 方向の距離の 2 乗和

$$\sum_{i=1}^{N}\{x_i - (my_i + k)\}^2$$

を最小にするような直線を求めると

$$(x - \overline{x}) = r\left(\frac{\sigma_x}{\sigma_y}\right)(y - \overline{y})$$

が得られる．この直線を **$\boldsymbol{x}$ の $\boldsymbol{y}$ への回帰直線** (regression line of x on y) といい，その傾き $r(\frac{\sigma_x}{\sigma_y})$ を **$\boldsymbol{x}$ の $\boldsymbol{y}$ への回帰係数** (coefficient of regression line of x

on y) という．

(まとめ) 回帰直線

y の x への回帰直線 (regression line of y on x)：

$$(y-\overline{y}) = r\left(\frac{\sigma_y}{\sigma_x}\right)(x-\overline{x})$$

残差 (residual)：実データと回帰直線の y 方向距離（回帰直線の y 方向予測誤差）

決定係数 R^2 (coefficient of determination)：回帰直線の予測度合いを評価する値

$$R^2 = \frac{\sum_{i=1}^{N}(\hat{y}_i-\overline{y})^2}{\sum_{i=1}^{N}(y_i-\overline{y})^2}$$

x の y への回帰直線 (regression line of x on y)：

$$(x-\overline{x}) = r\left(\frac{\sigma_x}{\sigma_y}\right)(y-\overline{y})$$

問題 1.4.　あるクラスで数学と英語の試験を行なったところ，下記のような成績が得られた．このとき，数学および英語の平均，分散，標準偏差，相関係数を計算しなさい（有効数字を小数点以下 2 桁とする）．

学生	数学 X	英語 Y
A	1	0
B	3	2
C	7	6
D	5	5
E	2	6
平均		
分散		
標準偏差		
相関係数		

問題 1.5. 問題 1.1 のデータに対して y の x への回帰直線を求めなさい．さらに決定係数 R^2 を計算しなさい．

1.6　数値計算による統計量の把握

MATLAB は数値解析ソフトウェアであり，行列計算，ベクトル演算，グラフ化や 3 次元表示などの豊富なライブラリをもち，インタプリタ形式のコマンド，プログラミング言語，環境としての機能をもつ．資料の整理の例を以下に述べる．ただし，MATLAB の導入や詳しい使い方に関しては入門書やオンラインマニュアルなどを参考にされることを前提として以下の説明を進める．まず，図 1.8 に示す生データを，1 ～ 3 列目に「学生番号」,「数学の点数」,「英語の点数」が書かれた Excel 形式で準備する．Windows 上に作業フォルダを作成し，同 Excel ファイルの `test1.xlsx` を準備する．

1.6.1　基本コマンド操作の練習

つぎに，MATLAB を立ち上げ，現在のフォルダを作業フォルダに設定する．コマンドウインドウで，`xlsread('test1.xlsx')` コマンドを使って，準備した Excel ファイルを行列 `A` に読み込み（図 1.9, 1.10），ワークスペースにデータが生成されていることを確認する（コマンドウインドウ，ワークスペースについては付録 B を参照されたい）．

基本的なコマンド操作を習得するために，配列 `A` の大きさを `length(A)` コマンドを使って変数 `N` に代入し，数学と英語のそれぞれの点数を配列 `A` の 2 列目を配列 `math` に，3 列目を配列 `eng` に代入する．ワークスペースの変化を確認する（図 1.11, 1.12）．

`histogram` コマンドを使って，数学と英語のヒストグラムを描画する（図 1.13, 1.14）．その後，`scatter` コマンドを使って縦軸を英語，横軸を数学とした散布図を描画する．このようにコマンドを逐次実行することによって，基本的な統計処理ができることが確認できる（図 1.14, 1.15）．

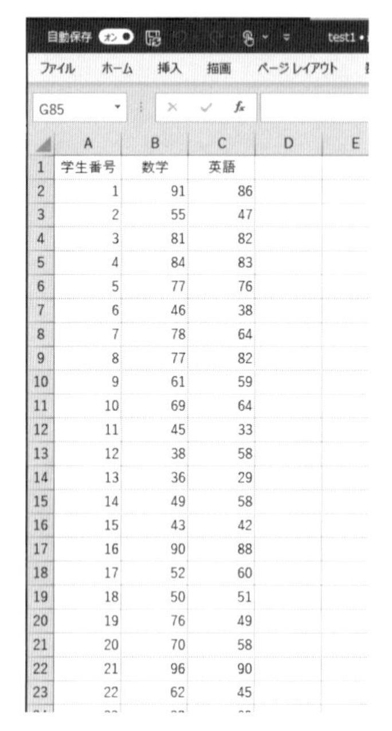

	A	B	C	D	E
1	学生番号	数学	英語		
2	1	91	86		
3	2	55	47		
4	3	81	82		
5	4	84	83		
6	5	77	76		
7	6	46	38		
8	7	78	64		
9	8	77	82		
10	9	61	59		
11	10	69	64		
12	11	45	33		
13	12	38	58		
14	13	36	29		
15	14	49	58		
16	15	43	42		
17	16	90	88		
18	17	52	60		
19	18	50	51		
20	19	76	49		
21	20	70	58		
22	21	96	90		
23	22	62	45		

図 **1.8**：Excel 形式の生データ test1.xlsx

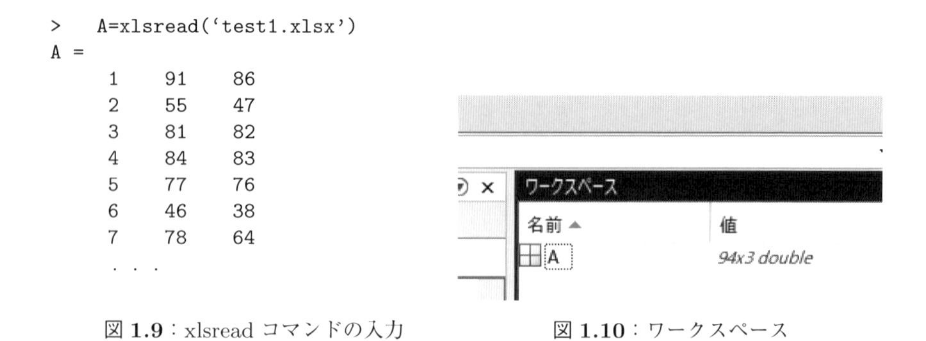

```
>   A=xlsread('test1.xlsx')
A =
     1     91     86
     2     55     47
     3     81     82
     4     84     83
     5     77     76
     6     46     38
     7     78     64
     . . .
```


図 **1.9**：xlsread コマンドの入力　　図 **1.10**：ワークスペース

1.6.2　プログラミングによる処理例

簡単な統計処理であれば，コマンド処理でも扱えるが，まとまった手続きを行いたい場合はプログラミング言語を用いて手続きを行う．例として回帰直線を求め，散布図に回帰直線を描画する処理を行う例を示す．コマンドの例

```
>   N = length(A)
N =
    94
>   math = A(:,2)
math =
    91
    55
    81
    84
  …
>   eng = A(:,3)
eng =
    86
    47
```

図 **1.11**：コマンド操作の例

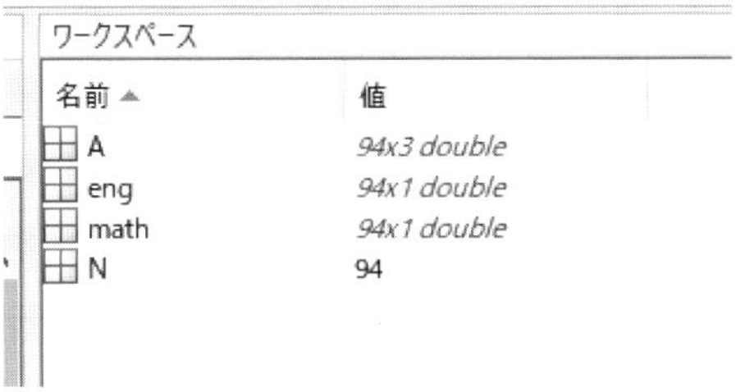

ワークスペース

名前 ▲	値
A	94x3 double
eng	94x1 double
math	94x1 double
N	94

図 **1.12**：ワークスペースの変化

```
>   histogram(math)
>   hold on
>   histogram(eng)
>   legend('math','eng')
```

図 **1.13**：コマンド操作の例

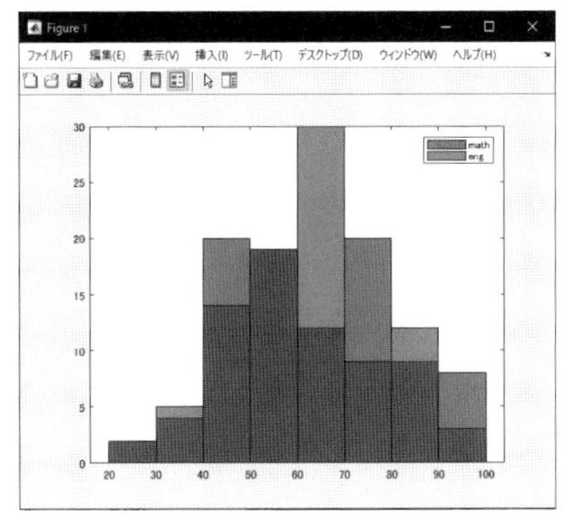

図 **1.14**：ヒストグラムの描画

で示したように，xlsread 関数を使ってデータを配列 A に読み込み，数学と英語それぞれの点数を配列 math と配列 eng に代入する．配列の大きさを変数 N に代入する．数学，英語それぞれの点数の平均，分散，標準偏差を定義に基づいて計算する．ここで，ones(1,N) は 1 行 N 列ですべての値を 1 に初期化した配列の生成を行う関数である．math' の' は行列の転置を意味し，N 行 1 列の配列 math を 1 行 N 列に変換する．一連の手続きで回帰直線 $y = ax + b$ を求めグラフにプロットを行う．

プログラム例を図 1.17 に，散布図と回帰直線を図 1.18 に示す．プログラム

```
> figure
> scatter(math, eng)
> xlabel('math')
> ylabel('eng')
```

図 **1.15**：コマンド操作の例

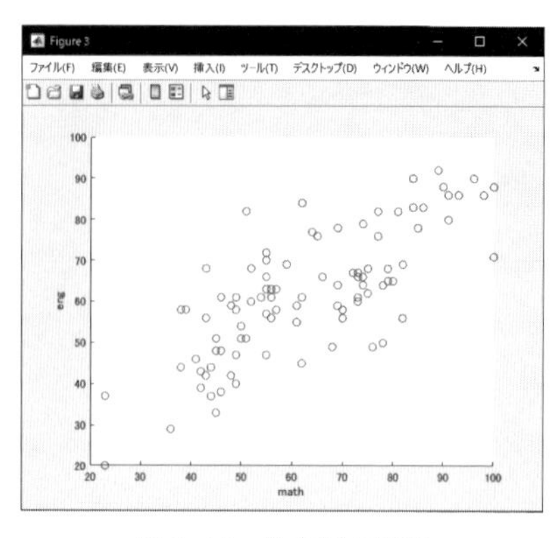

図 **1.16**：散布図の描画

```
clc, clear;
A=xlsread('test1.xlsx');
math = A(:,2);
eng = A(:,3);
N = length(math);
m_math = ones(1,N)*math/N; %数学平均
m_eng = ones(1,N)*eng/N; %英語平均
va_math = math'*math/N - m_math*m_math; %分散
st_math = sqrt(va_math); %標準偏差
va_eng = eng'*eng/N - m_eng*m_eng; %分散
st_eng = sqrt(va_eng); %標準偏差
ab = math'*eng;
rr=(ab/N - m_math*m_eng)/(st_math*st_eng); %相関係数

a = rr*st_eng/st_math;
b = m_eng - (rr*st_eng/st_math)* m_math;
y=a*math+b;  %回帰直線
figure;
plot(math,eng,'o',math,y); %データと回帰直線を描く
xlabel('math');
ylabel('eng');
title('散布図と回帰直線');
RR=((y-m_eng)'*(y-m_eng))/((eng-m_eng)'*(eng-m_eng));
disp('決定係数 RR');disp(RR);
```

図 **1.17**：作成したプログラミングコードの例

の作成はエディタ画面を使用し，関数名を決めて登録（セーブ）し，実行ボタンを押して実行する．

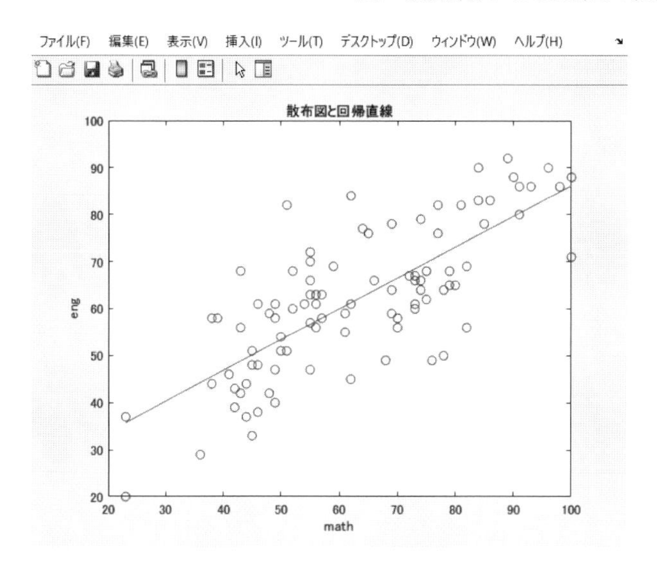

図 **1.18**：実行結果（散布図と回帰直線の表示）

MATLAB では，平均や分散，標準偏差を求めるための専用関数も準備されているので，必要に応じて活用するとよい．基本的な統計処理の MATLAB 関数の例を表 1.4 に示す．詳細はオンラインマニュアルなどで調べられたい．

1.6.3　Excel による処理例

マイクロソフト社の Excel などの表計算ソフトウェアにも散布図や近似直線（回帰直線）の機能がそなわっているので，参考までに Excel の使用例を図 1.19 に示す．図 1.8 の Excel データの例で数学と英語の散布図を作成する場合には，数学と英語のデータを選択し，さらに「挿入」コマンドを選択し，グラフ表示のオプションを表示させる．そのなかで散布図を選択しグラフを表示する．散布図上の点をマウスで右クリックすると，散布データに対する処理オプションが表示され，「近似曲線の追加」を選択し，さらに，線形近似，式の表示，決定係数 R^2 の表示などを選択しグラフ上に表示する．

また，表計算用の Excel 関数として，平均，分散，標準偏差，相関係数などを計算する関数が準備されている．基本的な統計処理の Excel 関数の例を表 1.5 に示す．詳細はオンラインマニュアルなどで調べられたい．

表 **1.4**：基本的な統計処理の MATLAB 関数の例

コマンド名/関数名	処理内容	使用例
clc	コマンド履歴のクリア	clc
clear	ワークスペースのクリア	clear
xlsread	Excel ファイルの読み込み	A=xlsread('test1.xlsx')
length	配列サイズの取得	N = length(A)
mean	配列の平均値の計算	m = mean(A)
var	配列の分散の計算	va = var(A,1)
var	配列の不偏分散*の計算	Va2 = var(A)
std	配列の標準偏差の計算	st = std(A,1)
std	配列の不偏標準偏差*の計算	St2 = std(A)
corrcoef	複数配列の相関係数の計算	R = corrcoef(A,B)
corr2	2 次元配列の相関係数の計算	rr = corr2(A,B)
histogram	ヒストグラムの表示	histogram(A)
scatter	散布図の表示	scatter(math, eng)

*不偏分散，不偏標準偏差については 1.7 節を参照.

表 **1.5**：基本的なプロット用の MATLAB 関数の例

コマンド名/関数名	処理内容	使用例
figure	図（ウィンドウ）を表示	figure(1)
plot	グラフの表示	Plot(x,y)
title	図のタイトル表示	title('タイトル')
xlabel	x 軸ラベルの表示	xlabel('ラベル', n)
ylabel	y 軸ラベルの表示	ylabel('ラベル', n)
legend	データの凡例の表示	legend('凡例 1', '凡例 2',.)
disp	コマンドウィンドウへの表示	disp(a)

本書では MATLAB を使ったプログラムの例を主に提示するが，簡単な例であればこのように Excel の基本機能を活用することも有効である.

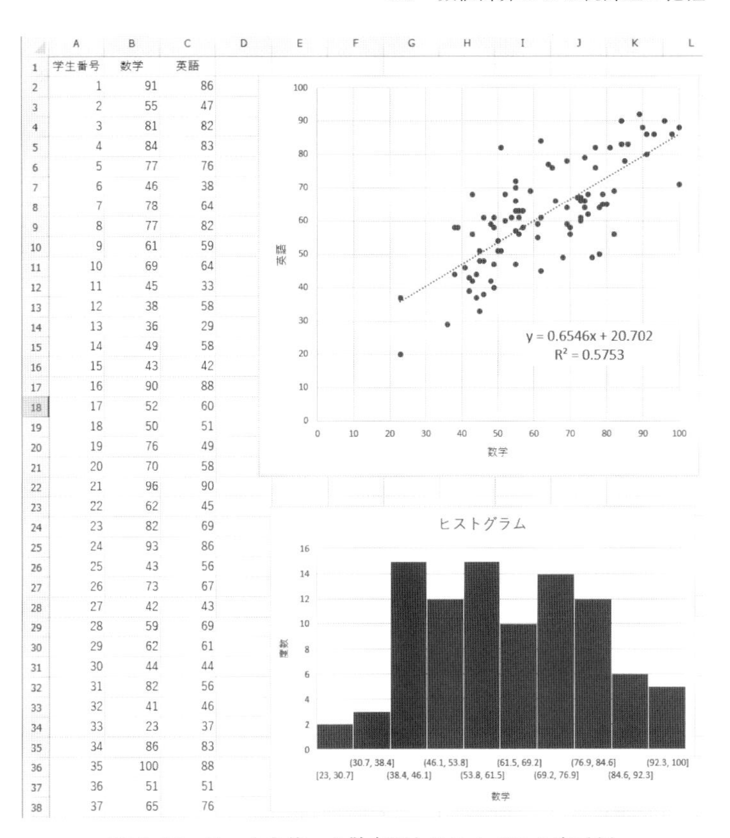

学生番号	数学	英語
1	91	86
2	55	47
3	81	82
4	84	83
5	77	76
6	46	38
7	78	64
8	77	82
9	61	59
10	69	64
11	45	33
12	38	58
13	36	29
14	49	58
15	43	42
16	90	88
17	52	60
18	50	51
19	76	49
20	70	58
21	96	90
22	62	45
23	82	69
24	93	86
25	43	56
26	73	67
27	42	43
28	59	69
29	62	61
30	44	44
31	82	56
32	41	46
33	23	37
34	86	83
35	100	88
36	51	51
37	65	76

図 **1.19**：Excel を使った散布図とヒストグラム表示例

表 **1.6**：基本的な統計処理の Excel 関数の例

関数名	処理内容	使用例
AVERAGE	指定領域の平均値の計算	=AVERAGE(B2:B10)
VAR.P	指定領域の分散の計算	=VAR.P(B2:C11)
VAR	指定領域の不偏分散の計算	=VAR(B2:C11)
STDEV.P	指定領域の標準偏差の計算	=STDEV.P(B2:C11)
STDEV	指定領域の不偏標準偏差の計算	=STDEV(B2:C11)
CORREL	複数配列の相関係数の計算	=CORREL(B2:B10,C2:C10)
COVAR	複数配列の共分散の計算	=COVAR(B2:B10,C2:C10)

1.7　補足：MATLABにおける分散と不偏分散の扱い

本章では平均や分散の定義，基本的な統計情報の扱いについて述べた．全体集合が与えられる場合には，平均値 $\overline{x}$ と分散 σ^2 は

$$\overline{x} = \frac{1}{N}\sum_{i=1}^{N} x_i,$$
$$\sigma^2 = \frac{1}{N}\sum_{i=1}^{N}(x_i - \overline{x})^2$$

で求めることができることを示した．しかし，一般的にはデータ量が大きい場合や，全体の平均がわからないケースが一般的である．この場合，後章で述べる標本実験によって，抽出したサンプルの平均で全体の平均値 $\overline{x}$ を推定する．平均値 $\overline{x}$ が推定値である場合は，分散を上述の式で求めることができないため，抽出したサンプルの集合に対して

$$u^2 = \frac{1}{N-1}\sum_{i=1}^{N}(x_i - \overline{x})^2$$

を使って分散値を推定する．これを**不偏分散**（分散の不偏推定量）という．不偏分散の詳細の定義は5章で詳しく述べる．

MATLABでは，分散は関数 `var(A,1)` を用いて計算し，不偏分散は関数 `var(A)` または `var(A,0)` で計算する．関数 `var(A)` が分散を与えないことに注意する．同様に全体集合に対する標準偏差は `std(A,1)` である．`std(A)` または `std(A,0)` は標準偏差の推定値であることに注意する．現実の調査では，母集団の平均値が未知である場合が多い．したがって，MATLABでは標準的に用いる分散を不偏分散としていると考えられる．なお，N が十分大きな値の場合は，分散と不偏分散は非常に近い値をとることは定義式より自明である．

第2章 確率

2.1 確率と事象

2.1.1 確率の定義

たとえば硬貨を投げたときに，表が出るか裏が出るかは偶発的に起きるが，その「表か裏かの結果が発生する割合が，一定の法則に支配されている」と考えることが確率論の起点である．この場合に硬貨を投げるという操作を試行 (trial) といい，表か裏かの結果を事象 (event) という．

さて，硬貨が均質に作られており，特に細工がされていたり，投げ方が作為的であったりしなければ，表が出るか裏が出るかは偶然によるもので，どちらも同じように起こりうる．このことがらをもって，硬貨の表が出る場合と裏が出る場合とは同様に確からしい (equally probable or likely) という．同じように 1 つの正常なサイコロを無作為に投げた場合も，1, 2, 3, 4, 5, 6 のおのおのの目の出ることは同様に確からしいといえる．

事象は単一の結果とは限らず，複数の結果の集合もある．例えば，「サイコロを投げた結果が偶数である」という事象は，「サイコロを投げた結果が 2 である」，「サイコロを投げた結果が 4 である」，「サイコロを投げた結果が 6 である」の事象を集合の要素として含む．ここで，「サイコロを投げた結果が 2 である」のようなこれ以上分割できない一つの結果からなる事象を**根元事象** (elementary event) という．

前提となるすべての場合を**全事象** (certain event) という．全事象のもとで起こりうるすべての根元事象が n 通りであって，この n 通りがお互いに排他的，すなわち 1 つの事象が起きるときに他の事象が同時に起きないとし，かつすべての事象が同様に確からしいとする．このとき，根元事象の個数 n を**全事象の場合の数** (number of all cases) と定義する．この n 通りの根元事象からなる全事象のうち，ある**事象** (event) A の根元事象の個数 a を事象 A の**場合の数** (number of cases) とする．このとき，事象 A の起きる**確率** (probability)，より正確に言えば**全事象** $\boldsymbol{I}$ の条件のもとで事象 A の起きる確率は，a/n であるといい，このことを

$$\Pr\{A\} = \frac{a}{n} \quad \text{または} \quad \Pr\{A|I\} = \frac{a}{n}$$

のように書き表す．$0 \leq a \leq n$ であるから

$$0 \leq \Pr\{A\} \leq 1$$

すなわち，確率は 0 と 1 の間の数である．全事象 C の確率は $\Pr\{C\} = \frac{n}{n} = 1$ である．硬貨を投げる場合では $n = 2$ で，表の出る場合は $a = 1$ であるから，表の出る確率は 1/2 である．同様に裏の出る確率は 1/2 である．サイコロを投げる場合では $n = 6$ で，1 から 6 の各目の出る場合は $a = 1$ であるから，それぞれの目の出る確率は 1/6 である．このように，理論的なモデルを明確に定義して扱う確率を**数学的確率** (mathematical probability) という．

ただし，実際には同様に確からしいといえない場合もあるので，そのような場合には，ある事象の起きる確率は，数多くの試行実験に基づく過去の統計によって定義する．たとえば，作為的な投げ方による硬貨の表が出る確率，野球チームのある打者の打率，政党の支持率といったことがらを扱う場合には**統計的確率** (statistical probability) によって定義する．

2.1.2　事象に関する諸概念

前提となる全事象 C のなかで，事象 A が起きない場合を事象 A の**余事象** (complementary event) といい，記号 $\overline{A}$ で示す．全事象 C に含まれる n 通りの場合のうち，事象 A の起こる場合が a 通りであるとすると，余事象 $\overline{A}$ が起きる場合（いいかえれば事象 A の起きない場合）は $n - a$ 通りである．したがって余事象 $\overline{A}$ の確率は

$$\Pr\{\overline{A}\} = \frac{n-a}{n} = 1 - \Pr\{A\}$$

である．

例 2.1　サイコロを 2 回続けて投げるときの目の出方は，最初のサイコロの目 s_1 の出方の 6 通りのそれぞれの場合に対して，後のサイコロの目 s_2 の出方がそれぞれ 6 通りあるので $6 \times 6 = 36$ 通りある．それらのうち，サイコロ投げの 2 回の目の合計が 10 以上である場合を事象 A とする．事象 A の場合の数と，余事象 $\overline{A}$ の場合の数をそれぞれ求めよ．事象 A，余事象 $\overline{A}$ の確率 $\Pr\{A\}, \Pr\{\overline{A}\}$ をそれぞれ求めよ．

解．事象 A は，$\{s_1, s_2\} = \{4,6\},\{5,5\},\{5,6\},\{6,4\},\{6,5\},\{6,6\}$ の 6 通りが含まれる．それ以外の $36 - 6 = 30$ 通りの場合は余事象 $\overline{A}$ である．

$$\Pr\{A\} = \frac{6}{36} = 0.167, \quad \Pr\{\overline{A}\} = \frac{30}{36} = 0.833 \quad \text{（有効数字小数点以下 3 桁）}$$

□

複数の事象がお互いに同時に成立する場合が無いとき，これらの事象は排反 (exclusive) であるという．たとえば，事象 A と余事象 $\overline{A}$ は排反である．つぎに，「事象 B の発生は事象 A が起きるかどうかに関係ない」あるいは，「事象 A の発生は事象 B が起きるかどうかに関係ない」ときは，事象 A と事象 B が独立 (independent) であるという．

2.1.3　事象の計算

事象は複数の事象の集合であるといえる．たとえば，サイコロを投げて奇数の目が出る場合の事象 A は，「1 が出る場合」，「3 が出る場合」，「5 が出る場合」の個々の事象の集まりである．さきに述べたようにこれらの単一の結果からなる事象を根元事象という．事象を根元事象の集合ととらえ，根元事象を集合の要素と考えれば，集合で用いられる和集合（A または B，$A \cup B$）や積集合（A かつ B，$A \cap B$），補集合（A に含まれない，$\overline{A}$）の概念が使える．

事象 A または事象 B のいずれかが起こるという事象を $A \cup B$ の記号で示す．また，事象 A が起こりかつ事象 B が起こるという事象を $A \cap B$ の記号で示す．決して起こらない事象を空集合 $\emptyset$ で示し，必ず起こることがらを I で示す．I は同様に確からしいすべての事象の集合，すなわち全事象を意味する．たとえば，サイコロを投げて 1, 2, 3, 4, 5, 6 のいずれかが出る事象に相当する．事象の合成は，集合の合成と同様の以下の式が成立する．

(1) $A \cup B = B \cup A,\ A \cap B = B \cap A$

(2) $A \cup (B \cap C) = (A \cup B) \cap (A \cup C),\ A \cap (B \cup C) = (A \cap B) \cup (A \cap C)$

(3) $A \cup \overline{A} = I,\ A \cap \overline{A} = \emptyset$

(4) $\overline{\overline{A}} = A$

2.1.4　事象と確率に関する基礎定理

定理 2.1(余事象)**.**　事象 A の余事象 $\overline{A}$ は，事象 A の条件に当てはまらない場合の事象であり，$\overline{A}$ と A の和集合は必ず起こる事象 I であり次式で示される．

$$A \cup \overline{A} = I$$

定理 2.2(排反の定義)**.**　事象 A と事象 B が同時に成立する場合が無いとき，これらの事象は排反であるといい，それは

$$A \cap B = \emptyset$$

と同値である．

例 2.2　サイコロを投げるとき，目の出方は6通りある．それらのうち，サイコロの目の数が5以上である場合を事象 A，サイコロの目の数が奇数である場合を事象 B とするとき，事象 A と事象 B は排反かそうでないか．

解．事象 A と事象 B はどちらも根元事象 $\{5\}$ を含むので，事象 A と事象 B が同時に成立する事象 $A \cap B$ が存在し，排反ではない．排反でない場合は次の式が成り立つ

$$A \cap B \neq \emptyset$$

2つの事象 A と B が排反で，かつ同様に確からしいとする．すべての場合の数をともに n とし，A, B それぞれの起きる場合の数を a, b とすると，

$$\Pr\{A\} = \frac{a}{n}, \quad \Pr\{B\} = \frac{b}{n}$$

である．A または B のいずれかが起こる場合の数は $a+b$ であるから，A または B のいずれかが起こる確率は

$$\Pr\{A \cup B\} = \frac{a+b}{n} = \frac{a}{n} + \frac{b}{n}$$

である．したがって次の定理が得られる．

> **定理 2.3**（加法定理，addition theorem）． 2 つの事象 A と B が排反であるとき，A または B のいずれかが起こる確率は，A, B それぞれ起こる確率の和に等しい．すなわち，$\Pr\{A \cup B\} = \Pr\{A\} + \Pr\{B\}$ が成り立つ．

一般に，複数の事象 $A_1, A_2, A_3, \ldots, A_k$ が排反であるならば，

$$\Pr\{A_1 \cup A_2 \cup A_3 \cup \cdots \cup A_k\} = \sum_{i=1}^{k} \Pr\{A_i\}$$

が成り立つ．

事象 A の条件のもとで事象 B が起きる確率を $\Pr\{B|A\}$ と書く．この場合，条件となる事象 A はこの場合の全事象である．A という条件のもとで B が起きる事象は $B \cap A$ なので，その確率は $\Pr\{B|A\} = \Pr\{B \cap A\}/\Pr\{A\}$ である．これを**条件つき確率** (conditional probability) という．したがって，

$$\Pr\{A \cap B\} = \Pr\{A\}\Pr\{B|A\}$$

が導出され，この式から次の定理が得られる．

> **定理 2.4**（乗法定理，multiplication theorem）． 2 つの事象 A と B がともに起こる確率は，A の起こる確率と，A の起こるという条件のもとで B が起こる確率の積に等しい．すなわち，
>
> $$\Pr\{A \cap B\} = \Pr\{A\}\Pr\{B|A\}$$
>
> が成り立つ．

例 2.3　サイコロを投げて，出たサイコロの目が奇数となる場合を事象 A，出たサイコロの目が3以下である場合を事象 B とするとき，$\Pr\{A \cap B\}$ を求めなさい．

解．サイコロの出目の全事象6通りに対して，事象 A は，1, 3, 5 が出る場合の3通り，事象 A の条件のなかで事象 B となるのは 1, 3 の2通りであるから

$$\Pr\{A \cap B\} = \Pr\{A\}\Pr\{B|A\} = \frac{3}{6} \times \frac{2}{3} = \frac{1}{3}$$

である．

同様に，以下の式が成り立つ．

$$\Pr\{A \cap B \cap C\} = \Pr\{A\}\Pr\{B \cap C|A\} = \Pr\{A\}\Pr\{B|A\}\Pr\{C|A \cap B\}$$

一般に，複数の事象 $A_1, A_2, A_3, \ldots, A_k$ に対して

$$\Pr\{A_1 \cap A_2 \cap A_3 \cap \cdots \cap A_k\} = \Pr\{A_1\}\Pr\{A_2|A_1\}\Pr\{A_3|A_1 \cap A_2\}\cdots$$

が成り立つ．

事象 A と事象 B が独立であれば，事象 A が起きるかどうかによって，事象 B の確率は左右されない．数式で表現すると

$$\Pr\{B|A\} = \Pr\{B|\overline{A}\} = \Pr\{B\}$$

が成立することと同値である．この式は次のように書き換えることができる

$$\Pr\{B|A\} = \frac{\Pr\{A \cap B\}}{\Pr\{A\}} = \Pr\{B\}$$

したがって，

$$\Pr\{A \cap B\} = \Pr\{A\}\Pr\{B\}$$

とも同値である．したがって，次の2つの定理が導かれる．

定理 2.5（独立の定義 1）．事象 A と事象 B が独立であることは，次式と同値である．

$$\Pr\{B|A\} = \Pr\{B|\overline{A}\} = \Pr\{B\}$$

定理 2.6（独立の定義 2）．事象 A と事象 B が独立であることは，次式と同値である．

$$\Pr\{A \cap B\} = \Pr\{A\}\Pr\{B\}$$

例 2.4　サイコロを 2 回続けて投げるときの目の出方は 36 通りある．それらのうち，2 回のサイコロ投げの目の合計が 10 以上である場合を事象 A，2 回のサイコロ投げの目の合計が奇数である場合を事象 B とする．$\Pr\{B|A\}$ と $\Pr\{B\}$ を求めよ．事象 A と事象 B は独立といえるか．

解．事象 A は，$\{4,6\},\{5,5\},\{5,6\},\{6,4\},\{6,5\},\{6,6\}$ の 6 通りである．このなかで 2 回の目の合計が奇数である場合は，$\{5,6\},\{6,5\}$ の 2 通りである．したがって，$\Pr\{B|A\} = 2/6 = 1/3$ である．奇数の事象と偶数の事象はどちらも全事象の半分の個数であるから，$\Pr\{B\} = 18/36 = 1/2$ である．$\Pr\{B|A\} \neq \Pr\{B\}$ なので，事象 A と事象 B は独立とはいえない．

定理 2.4 で，事象 A と B が独立の場合は，$\Pr\{B|A\} = \Pr\{B\}$ が成立するので，乗法定理に関して次の定理が得られる．

定理 2.7（乗法定理 2）．事象 A と B が独立であるならば，2 つの事象 A と B がともに起こる確率は，A, B おのおのが起こる確率の積に等しい．すなわち，

$$\Pr\{A \cap B\} = \Pr\{A\}\Pr\{B\}$$

が成り立つ．

一般に，複数の事象 $A_1, A_2, A_3, \ldots, A_k$ がお互いに独立であれば

$$\Pr\{A_1 \cap A_2 \cap A_3 \cap \cdots \cap A_k\} = \Pr\{A_1\}\Pr\{A_2\}\Pr\{A_3\}\cdots\Pr\{A_k\}$$

が成り立つ．

例 2.5　サイコロを2回続けて投げるとき，先に投げたサイコロの目が奇数となる場合を事象 A，後に投げたサイコロの目が3以下である場合を事象 B とするとき，$\Pr\{A \cap B\}$ を求めなさい．

解．事象 A と事象 B はお互いに影響がなく独立である．先に投げたサイコロの目が奇数となるのはサイコロの目の出方6通りのうち $1, 3, 5$ の3通り，後に投げたサイコロの目が3以下になるのはサイコロの目の出方6通りのうち $1, 2, 3$ の3通りであることから

$$\Pr\{A \cap B\} = \Pr\{A\}\Pr\{B\} = \frac{3}{6} \times \frac{3}{6} = \frac{1}{4}$$

である．

条件つき確率の式から

$$\Pr\{B|A\} = \frac{\Pr\{B \cap A\}}{\Pr\{A\}},$$
$$\Pr\{A|B\} = \frac{\Pr\{B \cap A\}}{\Pr\{B\}}$$

が成立することから

$$\Pr\{B \cap A\} = \Pr\{A\}\Pr\{B|A\} = \Pr\{B\}\Pr\{A|B\}$$

が得られる．この式をベイズの定理 (Bayes' theorem) という．

定理 2.8(ベイズの定理 1)．2つの事象 A と B に関して次の定理が成立する．

$$\Pr\{A|B\} = \frac{\Pr\{A\}\Pr\{B|A\}}{\Pr\{B\}}$$

一般に，複数の事象 $A_1, A_2, A_3, \ldots, A_k$ が排反で，$A_1 \cup A_2 \cup A_3 \cup \cdots \cup A_k =$

I（I は全事象で，$\Pr\{I\}=1$）であるならば，

$$\Pr\{B\} = \sum_{i=1}^{k} \frac{\Pr\{A_i\}\Pr\{B|A_i\}}{\Pr\{A_i|B\}} = \frac{\sum_{i=1}^{k}\Pr\{A_i\}\Pr\{B|A_i\}}{\sum_{i=1}^{k}\Pr\{A_i|B\}}$$

ここで，$\sum_{i=1}^{k}\Pr\{A_i|B\} = \Pr\{I|B\} = 1$ なので

$$= \sum_{i=1}^{k}\Pr\{A_i\}\Pr\{B|A_i\}$$

したがって，

$$\Pr\{A_k|B\} = \frac{\Pr\{A_k\}\Pr\{B|A_k\}}{\Pr\{B\}} = \frac{\Pr\{A_k\}\Pr\{B|A_k\}}{\sum_{i=1}^{k}\Pr\{A_i\}\Pr\{B|A_i\}}$$

が成立する．このことから次の定理が導かれる．

定理 2.9（ベイズの定理 2）．複数の事象 $A_1, A_2, A_3, \ldots, A_k$ が排反で，$A_1 \cup A_2 \cup A_3 \cup \cdots \cup A_k = I$（$I$ は全事象で，$\Pr\{I\}=1$）であるならば，

$$\Pr\{A_k|B\} = \frac{\Pr\{A_k\}\Pr\{B|A_k\}}{\Pr\{B\}} = \frac{\Pr\{A_k\}\Pr\{B|A_k\}}{\sum_{i=1}^{k}\Pr\{A_i\}\Pr\{B|A_i\}}$$

が成立する．

（まとめ）確率と事象

全事象 (certain event)：前提となるすべての場合 n

数学的確率 (mathematical probability)：同様に確からしいすべての場合を n とし，事象 A の起きる場合の数を a とするとき，事象 A の起きる確率は

$$\Pr\{A\} = \frac{a}{n}$$

条件付き確率 (conditional probability)：事象 A という条件のもとで事象 B が起きる確率

$$\Pr\{B|A\} = \frac{\Pr\{B \cap A\}}{\Pr\{A\}}$$

- 定理 2.1（余事象）　事象 A の余事象 $\overline{A}$，全体集合 I の関係は

$$A \cup \overline{A} = I$$

- 定理 2.2（排反の定義）　事象 A と事象 B が排反であるとは

$$A \cap B = \emptyset$$

- 定理 2.3（加法定理，addition theorem）　2つの事象 A と B が排反であるとき

$$\Pr\{A \cup B\} = \Pr\{A\} + \Pr\{B\}$$

- 定理 2.4（乗法定理，multiplication theorem）　2つの事象 A と B に対して

$$\Pr\{A \cap B\} = \Pr\{A\}\Pr\{B|A\}$$

独立の定義 1：$\Pr\{B|A\} = \Pr\{B|\overline{A}\} = \Pr\{B\}$

独立の定義 2：$\Pr\{A \cap B\} = \Pr\{A\}\Pr\{B\}$

- 定理 2.7（乗法定理 2）　2つの事象 A と B が独立のとき

$$\Pr\{A \cap B\} = \Pr\{A\}\Pr\{B\}$$

問題 2.1.　全事象を U とし，個別の事象 A, B について考える．それぞれの事象は，個々の事例を要素とする集合として定義できる．全事象 U の要素の個数 $|U|$ は全ての場合の数を示し，ここでは $|U| = 120$ とする．事象 A, B, $A \cap B$ の要素数（場合の数）をそれぞれ，$|A| = 35$, $|B| = 80$, $|A \cap B| = 15$ とするとき，以下の問いに答えなさい．

(1) 以下の値を求めよ．

（ア）事象 A の発生する確率 $\Pr\{A\}$

（イ）事象 B の発生する確率 $\Pr\{B\}$

（ウ）事象 A の条件において，事象 B の発生する確率 $\Pr\{B|A\}$

（エ）事象 $\overline{A}$ の条件において，事象 B の発生する確率 $\Pr\{B|\overline{A}\}$

(2) 事象 A, B はお互いに"独立"であるか，その理由と共に答えなさい．

(3) 事象 A, B はお互いに"排反"であるか，その理由と共に答えなさい．

問題 2.2(モンティホール問題)**.**　あるクイズ番組で閉まった 3 つのドアが準備されており，当たりはそのうちの 1 枚のドアの向こうに隠されている．回答者が 1 つのドアを選択したとき，それが当たりである確率が 1/3 であることは明らかである．

さて，司会者はどのドアが当たりかを知っており，選択されなかった 2 枚のドアのうち，はずれの 1 枚のドアを開け，回答者に現在選択しているドアを選択し続けるか，あるいは，まだ開いていないもう一方のドアを選択しなおすかの権利が与えられたとする．回答者はどうすれば良いか．確率的にアドバイスをしなさい．

2.2　順列と組合せ

場合の数を数えるために組合せ論の基礎的な項目について順に述べる．

2.2.1　順列の数

いくつかのものを一列に順序づけて並べたものを順列 (permutation) という．異なる n 個のうちから r 個 $(r \leq n)$ を取り出して並べる場合の数を ${}_n\mathrm{P}_r$ で表す．最初の1つの取り出し方は n 通りである．その次が $(n-1)$ 通り，さらにその次が $(n-2)$ となり，この操作を続けてちょうど r 個並べる場合の数は

$$
{}_n\mathrm{P}_r = n(n-1)(n-2)\cdots(n-r+1) = \frac{n!}{(n-r)!}
$$

である．特に n 個すべてを並べる場合 $(r=n)$ は

$$
{}_n\mathrm{P}_n = n(n-1)(n-2)\cdots 2\cdot 1 = n!
$$

である．1から n までの自然数の積を $n!$ で表し，n の**階乗** (factorial) という．

n 個のうち，同じものが k 個あるときは，${}_n\mathrm{P}_n$ は k 個の並び ${}_k\mathrm{P}_k$ 通りを重複して数えることになるので，重複分を割り算して順列の場合の数を求める．

$$
（\text{同じものが } k \text{ 個あるときの順列の数}） = \frac{{}_n\mathrm{P}_n}{{}_k\mathrm{P}_k}
$$

例 2.6　同質の白い球を10個，同質の黒い球を5個並べる並べ方は何通りあるか．

解．全体で15個の球すべてを区別したとすれば並べ方が ${}_{15}\mathrm{P}_{15}$ 通り．そのうち，白い球の並べ方 ${}_{10}\mathrm{P}_{10}$ 通りと，黒い球の並べ方 ${}_5\mathrm{P}_5$ 通りを重複して数えているので，答えは次式になる．

$$
\frac{{}_{15}\mathrm{P}_{15}}{{}_{10}\mathrm{P}_{10} \times {}_5\mathrm{P}_5} = \frac{15!}{10! \times 5!}
$$

この例を一般化して，n 個のうち r 個が同種類で，残りの $(n-r)$ 個が同種類であるときの一列に並べる順列の個数は

$$
\frac{n!}{r!(n-r)!}
$$

である．同じように，n 個のうち p 個，q 個，r 個がそれぞれ同種類であるとき $(p+q+r=n)$，これらを一列に並べる順列の個数は

$$\frac{n!}{p!q!r!} \quad (p+q+r=n)$$

である．

2.2.2 組合せの数

並びは無視して異なる n 個のものから r 個を取り出すときの取り出し方を組合せ (combination) といい，

$${}_n\mathrm{C}_r \quad \text{または} \quad \binom{n}{r}$$

と表記する．

n 個のものから r 個を並べる場合は順列なので，${}_n\mathrm{P}_r$ 通りある．r 個のもの全部並べる場合は順列なので，${}_r\mathrm{P}_r$ 通りある．以上のことから，n 個のものから r 個を並べる場合で，順番を無視するということは，組み合わせ 1 個に対して r 個を並べる場合の数だけ重複するので

$${}_n\mathrm{C}_r = \frac{{}_n\mathrm{P}_r}{{}_r\mathrm{P}_r} = \frac{n!}{r!(n-r)!}$$

になる．

例 2.7 袋の中に均質等大の赤い球が 6 個，白い球が 5 個入っている．この袋の中から 2 個の玉を無作為に取り出すとき，それらがすべて赤である確率を求めよ．

解．$6+5=11$ 個の玉の中から 2 個取り出す場合の数は ${}_{11}\mathrm{C}_2$ 通りあって，そのうち，2 個とも赤の取り出し方は ${}_6\mathrm{C}_2$ である．したがって，求める確率は

$$\frac{{}_6\mathrm{C}_2}{{}_{11}\mathrm{C}_2} = \frac{\frac{6\cdot 5}{2!}}{\frac{11\cdot 10}{2!}} = \frac{3}{11}$$

例 2.6 では，同質の白い球を 10 個，同質の黒い球を 5 個並べる並べ方の場

合の数を順列の考え方に従って求めたが，見方をかえると，全体で15個の球を並べるための場所が15個あるとして，その中の10個の場所に白い球を置き，残りの5個の場所に黒い球を置く場合の数に等しい．したがって，求められている解答は，15個の場所のうち10個の場所を選択する組合せに等しく

$$ {}_{15}\mathrm{C}_{10} = \frac{15!}{10!(15-10)!} = \frac{15!}{10! \times 5!} $$

である．さらに，見方をかえると，15個の場所のうち黒い球を置く5個の場所を選択する組合せにも等しいので，

$$ {}_{15}\mathrm{C}_{5} = \frac{15!}{5!(15-5)!} = \frac{15!}{5! \times 10!} $$

によっても得られる．このことを一般化すると，n 個のものから r 個のものの選び方と，残りの $n-r$ 個のものの選び方は1対1に対応するので，n 個から r 個を選ぶ組合せの数と，n 個から $n-r$ 個を選ぶ組合せの数は等しいことがわかる．したがって

$$ {}_{n}\mathrm{C}_{r} = {}_{n}\mathrm{C}_{n-r} $$

が成り立つ．

定理 2.10.　n 個から r 個を選ぶ組合せの数と，n 個から $n-r$ 個を選ぶ組合せの数は等しく

$$ {}_{n}\mathrm{C}_{r} = {}_{n}\mathrm{C}_{n-r} $$

が成立する．

n 個のものがあるとき，そのうちの任意の1個を a という見えない記号を仮につけて考える．n 個のものから r 個のものを選ぶとき，選んだものが a を含む場合 (①) と含まない場合 (②) に分類でき，①と②はお互いが排反であり，両方を合わせるとすべての場合を含む．このとき，①の場合の選び方は，すでに a が1個選ばれているので，全体の n 個から a を除いた $n-1$ 個のなかから，残りの $r-1$ 個を選択する組合せに等しく ${}_{n-1}\mathrm{C}_{r-1}$ である．②の場合の選び方は，すでに a が選ばれないのであるから，全体の n 個から a を除いた

$n-1$ 個のなかから，r 個を選択する組合せに等しく ${}_{n-1}\mathrm{C}_r$ である．①と②の両方を合わせたものは n 個のものから r 個のものを選ぶ組合せなので ${}_n\mathrm{C}_r$ である．したがって

$${}_n\mathrm{C}_r = {}_{n-1}\mathrm{C}_{r-1} + {}_{n-1}\mathrm{C}_r \quad (n-1 \geq r \geq 1)$$

が成り立つ．

定理 2.11. n 個から r 個を選ぶ組合せ ${}_n\mathrm{C}_r$ に対して

$${}_n\mathrm{C}_r = {}_{n-1}\mathrm{C}_{r-1} + {}_{n-1}\mathrm{C}_r \quad (n-1 \geq r \geq 1)$$

が成立する．

例 2.8 10 個の数字 $0, 1, 2, \ldots, 9$ が記入された球から 3 個を取り出す組合せのなかで，9 の数字を含む組合せの数は何通りであるか．また，9 の数字を含まない組合せの数は何通りであるか．9 の数字を意識せずに 3 個を選択する組合せは何通りであるか．

解．9 の数字を含む組合せの数は 9 以外の 9 個の球から 2 個を選ぶ組合せに等しいので ${}_9\mathrm{C}_2 = 36$ である．9 の数字を含まない組合せの数は 9 以外の 9 個の球から 3 個を選ぶ組合せに等しいので ${}_9\mathrm{C}_3 = 84$ である．9 の数字を意識せずに 3 個を選択する組合せは 9 個の球から 3 個を選ぶ組合せに等しいので ${}_{10}\mathrm{C}_3 = 120$ である．定理 2.11 で述べたように ${}_{10}\mathrm{C}_3 = {}_9\mathrm{C}_2 + {}_9\mathrm{C}_3$ が成立している． □

2.2.3 二項定理

2 つの項からなる $a+b$ の 2 乗，3 乗の展開式は，

$$(a+b)^2 = a^2 + 2ab + b^2$$
$$(a+b)^3 = a^3 + 3a^2b + 3ab^2 + b^3$$

であることはすでに知っているが，$(a+b)^n$ の展開式について考えてみよう．

もう一度，2 乗，3 乗の展開式の導出過程に戻って丁寧に見てみると

$$(a+b)^2=(a+b)(a+b)=a(a+b)+b(a+b)=aa+ab+ba+bb$$

まとめる前の展開式の各項は最初の文字と2番目の文字がそれぞれ a または b の2通りであり，そのすべての組み合わせの $2^2=4$ 個から成り立っている．3乗の展開項については

$$\begin{aligned}(a+b)^3 &= (a+b)(a+b)(a+b)\\ &= aaa+aab+aba+abb+baa+bab+bba+bbb\end{aligned}$$

各項の最初の文字と2番目，3番目の文字が，それぞれ a または b の2通りのいずれかであるので，そのすべての組み合わせは $2\times2\times2=2^3=8$ 個である．これを n 乗の展開式に一般化すると，各項は，$1\sim n$ 番目の文字がそれぞれ a または b の2通りの組み合わせである．したがって，$1\sim n$ 番目の各場所に a または b のいずれかを配置する組合せに等しく，すべてを合わせると 2^n 個の組み合わせになる．各項の文字は n 個の並びであり，文字 a を r 個 $(0\leq r\leq n)$ と文字 b を $n-r$ 個を含む．これらのなかで，全てが文字 a である項は1個であり，同様に全てが文字 b である項は1個である．

つぎに，文字 b を1個だけ含み，他の文字がすべて b である組合せは n 個である．一般化して，文字 a を r 個 $(0\leq r\leq n)$ と文字 b を $n-r$ 個を含む項の個数は，文字を配置する n 個の場所のうち r 個の場所を選択する組合せに等しいので ${}_n\mathrm{C}_r$ である．

以上の考察から，$(a+b)^n$ の展開式は次のように整理できる．

$$\begin{aligned}(a+b)^n &= a^n+{}_n\mathrm{C}_1a^{n-1}b+{}_n\mathrm{C}_2a^{n-2}b^2+\cdots+{}_n\mathrm{C}_ra^{n-r}b^r\\ &\quad +\cdots+{}_n\mathrm{C}_{n-1}ab^{n-1}+b^n=\sum_{r=0}^{n}{}_n\mathrm{C}_ra^{n-r}b^r\end{aligned}$$

この関係式を**二項定理** (binomial theorem) の展開式または**二項展開式** (binomial expansion) という．係数 ${}_n\mathrm{C}_r$ を**二項係数** (binomial coefficient) という．

定理 2.12(二項定理 binomial theorem). $(a+b)^n$ は次のように展開される

$$(a+b)^n = a^n + {}_n\mathrm{C}_1 a^{n-1}b + {}_n\mathrm{C}_2 a^{n-2}b^2 + \cdots + {}_n\mathrm{C}_r a^{n-r}b^r + \cdots + {}_n\mathrm{C}_{n-1} ab^{n-1} + b^n = \sum_{r=0}^{n} {}_n\mathrm{C}_r a^{n-r}b^r$$

二項展開式を基本として，特に $a+b=1$ のときは

$$\sum_{r=0}^{n} {}_n\mathrm{C}_r a^{n-r}b^r = a^n + {}_n\mathrm{C}_1 a^{n-1}b + {}_n\mathrm{C}_2 a^{n-2}b^2 + \cdots + {}_n\mathrm{C}_r a^{n-r}b^r + \cdots + b^n = 1$$

が成立する．

二項展開式の係数部分を 0 次から順に並べると，図 2.1 に示すような三角形が得られる．これをパスカルの三角形とよぶ．この関係から，定理 2.11 の

$${}_n\mathrm{C}_r = {}_{n-1}\mathrm{C}_{r-1} + {}_{n-1}\mathrm{C}_r \quad (n-1 \leq r \leq 1)$$

の成立が読み取れる．

例 2.9 二項定理が n に対して成立しているとき，$n+1$ についても成立することを証明する．ただし，${}_n\mathrm{C}_r = {}_{n-1}\mathrm{C}_{r-1} + {}_{n-1}\mathrm{C}_r$ が成り立つことを前提としてよい．

証明. 二項定理が n に対して成立しているとき

$$(a+b)^n = a^n + {}_n\mathrm{C}_1 a^{n-1}b + {}_n\mathrm{C}_2 a^{n-2}b^2 + \cdots + {}_n\mathrm{C}_r a^{n-r}b^r + \cdots + {}_n\mathrm{C}_{n-1} ab^{n-1} + b^n = \sum_{r=0}^{n} {}_n\mathrm{C}_r a^{n-r}b^r$$

が得られる．このとき

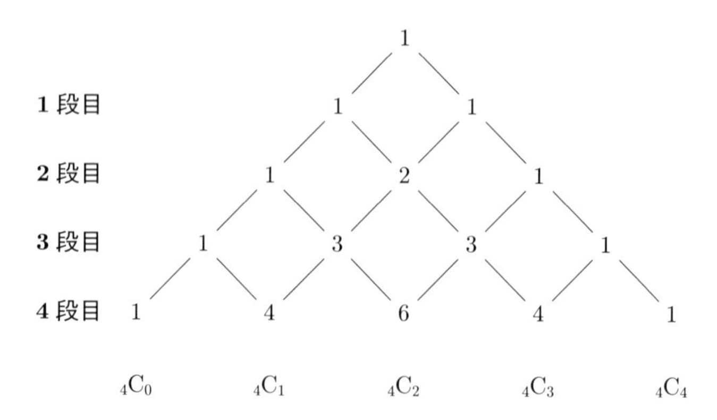

図 **2.1**：パスカルの三角形

$$\begin{aligned}
(a+b)^{n+1} &= (a+b)(a+b)^n = (a+b)\sum_{r=0}^{n} {}_n\mathrm{C}_r a^{n-r} b^r \\
&= \sum_{r=0}^{n} {}_n\mathrm{C}_r a^{n-r+1} b^r + \sum_{r=0}^{n} {}_n\mathrm{C}_r a^{n-r} b^{r+1} \\
&= \sum_{r=0}^{n} {}_n\mathrm{C}_r a^{n-r+1} b^r + \sum_{r=1}^{n+1} {}_n\mathrm{C}_{r-1} a^{n-r+1} b^r \\
&= a^n + \sum_{r=1}^{n} {}_n\mathrm{C}_r a^{n-r+1} b^r + \sum_{r=1}^{n} {}_n\mathrm{C}_{r-1} a^{n-r+1} b^r + b^{n+1} \\
&= a^n + \sum_{r=1}^{n} ({}_n\mathrm{C}_r + {}_n\mathrm{C}_{r-1}) a^{n-r+1} b^r + b^{n+1}
\end{aligned}$$

定理 2.11 から ${}_{n+1}\mathrm{C}_r = {}_n\mathrm{C}_{r-1} + {}_n\mathrm{C}_r$ であるから

$$= a^n + \sum_{r=1}^{n} {}_{n+1}\mathrm{C}_r a^{n-r+1} b^r + b^{n+1}$$
$$= \sum_{r=0}^{n+1} {}_{n+1}\mathrm{C}_r a^{n+1-r} b^r$$

により題意が証明された. □

2.2.4　独立試行

独立試行 (independent trials) とは，毎回の試行が別の回の試行に確率的な影響を与えないことである．無作為にコインを投げて，毎回，表裏の出る確率は，それ以前に出た事象からは何も影響を受けないため独立試行である．さて，「野球のピッチャーが N 回投げる球がストライクになるか」という命題に関してはどうだろうか．一般的に，ピッチャーは，1 回投球して，自分の期待したところに投げられたかどうかの情報に基づき補正を行う．すなわち学習し習熟する．したがって，1 回目と 2 回目では，ストライクの確率は異なり，独立試行といえない．

例 2.10　正常なサイコロを無作為に 5 回投げて，2 回のみ 1 の目が出る確率を求める．

解．5 回のサイコロを投げる試行を，1 回目，2 回目，…，5 回目の各場所に割り当てると考えると，そのうち 2 個の場所でのみ 1 の目が出現することと等価である．無作為なので毎回の試行は独立試行であり，1 の目が出る確率は何回目であっても 1/6 であり，1 の目が出ない確率は 5/6 である．したがって，1 の目が出る場所の選び方は 5 個から 2 個を選ぶ組合せに等しく ${}_5\mathrm{C}_2$ である．そのそれぞれの場合において，1 の目が 2 回，それ以外は 1 以外である確率は

$$\left(\frac{1}{6}\right)^2 \left(\frac{5}{6}\right)^3$$

である．したがって題意を満たすの確率は

表 **2.1**：正常なサイコロを無作為に5回投げて，r 回1の目が出る確率

r	0	1	2	3	4	5
確率	$\left(\frac{5}{6}\right)^5$	${}_5\mathrm{C}_1\left(\frac{1}{6}\right)^1\left(\frac{5}{6}\right)^4$	${}_5\mathrm{C}_2\left(\frac{1}{6}\right)^2\left(\frac{5}{6}\right)^3$	${}_5\mathrm{C}_3\left(\frac{1}{6}\right)^3\left(\frac{5}{6}\right)^2$	${}_5\mathrm{C}_4\left(\frac{1}{6}\right)^4\left(\frac{5}{6}\right)^1$	$\left(\frac{1}{6}\right)^5$
値	0.4019	0.4019	0.1608	0.0322	0.0032	0.0001

$$
{}_5\mathrm{C}_2\left(\frac{1}{6}\right)^2\left(\frac{5}{6}\right)^3
$$

である．□

例 2.10 をもう少し拡張して「正常なサイコロを無作為に5回投げて，r 回1の目がでる確率」を考えてみよう．r のとりうる値は $0, 1, 2, 3, 4, 5$ であり，5回のうち r 回を選択する組み合わせは ${}_5\mathrm{C}_r$ であり，そのそれぞれの場合において，1の目が r 回，それ以外は1以外である確率は

$$
\left(\frac{1}{6}\right)^r\left(\frac{5}{6}\right)^{5-r}
$$

なので，求める確率は

$$
{}_5\mathrm{C}_r\left(\frac{1}{6}\right)^r\left(\frac{5}{6}\right)^{5-r}
$$

である．

このことがらを一般化すると次の定理が得られる．

定理 2.13（二項分布，binomial distribution）**．** 毎回の試行で，事象 E の起こる確率を p とするとき，n 回の独立試行のうちちょうど r 回 E が起こる確率は

$$
{}_n\mathrm{C}_r p^r q^{n-r} \quad (\text{ただし } q = 1 - p)
$$

に等しい．

この確率は二項定理の展開式

$$(q+p)^n$$
$$={q}^n+{}_n\mathrm{C}_1 q^{n-1}p+{}_n\mathrm{C}_2 q^{n-2}p^2+\cdots+{}_n\mathrm{C}_r q^{n-r}p^r+\cdots+{}_n\mathrm{C}_{n-1}qp^{n-1}+p^n$$

の $r+1$ 番目の項に等しい.

例 2.11 正常な硬貨を無作為に10回投げて，9回以上表がでる確率を求める.

解. 正常な硬貨を無作為に投げて表が出る確率 $p = 1/2$ であるから，$q = 1/2$. 10回投げて，ちょうど9回表がでる確率は

$${}_{10}\mathrm{C}_9\left(\frac{1}{2}\right)^9\left(\frac{1}{2}\right)^1$$

10回投げて，ちょうど10回表がでる確率は

$${}_{10}\mathrm{C}_{10}\left(\frac{1}{2}\right)^{10}=\left(\frac{1}{2}\right)^{10}$$

であるから，題意を満たす確率は

$${}_{10}\mathrm{C}_9\left(\frac{1}{2}\right)^9\left(\frac{1}{2}\right)^1+\left(\frac{1}{2}\right)^{10}=\frac{10}{1024}+\frac{1}{1024}=0.010$$

である. □

2.2.5 多項分布

二項分布を多項に一般化すると次の定理が得られる.

定理 2.14(多項分布，multinominal distribution). 毎回の試行で，k 個の排反な事象 $E_1, E_2, \ldots, E_k$ のいずれかは必ず起こるものとし，そのおのおのの確率を $p_1, p_2, \ldots, p_k$ $(p_1 + p_2 + \cdots + p_k = 1)$ とするとき，n 回の独立試行のうち事象 $E_1, E_2, \ldots, E_k$ がそれぞれ r_1 回，r_2 回，…，r_k 回 $(r_1 + r_2 + \cdots + r_k = n)$ 回起こる確率は

$$\frac{n!}{r_1!r_2!\cdots r_k!}p_1^{r_1}p_2^{r_2}\cdots p_k^{r_k}$$

に等しい.

（まとめ）順列と組合せ，二項分布

順列 (permutation)：異なる n 個のうちから r 個 ($r \leq n$) を取り出して並べる場合の数

$$ {}_n\mathrm{P}_r = n(n-1)(n-2)\cdots(n-r+1) = \frac{n!}{(n-r)!} $$

組合せ (combination)：異なる n 個のものから r 個取り出す場合の数

$$ {}_n\mathrm{C}_r = \frac{{}_n\mathrm{P}_r}{{}_r\mathrm{P}_r} = \frac{n!}{r!(n-r)!} $$

組合せに関する公式：

$$ {}_n\mathrm{C}_r = {}_n\mathrm{C}_{n-r} $$
$$ {}_n\mathrm{C}_r = {}_{n-1}\mathrm{C}_{r-1} + {}_{n-1}\mathrm{C}_r \ (n-1 \geq r \geq 1) $$

二項定理 (binomial theorem)：$(a+b)^n$ の展開式

$$ (a+b)^n = a^n + {}_n\mathrm{C}_1 a^{n-1}b + {}_n\mathrm{C}_2 a^{n-2}b^2 + \cdots + {}_n\mathrm{C}_r a^{n-r}b^r + \cdots + {}_n\mathrm{C}_{n-1} ab^{n-1} + b^n = \sum_{r=0}^{n} {}_n\mathrm{C}_r a^{n-r}b^r $$

独立試行 (independent trials)：毎回の試行が別の回の試行に確率的な影響を与えないこと

二項分布 (binomial distribution)：毎回の試行で，事象 E の起こる確率を p とするとき，n 回の独立試行のうちちょうど r 回 E が起こる確率は

$$ {}_n\mathrm{C}_r p^r q^{n-r} \quad (\text{ただし } q = 1-p) $$

多項分布 (multinominal distribution)：毎回の試行で，k 個の排反な事象 $E_1, E_2, \ldots, E_k$ のいずれかは必ず起こるものとし，そのおのおのの確率を $p_1, p_2, \ldots, p_k$ ($p_1 + p_2 + \cdots + p_k = 1$) とするとき，$n$ 回の独立試行のうち事象 $E_1, E_2, \ldots, E_k$ がそれぞれ r_1 回，r_2 回，…，r_k 回（$r_1 + r_2 + \cdots + r_k = n$) 回起こる確率は

$$\frac{n!}{r_1!r_2!\cdots r_k!}p_1^{r_1}p_2^{r_2}\cdots p_k^{r_k}$$

問題 2.3.　100 人の人が一列に並ぶとき，甲，乙の間に 10 人だけ入る確率を求めよ．

問題 2.4.　次の数の正の約数はいくつあるかを答えよ．

(1) 20　(2) 80　(3) 600

問題 2.5.　山田君と鈴木君の 2 名を含む学生が 10 人いて，全員が横並びになるとき，山田君と鈴木君が隣どうしにならない並び方は何通りあるか．

問題 2.6.　正常な 6 個のサイコロを同時に投げたとき，1 の目が 3 回以上出現する確率を求めよ．

問題 2.7.　正常な 6 個のサイコロを同時に投げたとき，全ての目が奇数になる確率を求めよ．

問題 2.8.　$(a+b+c)^{10}$ の展開式において，$a^2b^2c^6$ の係数はいくつになるかを答えよ．

問題 2.9.　二項展開式を用いて，以下の式の値を求めよ．

$${}_n\mathrm{C}_1 + {}_n\mathrm{C}_2 + \cdots + {}_n\mathrm{C}_n$$

2.3　確率の経験的意味

確率の経験的意味について述べる．アルミ硬貨を投げて，表裏の出る事象を観測する．全試行回数を n，表の出た回数を r としたとき，r/n を**相対度数** (relative frequency) という．相対度数は，試行回数 n を増やしていけば，表の出る確率 p に近づくということが経験的に得られる事実である．

硬貨を投げて床に落とす実験を 500 回繰り返し，表が出た場合に 1，裏が出た場合に 0 を加算して表の出た回数 r の度数を求め，それを試行回数で n で割った相対度数 r/n を集計したものが図 2.2 である．試行回数を増やすほどに 0.5 に近づいている．

このことがらに数学的根拠を与えるものはベルヌーイ (Bernoulli) の**大数の**

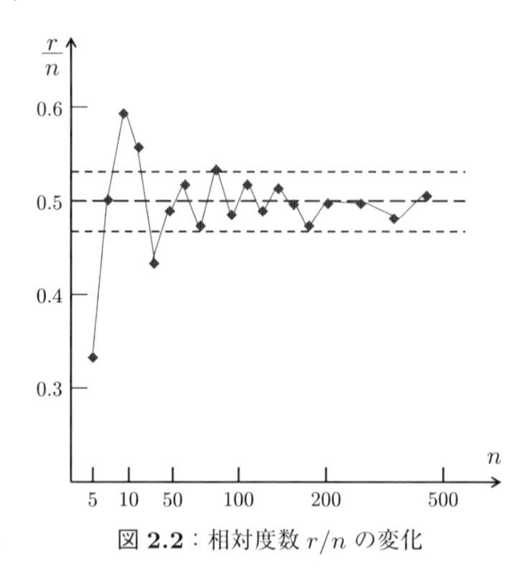

図 **2.2**：相対度数 r/n の変化

法則 (Law of large numbers) である．

定理 2.15（大数の法則：Law of large numbers）．事象 E の起こる確率 p が毎回一定であるとき，任意の（いかに小さくともよい）正の数 ε に対しては，独立試行の回数 n を十分大きくとりさえすれば，事象 E の起こる相対度数 r/n と確率 p との差の絶対値が ε より小さい確率 $\Pr\{|(r/n)-p|<\varepsilon\}$ はいくらでも1に近づく．あるいは，極限の概念で表現すると，関係式

$$\lim_{n\to\infty}\Pr\left\{\left|\frac{r}{n}-p\right|<\varepsilon\right\}=1$$

が成り立つ．

（まとめ）確率の経験的意味

大数の法則 (Law of large numbers)：事象 E の起こる確率 p であるとき，独立試行の回数 n を十分大きくとりさえすれば，事象 E の起こる相対度数 r/n は確率 p にいくらでも近づく

2.4　数値計算による相対度数の性質の確認

MATLAB を使った数値計算によって，相対度数の性質，特徴を確認する．例題としてつぎの練習課題に取り組む．この課題は，サイコロで 1 が出る度数 r を累積試行回数 n で割った相対度数と，確率の理論値 1/6 を比較することを目的とする．2.3 節の対数の法則では，相対度数は試行回数を増やせば限りなく確率（理論値）に近づくことが示されているが，それを実験で確認する．

【練習課題 2.1】（相対度数の変化）．

1. 10 個のサイコロを同時に投げる試行を 100 回繰り返して得られた結果がエクセルファイル `10dice100.xlsx` に準備されている
2. 上記実験において，最初から K 回目の試行において，1 の目が出た度数を acd，サイコロを投げた延べ回数 $10 * K$ を総回数として，相対度数 $r = \mathrm{acd}/(10 * K)$ の変化をグラフにしなさい．（横軸を K，縦軸を r とする）

生データは図 2.3 に示すように，10 個のサイコロを投げた結果を各行に記載し，それを 100 回繰り返した結果を記録してある．これを配列 `dice` に読み込む．プログラム例は図 2.4 に示す通りである．

つぎに配列 `dice` の各行に対して値が 1 と一致する要素を見つけるため，関係演算子 (==) を使って，一致するところを 1，それ以外を 0 とする配列 `B` を作成する．配列 `B` の各行における 1 の個数を配列 `d` とする．すなわち，配列 `d` には 1 回の「10 個のサイコロを投げる」という試行のなかで 1 の出現個数を記録する．配列 `acd` にその試行回数に対する累積を記録する（図 2.6, 2.7）．値の比較を行う関係演算子は (==) 以外にもあるので，他の例を表 2.2 に示す．関係演算子の実行結果は条件を満たす場所が 1，満たさない場所が 0 として返される．

相対度数の変化を計算しプロットするプログラム例の全体を図 2.8 に，プロット結果を図 2.9 に示す．図を見やすくするために，`ylim([0 0.3])` 関数を

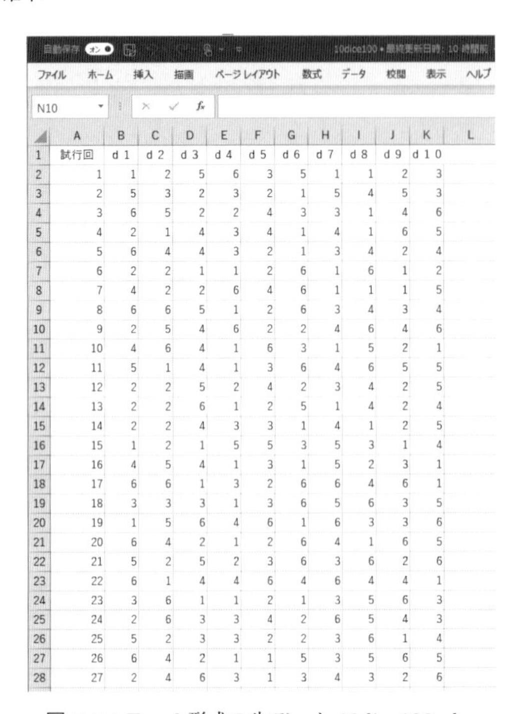

	A	B	C	D	E	F	G	H	I	J	K
1	試行回	d 1	d 2	d 3	d 4	d 5	d 6	d 7	d 8	d 9	d 1 0
2	1	1	2	5	6	3	5	1	1	2	3
3	2	5	3	2	3	2	1	5	4	5	3
4	3	6	5	2	2	4	3	3	1	4	6
5	4	2	1	4	3	4	1	4	1	6	5
6	5	6	4	4	3	2	1	3	4	2	4
7	6	2	2	1	1	2	6	1	6	1	2
8	7	4	2	2	6	4	6	1	1	1	5
9	8	6	6	5	1	2	6	3	4	3	4
10	9	2	5	4	6	2	2	4	6	4	6
11	10	4	6	4	1	6	3	1	5	2	1
12	11	5	1	4	1	3	6	4	6	5	5
13	12	2	2	5	2	4	2	3	4	2	5
14	13	2	2	6	1	2	5	1	4	2	4
15	14	2	2	4	3	3	1	4	1	2	5
16	15	1	2	1	5	5	3	5	3	1	4
17	16	4	5	4	1	3	1	5	2	3	1
18	17	6	6	1	3	2	6	6	4	6	1
19	18	3	3	3	1	3	6	5	6	3	5
20	19	1	5	6	4	6	1	6	3	3	6
21	20	6	4	2	1	2	6	4	1	6	5
22	21	5	2	5	2	3	6	3	6	2	6
23	22	6	1	4	4	6	4	6	4	4	1
24	23	3	6	1	1	2	1	3	5	6	3
25	24	2	6	3	3	4	2	6	5	4	3
26	25	5	2	3	3	2	2	3	6	1	4
27	26	6	4	2	1	1	5	3	5	6	5
28	27	2	4	6	3	1	3	4	3	2	6

図 **2.3**：Excel 形式の生データ 10dice100.xlsx

表 **2.2**：関係演算子の例

記号	等価な機能を持つ関数	説明
`<`	`lt`	より小さい
`<=`	`le`	以下
`>`	`gt`	より大きい
`>=`	`ge`	以上
`==`	`eq`	等しい
`~=`	`ne`	等しくない

使って y 軸の範囲を $[0, 0.3]$ に設定した．確率の理論値は $1/6 \fallingdotseq 1.67$ であり，それも図中に表示するようにした．試行回数を増やすほどに相対度数が確率の理論値に漸近していることが確認できる．

つぎに行う実験は二項分布の相対度数と確率の比較である．10 個のサイコロを同時に投げる試行において，1 が x 回出る確率は

```
%Excel ファイルを行列 A に読み込む
A=xlsread('10dice100.xlsx');
%行列 A の 2〜11 列目を抽出し dice に入力
dice = A(:,2:11);
N = length(dice); %dice 行数を N とする
```

図 **2.4**：データファイルの入力プログラム例

1	2	5	6	3	5	1	1	2	3
5	3	2	3	2	1	5	4	5	3
6	5	2	2	4	3	3	1	4	6
2	1	4	3	4	1	4	1	6	5
6	4	4	3	2	1	3	4	2	4
2	2	1	1	2	6	1	6	1	2
4	2	2	6	4	6	1	1	1	5
6	6	5	1	2	6	3	4	3	4
2	5	4	6	2	2	4	6	4	6
4	6	4	1	6	3	1	5	2	1
5	1	4	1	3	6	4	6	5	5
2	2	5	2	4	2	3	4	2	5
2	2	6	1	2	5	1	4	2	4
2	2	4	3	3	1	4	1	2	5
1	2	1	5	5	3	5	3	1	4
4	5	4	1	3	1	5	2	3	1
6	6	1	3	2	6	6	4	6	1
3	3	3	1	3	6	5	6	3	5
1	5	6	4	6	1	6	3	3	6
6	4	2	1	2	6	4	1	6	5
5	2	5	2	3	6	3	6	2	6

図 **2.5**：配列 dice の内容

```
%dice のどの要素が 1 であるかを判断
B = dice == 1;
%各回での 1 が出た個数を求める
d = B*ones(10,1);
acd = cumsum(d); %A の列の累積和を求める
```

図 **2.6**：1 の個数をカウントするプログラム例

dice

1	2	5	6	3	5	1	1	2	3
5	3	2	3	2	1	5	4	5	3
6	5	2	2	4	3	3	1	4	6
2	1	4	3	4	1	4	1	6	5
6	4	4	3	2	1	3	4	2	4

B										d	acd
1	0	0	0	0	0	1	1	0	0	3	3
0	0	0	0	0	1	0	0	0	0	1	4
0	0	0	0	0	0	0	1	0	0	2	6
0	1	0	0	0	1	0	1	0	0	3	9
0	0	0	0	0	1	0	0	0	0	1	10

1と一致する要素が1,
それ以外は0となる
1が出た
個数
dの
累積

図 **2.7**：各回の 1 の出現数を集計

$$\Pr\{X = x\} = {}_n\mathrm{C}_x p^x q^{n-x}$$

ただし，$n = 10,\ p = 1/6,\ q = 1 - p$ であたえられる．この値（理論値）に対して，試行実験の結果を比較してみよう．最初に 100 回の試行データに基づき比較を行い，その後，250 回，500 回の試行データに対して結果がどのよう

```
clc, clear;
A=xlsread('10dice250.xlsx');
dice = A(:,2:11); %行列 A の 2〜11 列目を抽出
N = length(dice); %dice 行数を N とする

B = dice == 1; % "等しい" の関係演算子 == を使用して dice
のどの要素が 1 であるかを判断
d = B*ones(10,1); %各回での 1 が出た個数を求める
acd = cumsum(d); %A の列の累積和を求める

K=1:N; %1〜N までの整数を含む行ベクトルを K とする
r = acd./(10*K'); %相対度数の変化の計算
p = (1/6)*ones(1,N); %確率の理論値の計算
figure; %図表示ウインドウの生成
plot(K,r,'.',K,p); %プロット
ylim([0 0.3]); %y 軸の表示範囲を 0〜1 に設定
xlabel('試行回数');
ylabel('相対度数');
title('相対度数の変化（大数の法則）');
```

図 **2.8**：相対度数のプロットのプログラミングコードの例

に変わるかを確認する．

【練習課題 2.2】（二項分布の相対度数の変化）．

(1) 10 個のサイコロを同時に投げる試行を 100 回繰り返して得られた結果がエクセルファイル `10dice100.xlsx` に準備されている
(2) 上記実験において，10 個のうちちょうど X 個だけ 1 が出る度数を計算しなさい $(X = 0, 1, 2, \ldots, 10)$
(3) 横軸を X，縦軸を相対度数（ = 度数/全試行回数）としてグラフを描きなさい
(4) 二項分布の定義式から上記試行の理論的な確率を求め上記グラフと比較し，誤差を評価しなさい
(5) 以上の実験を試行回数 250 回，500 回に変更して行なった結果のエクセルファイル `10dice250.xlsx`, `10dice500.xlsx` に対しても行いなさい

練習課題 2.1 と同様に，配列 `d` には 1 回の「10 個のサイコロを投げる」という試行のなかで 1 の出現回数 X を記録する．配列 `DD` は横方向を $X = 0, 1, 2, \ldots, 10$ とし，配列 `d` の値と一致するところを 1，それ以外を 0 とする．配

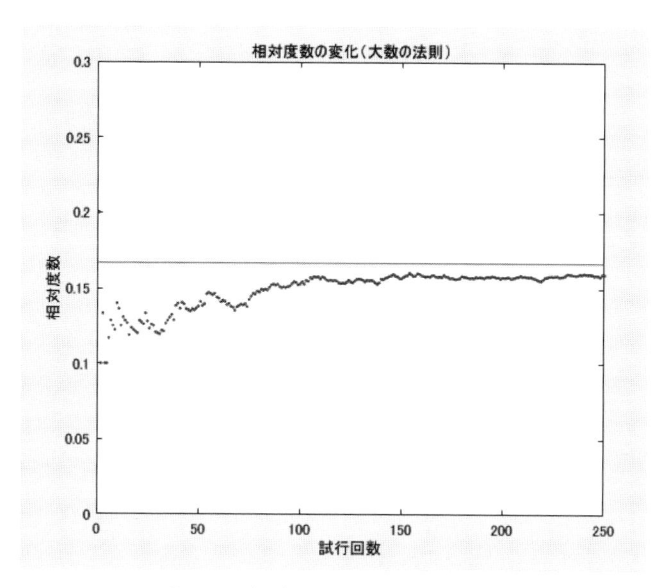

図 **2.9**：相対度数の変化のプロット

```
DD = zeros(N,11); %DD の初期化
for i=0:10
   DD(:,i+1) = d == i;
End
%DD の各列の 1 の個数を数える
xdeg = ones(1,N)*DD;
```

図 **2.10**：X の度数 xdeg の計算

d	DD										
3	0	0	0	1	0	0	0	0	0	0	0
1	0	1	0	0	0	0	0	0	0	0	0
1	0	1	0	0	0	0	0	0	0	0	0
3	0	0	0	1	0	0	0	0	0	0	0
1	0	1	0	0	0	0	0	0	0	0	0
4	0	0	0	0	1	0	0	0	0	0	0
3	0	0	0	1	0	0	0	0	0	0	0
1	0	1	0	0	0	0	0	0	0	0	0
0	1	0	0	0	0	0	0	0	0	0	0
3	0	0	0	1	0	0	0	0	0	0	0
2											

d=0のときに1

d=3のときに1

図 **2.11**：配列 DD の説明

列 DD の縦方向は試行回数である．配列 xdeg は配列 DD を縦方向に加算した数値である．すなわち，10 個のサイコロを投げる試行のなかでの 1 の出現回数 X の度数である．二項分布の相対度数はこの度数 xdeg を試行回数で割ったものである．X の各値に対して相対度数が計算される．相対度数は xdeg/N である．

10 個のサイコロを同時に投げる試行において，1 が x 回出る確率は

$$\Pr\{X=x\} = {}_n\mathrm{C}_x p^x q^{n-x}$$

ただし，$n=10, p=1/6, q=1-p$ であるので，この値を配列 `Pr(x)` に準備する．MATLAB では，$\Pr\{X=x\} = {}_{10}\mathrm{C}_x(1/6)^x(1-1/6)^{10-x}$ は

```
Pr(x)=nchoosek(10,x)*(1/6)^x*(1-1/6)^(10-x)
```

で記述され計算される．

これらにより X の各値に対して，相対度数 `xdeg/N` と，確率 `Pr(x)` の準備ができたので，これらの値をプロットするだけである．同じ実験を試行回数100回，250回，500回のそれぞれについて行いプロットを比較すれば，試行回数が増えることに伴って相対度数と確率（理論値）が近づくことが確認できるはずである．それらがどの程度近いかを数値で判定するために，誤差評価も同時に行う．誤差評価に関しては，変数 X に対する確率（理論値）を $S[X]$，相対度数を $R[X]$ と表記すると，その誤差 $\mathrm{Er}[X]$ は

$$\mathrm{Er}[X] = S[X] - R[X]$$

である．変数 X のすべての値に対して，誤差 $\mathrm{Er}[X]$ の平均を**平均誤差** (ME, Mean error) といい

$$\mathrm{ME} = \frac{1}{N}\sum_{x=0}^{N} \mathrm{Er}[X]$$

で定義される．ほかの評価方法として，**平均二乗誤差** (MSE, Mean squared error) は

$$\mathrm{MSE} = \frac{1}{N}\sum_{x=0}^{N} \mathrm{Er}^2[X]$$

で定義される．**二乗平均平方根誤差** (RMSE, Root mean squared error) は

$$\mathrm{RMSE} = \sqrt{\frac{1}{N}\sum_{x=0}^{N} \mathrm{Er}^2[X]}$$

```
clc, clear;
A=xlsread('10dice100.xlsx');
dice = A(:,2:11); %行列 A の 2〜11 列目を抽出
N = length(dice); %dice 行数を N とする
B = dice == 1; % “等しい”の関係演算子 == を使用して
               %dice のどの要素が 1 であるかを判断
d = B*ones(10,1); %各回での 1 が出た個数を求める
DD = zeros(N,11); % DD の初期化
                  % DD の各列は X=0,1,2,3,…の出現時に 1
となる数列
for i=0:10
 DD(:,i+1) = d == i; %d のどの要素が i であるかを判断
end
xdeg = ones(1,N)*DD; %DD の各列の 1 の個数を数える
X=0:10;
for xx = 0:10
  Pr(xx+1) = nchoosek(10,xx)*(1/6)^xx*(1-1/6)^(10-xx);
end

figure; %図表示ウインドウの生成
plot(X,xdeg/N,'o',X,Pr); %プロット
xlabel('X');
ylabel('相対度数');
title('相対度数（二項分布）');
legend('相対度数','理論値');

Er = Pr - xdeg/N; %誤差の計算
RMSE = sqrt(Er*Er');
disp('RMSE');
disp(RMSE);
```

図 **2.12**：二項分布の相対度数と確率の比較プログラムの例

で定義される．RMSE は ME に比べると大きな誤差が重視されて評価される方法である．MSE は単位が評価対象と異なる（2 乗になる）が，RMSE は，その平方根をとることで，MSE を元の単位に戻そうとするもので，直感的にとらえやすい評価方法である．

図 2.12 に二項分布の相対度数と確率の比較プログラムの例を示す．図 2.13 に比較のプロット図と RMSE を示す．これらの結果から，試行回数が増えることに伴って相対度数と確率（理論値）が近づくことが確認できる．

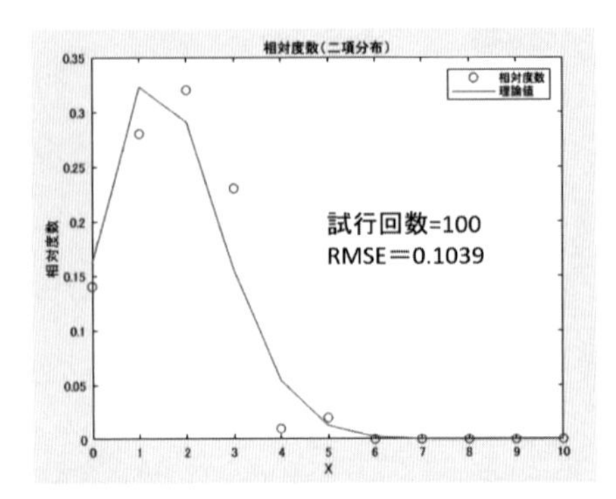

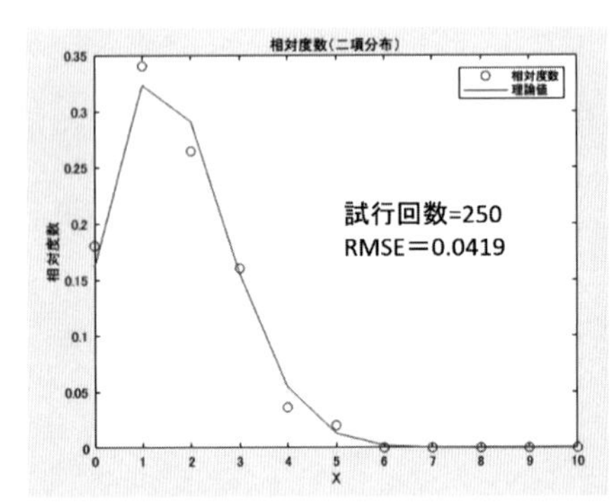

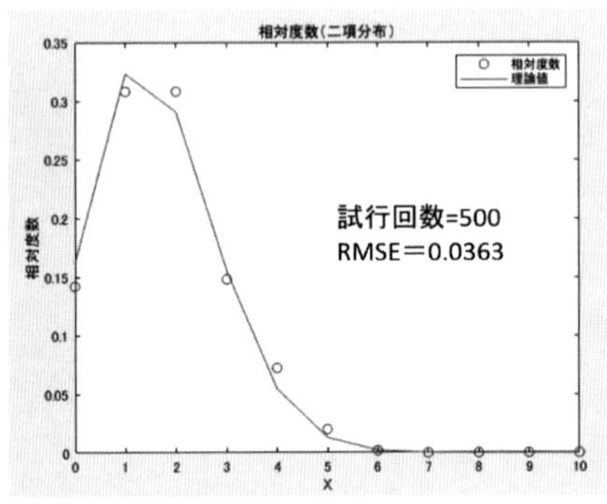

図 **2.13**：相対度数の変化

第3章

確率分布

3.1 確率変数と確率分布

サイコロを1回投げるという試行によるサイコロの出目の値は，$1, 2, 3, 4, 5, 6$ のいずれかであり，いずれの場合も確率は，$1/6$ である．サイコロの出目の値を変数 X したとき，試行によって X は $1 \sim 6$ のいずれかの値 x が確定する．$X = x$ の場合の確率は

$$\Pr\{X = x\} = \frac{1}{6}$$

である．ここで，変数 X を**確率変数** (random variable または stochastic variable) という．値 x は試行によって出現する具体的な値のことであって，これを**実現値** (realization) あるいは**観測値** (observation, observed value) という．

別の例で，サイコロを2個同時に投げて両方の出目の合計を確率変数 X とする．この場合 X は $2, 3, 4, \ldots, 12$ のいずれかであり，それぞれのサイコロの目の数を x_1, x_2 で表したとき $X = 2$ となる場合は $(x_1, x_2) = (1, 1)$ の1通り，$X = 3$ となる場合は $(x_1, x_2) = (1, 2), (2, 1)$ の2通り，$X = 4$ となる場合は $(x_1, x_2) = (1, 3), (2, 2), (3, 1)$ の3通りである．他の場合も含めて表にすると表3.1のようになる．全事象が36通りであるので，確率 $\Pr\{X = x\}$ は

$$\Pr\{X = x\} = \frac{(X = x\text{ となる場合の数})}{36}$$

である．

これらのことがらを一般化して，確率変数 X に対して，$X = x$ となる確率 $\Pr\{X = x\}$ を X の**確率関数** (probability function) という．変数 X の値 x_i に対して，対応する確率 p_i の関係を**確率分布** (probability distribution) とい

表 **3.1**：サイコロを2個同時に投げて目の合計を X とする場合の確率 $\Pr\{X = x\}$

x	2	3	4	5	6	7	8	9	10	11	12
$X = x$ となる場合の数	1	2	3	4	5	6	5	4	3	2	1
$\Pr\{X = x\}$	1/36	2/36	3/36	4/36	5/36	6/36	5/36	4/36	3/36	2/36	1/36

う．確率分布の確率 p_i の総和は1に等しい．

$$\sum_i p_i = \sum_i \Pr\{X = x_i\} = 1$$

ところで，ここで扱う確率変数 X は**離散型確率変数** (discrete random variable) である．離散的とは自然数や整数のようにとびとびの値を意味する．確率関数や確率分布についても離散型確率変数を前提として述べた．

離散的に対して連続的とは，実数のように連続した値を意味する．この章では，前半で離散型確率変数に対する扱いを述べ，後半で**連続型確率変数** (continuous random variable) の扱いについて述べる．

3.2　離散型確率分布

3.2.1　平均値

確率変数 X がとる値を $x_1, x_2, \ldots, x_n$ とし，それぞれの確率を $p_1, p_2, \ldots, p_n$ とする．N 回の試行で変数 X がとる度数を $r_1, r_2, \ldots, r_n$ とすると，変数 X の値の総和は

$$\sum_{i=1}^{n} x_i r_i$$

平均は

$$\frac{1}{N}\sum_{i=1}^{n} x_i r_i = \sum_{i=1}^{n} x_i \frac{r_i}{N}$$

に等しい．$\frac{r_i}{N}$ は変数 X が x_i をとる相対度数である．試行回数 N が十分大きければ相対度数 $\frac{r_i}{N}$ は確率 p_i に等しいと期待される．したがって，試行回数 N が十分大きければ変数 X の平均は

$$E(X) = \sum_{i=1}^{n} x_i p_i = \sum_{i=1}^{n} x_i \Pr\{X = x_i\}$$

に等しいと期待される．これをもって確率変数 X の**平均値** (mean value) または**期待値** (expectation) を定義し，$E(X)$ で表す（E は expectation の意味）．

例 3.1 表 3.1 の確率分布に対して平均を求める．

解．定義式により

$$E(X) = \sum_{i=1}^{n} x_i p_i = 2 \times \frac{1}{36} + 3 \times \frac{2}{36} + 4 \times \frac{3}{36} + 5 \times \frac{4}{36} + 6 \times \frac{5}{36} + 7 \times \frac{6}{36}$$
$$+ 8 \times \frac{5}{36} + 9 \times \frac{4}{36} + 10 \times \frac{3}{36} + 11 \times \frac{2}{36} + 12 \times \frac{1}{36} = 7$$

である． □

平均の定義式を使って，定数 c に対して次の関係が成り立つ．

$$E(X + c) = \sum_{i=1}^{n} (x_i + c) p_i = \sum_{i=1}^{n} x_i p_i + c \sum_{i=1}^{n} p_i = E(X) + c,$$
$$E(cX) = \sum_{i=1}^{n} (c x_i) p_i = c \sum_{i=1}^{n} x_i p_i = cE(X),$$
$$E(c) = \sum_{i=1}^{n} (c) p_i = c \sum_{i=1}^{n} p_i = c$$

これらのことから次の公式が得られる．

> **公式 I.** 定数 c に対して $E(X+c) = E(X)+c$, $E(cX) = cE(X)$, $E(c) = c$ である．

この式で $c = -E(X)$ とおくと，次の公式が得られる．

公式 **II.**　確率変数 X の平均からの偏差 $X-E(X)$ の平均は 0 である．すなわち，$E(X-E(X))=0$

3.2.2　分散と標準偏差

分散は平均からの偏差の 2 乗の平均で定義されるので

$$\sigma^2(X)=\sigma^2=E\{(X-E(X))^2\}$$

である．分散 $\sigma^2(X)$ の正の平方根 $\sigma(X)=\sigma$ を標準偏差という．

確率変数 X の分散 $\sigma^2(X)$ に対して

$$\begin{aligned}\sigma^2(X)=E\{(X-E(X))^2\}&=\sum_{i=1}^{n}(x_i-E(X))^2p_i\\&=\sum_{i=1}^{n}(x_i^2-2E(X)x_i+E(X)^2)p_i\\&=\sum_{i=1}^{n}x_i^2p_i-2E(X)\sum_{i=1}^{n}x_ip_i+\sum_{i=1}^{n}E(X)^2=E(X^2)-E(X)^2\end{aligned}$$

これらのことから次の公式が得られる．

公式 **III.**　確率変数 X の分散 $\sigma^2(X)$ に対して

$$\sigma^2(X)=E(X^2)-E(X)^2$$

分散の定義式を使うと，定数 c に対して次の関係が成り立つ．

$$\begin{aligned}&\sigma^2(X+c)=E\{(X+c-E(X+c))^2\}=E\{(X+c-E(X)-c)^2\}\\&\quad=E\{(X-E(X))^2\}=\sigma^2(X),\\&\sigma^2(cX)=E\{(cX-E(cX))^2\}=E\{(cX-cE(X))^2\}\\&\quad=E\{c^2(X-E(X))^2\}=c^2E\{(X-E(X))^2\}=c^2\sigma^2(X).\end{aligned}$$

これらのことから次の公式が得られる．

公式 IV. 確率変数 X の分散 $\sigma^2(X)$ に対して

$$\sigma^2(X+c) = \sigma^2(X), \sigma^2(cX) = c^2\sigma^2(X)$$

公式 V. 確率変数 X の標準偏差 $\sigma(X)$ に対して

$$\sigma(X+c) = \sigma(X), \sigma(cX) = |c|\sigma(X)$$

公式 VI. 確率変数 X に対して変数 $Z = \frac{X-E(X)}{\sigma(X)}$ の平均 $E(Z)$ は 0 で，標準偏差 $\sigma(Z)$ は 1 である．このように平均値を 0，標準偏差を 1 とする変換を**規準化**あるいは**基準化** (standardization) という．

証明.（公式 VI の証明）$E(X), \sigma(X)$ は定数なので，

$$E(Z) = E[(X-E(X))/\sigma(X)] = E[X-E(X)]/\sigma(X) = 0$$

$$\sigma(Z) = \sigma[(X-E(X))/\sigma(X)] = \sigma[X-E(X)]/\sigma(X) = \sigma(X)/\sigma(X) = 1$$

□

3.2.3 モーメント

平均や分散を一般化した概念にモーメント (moment)（あるいは積率ともいう）がある．確率変数 X^k の期待値を k 次の原点のまわりのモーメントとよび，$(X - E(X))^k$ の期待値を k 次の中心モーメント（平均のまわりのモーメント）とよぶ．平均 $E(X)$ は 1 次の原点のまわりのモーメント m_1，分散 $\sigma^2(X) = E\{(X-E(X))^2\}$ は 2 次の中心モーメント m_2 である．また，3 次の中心モーメントを $m_3 = E\{(X-E(X))^3\}$，4 次の中心モーメントを $m_4 = E\{(X-E(X))^4\}$ という．高次のモーメントは，確率分布の左右の非対称性（歪度）や平均付近の尖り具合（尖度）を評価する指標として用いる．これらの指標については，6 章で正規分布の適合性の観点で詳しく説明する．本章では，平均と分散のみを意識されたい．

3.2.4　二項分布

毎回の試行で事象 E の起こる確率を p とするとき，n 回の独立試行のうち事象 E の起こる回数 X は確率変数で，その確率分布は

$$\Pr\{X = x\} = {}_n\mathrm{C}_x p^x q^{n-x}, \text{　ただし } q = 1 - p,\ x = 0, 1, 2, \ldots, n$$

によって与えられる．この分布を**二項分布** (binomial distribution)（またはベルヌーイ分布）という．二項展開の式から明らかなように

$$\sum_{x=0}^{n} \Pr\{X = x\} = \sum_{x=0}^{n} {}_n\mathrm{C}_x p^x q^{n-x} = (p+q)^n = 1$$

が成り立つ．

二項分布の平均 $E(X)$ は

$$\begin{aligned}
&E(X) = \sum_{x=0}^{n} x \cdot {}_n\mathrm{C}_x p^x q^{n-x} = \sum_{x=1}^{n} x \cdot \frac{n!}{x!(n-x)!} p^x q^{n-x} \\
&= np \sum_{x=1}^{n} \frac{(n-1)!}{(x-1)!(n-x)!} p^{x-1} q^{n-x} = np \sum_{x=0}^{n-1} \frac{(n-1)!}{x!(n-x-1)!} p^{x-1} q^{n-1-x} \\
&= np(q+p)^{n-1} = np
\end{aligned}$$

によって求められ，$E(X) = np$ である．

つぎに，二項分布の分散 $\sigma^2(X)$ については

$$\begin{aligned}
&E(X(X-1)) = \sum_{x=1}^{n} x(x-1) \cdot {}_n\mathrm{C}_x p^x q^{n-x} = \sum_{x=2}^{n} x(x-1) \cdot {}_n\mathrm{C}_x p^x q^{n-x} \\
&= n(n-1)p^2 \sum_{x=2}^{n} {}_{n-2}\mathrm{C}_{x-2} p^{x-2} q^{n-x} = n(n-1)p^2 \sum_{x=0}^{n-2} {}_{n-2}\mathrm{C}_x p^x q^{n-2-x} \\
&= n(n-1)p^2
\end{aligned}$$

を使う．公式 III から

$$\sigma^2(X) = E(X^2) - E(X)^2 = E(X(X-1)) + E(X) - E(X)^2$$

この式に $E(X) = np$, $E(X(X-1)) = n(n-1)p^2$ を代入すると

$$= n(n-1)p^2 + np - E(X)^2 - n^2p^2 = np(1-p) = npq$$

が得られ，$\sigma^2(X) = npq$ である．これらのことから次の定理が導かれる．

定理 3.1. 毎回の試行で事象 E の起こる確率を p とするとき，n 回の独立試行のうち事象 E がちょうど X 回である確率は二項分布

$$\Pr\{X = x\} = {}_n\mathrm{C}_x p^x q^{n-x}, \text{ ただし } q = 1 - p,\ x = 0, 1, 2, \ldots, n$$

で与えられ，平均 $E(X)$ は np，分散 $\sigma^2(X)$ は npq である．

例 3.2 正常な硬貨を無作為に 10 回投げるとき，表の出る回数の確率分布を求める．

解．この確率分布は $n = 10, p = q = \frac{1}{2}$ の二項分布

$${}_{10}\mathrm{C}_x \frac{1}{2^{10}}$$

に従う． □

例 3.3 正常なサイコロを無作為に 20 回投げるとき，1 の目の出る回数の確率分布を求める．

解．この確率分布は $n = 20, p = \frac{1}{6}, q = \frac{5}{6}$ の二項分布

$${}_{20}\mathrm{C}_x \left(\frac{1}{6}\right)^x \left(\frac{5}{6}\right)^{20-x}$$

に従う． □

この式に基づき，横軸を確率変数 X，縦軸を確率 $\Pr\{X = x\}$ でグラフにした確率分布図は図 3.1 に示す通りである．

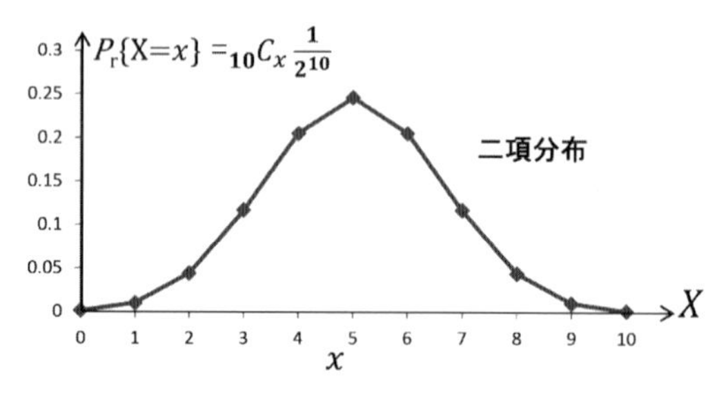

図 **3.1**：二項分布の確率分布図

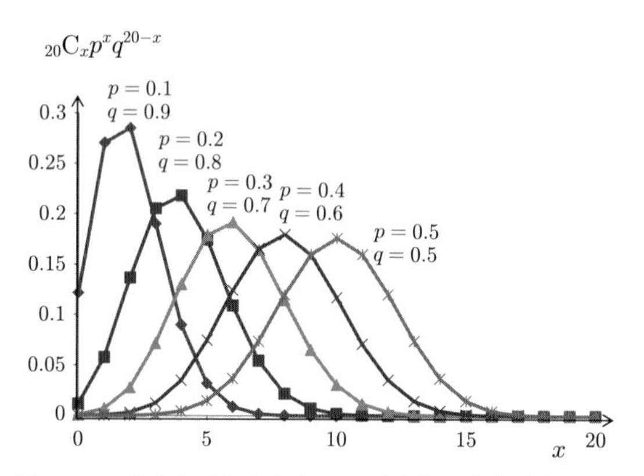

図 **3.2**：p を小さくしたときの二項分布の確率分布の変化

図 3.1 の二項分布の確率分布は対称型の例で，確率 $p = 0.5$ で中央付近に確率のピークがあるのが特徴である．ピークの場所は $E(X) = np = 5$ の位置である．

つぎに，試行回数 $n = 20$ の二項分布

$$\Pr\{X = x\} = {}_{20}\mathrm{C}_x p^x q^{20-x}$$

に対して，確率 p を 0.5 からずらしてみると，図 3.2 に示すように対称性がくずれ，ピークの位置が左側にシフトしていく．

つぎに，$p = 0.1$ に固定して，試行回数 n を変化させていくと，図 3.3 のように n が大きくなるにつれて対称形に近似していくことがわかる．

つぎに，$np = m$ を一定にして，n を限りなく大きくしていくとき，

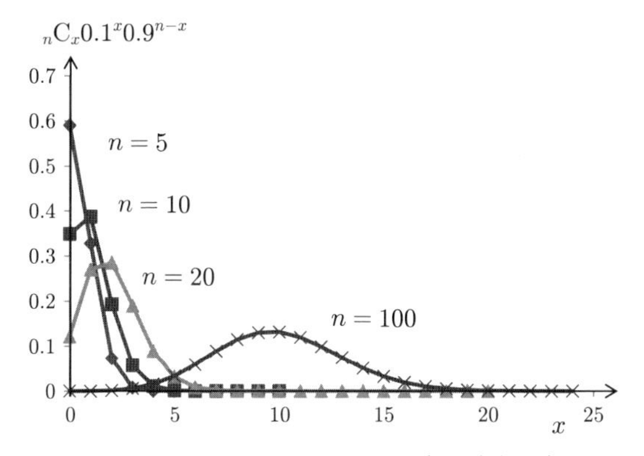

図 **3.3**：n を大きくしたときの二項分布の確率分布の変化

$$\begin{aligned}\Pr\{X=x\} &= {}_n\mathrm{C}_x p^x q^{n-x} = \frac{n!}{x!(n-x)!}\frac{m^x}{n^x}\left(1-\frac{m}{n}\right)^{n-x} \\ &= \frac{n!}{n^x(n-x)!}\left(1-\frac{m}{n}\right)^{-x}\frac{m^x}{x!}\left(1-\frac{m}{n}\right)^n \to \frac{m^x}{x!}e^{-m} \quad (n\to\infty)\end{aligned}$$

が得られる．ただし，この近似計算で指数関数の定義式

$$e^x = \lim_{n\to\infty}\left(1+\frac{x}{n}\right)^n$$

を使う．このことから，$np=m$ を一定として，n が十分に大きく p が小さい場合は，二項分布の確率は

$$\Pr\{X=x\} = {}_n\mathrm{C}_x p^x q^{n-x} \cong \frac{m^x}{x!}e^{-m}$$

で近似できることがわかる．

3.2.5　ポアソン分布

$x=0,1,2,\ldots$ のとき，確率分布

$$\Pr\{X=x\} = \frac{m^x}{x!}e^{-m}$$

をポアソン分布 (Poisson distribution) という．この分布は，上に述べた条件のもとで $np=m$ を一定とし，n を十分大きくしたときの二項分布の極限の分布である．ポアソン分布は事象 E の起こる確率 p がかなり小さく，m もある

表 **3.2**：ポアソン分布の確率 $\Pr\{X = x\}$

	0	1	2	3	4	5	6
1	0.367879	0.367879	0.18394	0.061313	0.015328	0.003066	0.000511
2	0.135335	0.270671	0.270671	0.180447	0.090224	0.036089	0.01203
3	0.049787	0.149361	0.224042	0.224042	0.168031	0.100819	0.050409
4	0.018316	0.073263	0.146525	0.195367	0.195367	0.156293	0.104196

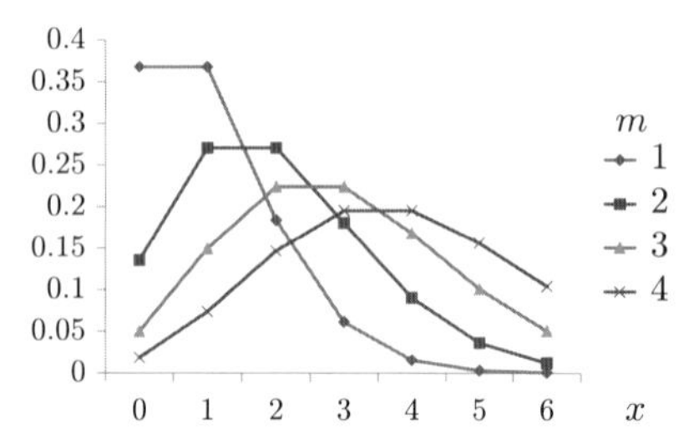

図 **3.4**：ポアソン分布の確率分布図（m 付近）

程度小さいという前提で使用される．また，m は整数である必要はない．たとえば，工業製品の不良率（生産個数の中の不良品の個数），スロットマシンでの勝率（同じ絵が揃う確率），宝くじを n 枚買ったときに当たりが x 枚含まれる確率などはポアソン分布に従うものとみられる．

$m = 1, 2, 3, 4$ において，$x = 0, 1, 2, \ldots, 6$ のポアソン分布の確率分布表と，確率分布図を表 3.2 と図 3.4, 3.5 に示す．X の全域で表示したものが図 3.5 であるが，確率は m 近傍ではある程度の値で存在するが，ある程度大きな $X = x$ に対しては，確率 $\Pr\{X = x\}$ はほぼ 0 に等しいことが見てとれる．したがって，通常使用する X の範囲はせいぜい $m + 4 \times \sqrt{m}$ 程度までである．なお，より広範囲のポアソン分布表を付表 A.1 に示す．

定理 3.2.　毎回の試行で事象 E の起こる確率を p とするとき，n 回の独立試行のうち事象 E がちょうど X 回である確率は $np = m$ を一定にして，n を限りなく大きくしていくとき，ポアソン分布に従い，平均 $E(X)$ は m，分散 $\sigma^2(X)$ は m である．

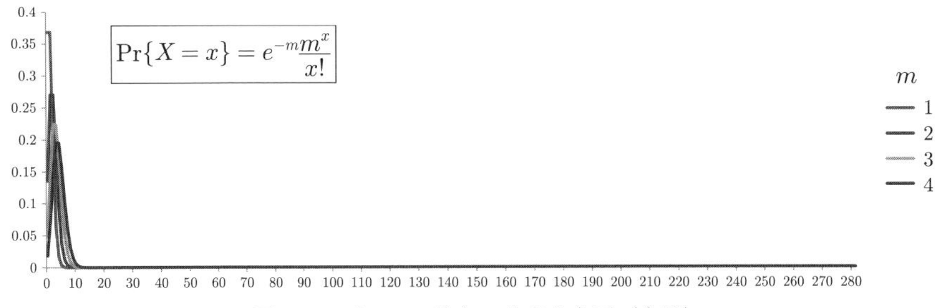

図 **3.5**：ポアソン分布の確率分布図（全域）

例 3.4　10 個の正常な硬貨を同時に投げる操作を 2^9 回行なった．このとき，すべて表となることがちょうど 3 回起きる確率を，ポアソン分布の式を使って求める．また，同じ事象の確率を二項分布の式を使って求める．

解．試行回数 $n = 2^9 = 512$ で，10 個の正常な硬貨を投げてすべて表となる確率は $p = (1/2)^{10} = 1/1024$ であるから，この事象が x 回起きる確率 $\Pr\{X = x\}$ は $m = np = 0.5$ のポアソン分布に従う．

$$\Pr\{X = 3\} = \frac{m^x}{x!}e^{-m} = \frac{0.5^3}{3!}e^{-0.5} = 0.012636$$

二項分布の式を使って求めると

$$\Pr\{X = 3\} = {}_n\mathrm{C}_x p^x q^{n-x} = {}_{512}\mathrm{C}_3 \left(\frac{1}{1024}\right)^3 \left(1 - \frac{1}{1024}\right)^{97} = 0.012596$$

両方の値がほぼ一致しているということは，二項分布がポアソン分布でよく近似されていることを示している．　□

例 3.5　月産 10 億 (10^9) 個の電子部品が生産される工場において，製品の不良率が 1 ppb $(= 1/10^9)$ であったとする．1 か月間の製品のなかで，不良品が 1 個以上発生する確率を求める．不良率が 0.1 ppb $(= 0.1/10^9)$ の場合はどうか．

解．$n = 10^9$ で，1 ppb $(= 1/10^9)$ の場合は $p = 1/10^9$ であるから確率 $\Pr\{X = x\}$ は $m = 1$ のポアソン分布に従う．

$$\Pr\{X = 0\} = \frac{1^0}{0!}e^{-1} = 0.3679$$

不良品が1個以上発生する確率は $\Pr\{X \geq 1\} = 1 - 0.3679 = 0.6321$ である．

不良率が 0.1 ppb $(= 0.1/10^9)$ の場合は，$p = 0.1/10^9$ であるから確率 $\Pr\{X = x\}$ は $m = 0.1$ のポアソン分布に従う．

$$\Pr\{X = 0\} = \frac{0.1^0}{0!}e^{-0.1} = 0.9048$$

不良品が1個以上発生する確率は $\Pr\{X \geq 1\} = 1 - 0.3679 = 0.0952$ である．

□

（まとめ）確率変数と離散型確率分布

確率変数 (stochastic variable)：確率を定義する変数 X

実現値 (realization)：試行によって出現する具体的な値 x

平均値 (mean value) または期待値 (expectation)：

$$E(X)=\sum_{i=1}^{n}x_i p_i=\sum_{i=1}^{n}x_i\mathrm{Pr}\{X=x_i\}$$

平均値に関する公式：

$$E(X+c)=E(X)+c,\quad E(cX)=cE(X),\quad E(c)=c,$$
$$E(X-E(X))=0$$

分散，標準偏差に関する公式：

$$\text{分散の定義}\qquad \sigma^2(X)=\sigma^2=E\{(X-E(X))^2\},$$
$$\sigma^2(X)=E(X^2)-E(X)^2,$$
$$\sigma^2(X+c)=\sigma^2(X),\ \sigma^2(cX)=c^2\sigma^2(X),$$
$$\sigma(X+c)=\sigma(X),\ \sigma(cX)=|c|\sigma(X),$$
$$Z=\frac{(X-E(X))}{\sigma(X)}\text{ に対して }E(Z)=0,\ \sigma(Z)=1.$$

二項分布 (binomial distribution)：毎回の試行で事象 E の起こる確率を p とするとき，n 回の独立試行のうち事象 E がちょうど X 回である確率分布は，

$$\mathrm{Pr}\{X=x\}={}_n\mathrm{C}_x p^x q^{n-x},\ \text{ただし } q=1-p,\ x=0,1,2,\dots,n$$

で与えられ，$E(X)=np,\sigma^2(X)=npq$ である．

ポアソン分布 (Poisson distribution)：二項分布の $np=m$ を一定にして，n を限りなく大きく（p は小さく）していくとき，確率分布

$$\mathrm{Pr}\{X=x\}=\frac{m^x}{x!}e^{-m}$$

にしたがい，$E(X) = m, \sigma^2(X) = m$ である．

問題 3.1.　6個の正常なサイコロを同時に投げたとき，1の目が3個，4個，5個，6個となる確率をそれぞれ求めよ．

問題 3.2.　20回の試行において，x 回だけ事象 E が起きる確率は二項分布に従う．事象 E が起きる確率を p とする．この二項分布の平均が9.9であるとして，確率 p および標準偏差 σ はどのような値になるか．

問題 3.3.　600個の部品から構成される機械において，各部品の不良率が1/1000であったとする．部品が1個でも故障していると機械が正常に動作しないとして，その機械が正常に動作する確率を求めよ．また，その後，技術の進展により集積度が向上し，200個の部品で同じ機械を作れるようになった．そのときの各部品の不良率が同じであったとすると，その機械が正常に動作する確率はどの程度まで改善されるか．

問題 3.4.　離散確率変数 X の平均と標準偏差を，$E(X), \sigma(X)$ とするとき，確率変数 $Y = (3X - 2E(X))/\sigma(X)$ の，平均と分散を求めなさい．

3.3　離散型確率分布（多次元）

3.3.1　同時確率分布

2個のサイコロを同時に投げて，出る目の数をそれぞれ X, Y とする．そのとき，X, Y はそれぞれ $1 \sim 6$ のいずれかの値をとる．$1 \sim 6$ の任意の整数 i, j に対して，$X = i,\ Y = j$ となる確率は，$\Pr\{X = i, Y = j\} = 1/36$ である．表にすると表3.3のようになる．

2つ目の例は，袋の中に $1, 2, 3$ の数字を記入した均質な球がそれぞれ $6, 4, 2$ 個あるとき，最初に1個を取り出した球の数字を X，そのあとその球を袋に戻すことなく更に1個取り出した球の数字を Y とした場合の確率 $\Pr\{X = i, Y = j\}$ で，表3.4に示すとおりである．

このように X, Y のとる値の組に対して確率分布を与える配列を同時確率分布 (joint probability distribution) という．表3.4で，各列の縦方向の総和を示す最下行に記載された X に対する確率の分布を，X の周辺分布 (marginal

表 **3.3**：X, Y の同時確率分布

	1	2	3	4	5	6
1	1/36	1/36	1/36	1/36	1/36	1/36
2	1/36	1/36	1/36	1/36	1/36	1/36
3	1/36	1/36	1/36	1/36	1/36	1/36
4	1/36	1/36	1/36	1/36	1/36	1/36
5	1/36	1/36	1/36	1/36	1/36	1/36
6	1/36	1/36	1/36	1/36	1/36	1/36

表 **3.4**：X, Y の同時確率分布

	1	2	3	計
1	$\frac{6\cdot5}{12\cdot11}$	$\frac{4\cdot6}{12\cdot11}$	$\frac{2\cdot6}{12\cdot11}$	$\frac{6}{12}$
2	$\frac{6\cdot4}{12\cdot11}$	$\frac{4\cdot3}{12\cdot11}$	$\frac{2\cdot4}{12\cdot11}$	$\frac{4}{12}$
3	$\frac{6\cdot2}{12\cdot11}$	$\frac{4\cdot2}{12\cdot11}$	$\frac{2\cdot1}{12\cdot11}$	$\frac{2}{12}$
計	$\frac{6}{12}$	$\frac{4}{12}$	$\frac{2}{12}$	1

distribution) といい，同様に各行の横方向の総和を Y の周辺分布という．

このことを一般化して，表 3.5 に示すような変数 X の各値 x_i と変数 Y の各値 y_j を同時にとる確率 $\Pr\{X = x_i, Y = y_j\} = p_{ij}$ の配列が同時確率分布である．これを j について総和したものが X の周辺分布で

$$p_{i\cdot} = \sum_{j=1}^{l} \Pr\{X = x_i, Y = y_j\} = \Pr\{X = x_i\},$$

i について総和したものが Y の周辺分布で

$$p_{\cdot j} = \sum_{i=1}^{n} \Pr\{X = x_i, Y = y_j\} = \Pr\{Y = y_j\}$$

である．

確率変数 X, Y が独立 (independent) であるとき，かつそのときにかぎり

$$\Pr\{X = x_i, Y = y_j\} = \Pr\{X = x_i\}\Pr\{Y = y_j\}$$

がすべての組み合わせに対して成立する．したがって，表 3.3 は独立の例であ

表 **3.5**：X, Y の同時確率分布

	x_1	x_2	$\cdots$	x_i	$\cdots$	x_n	Y の周辺分布
y_1	p_{11}	p_{21}	$\cdots$	p_{i1}	$\cdots$	p_{n1}	$p_{\cdot 1}$
$\vdots$	$\vdots$			$\vdots$		$\vdots$	$\vdots$
y_j	p_{1j}		$\cdots$	p_{ij}	$\cdots$	p_{nj}	$p_{\cdot j}$
$\vdots$	$\vdots$			$\vdots$		$\vdots$	$\vdots$
y_l	p_{1l}		$\cdots$	p_{il}	$\cdots$	p_{nl}	$p_{\cdot l}$
X の周辺分布	$p_{1\cdot}$	$p_{2\cdot}$	$\cdots$	$p_{i\cdot}$	$\cdots$	$p_{n\cdot}$	1

り，表 3.4 は独立ではない例である．

3.3.2　平均値

確率変数 X, Y の同時確率分布において，X, Y の平均値 $E(X), E(Y)$ を

$$E(X) = \sum_i \sum_j x_i \Pr\{X = x_i, Y = y_j\} = \sum_i x_i \Pr\{X = x_i\}$$

$$E(Y) = \sum_i \sum_j y_j \Pr\{X = x_i, Y = y_j\} = \sum_j y_j \Pr\{Y = y_j\}$$

と定義する．

確率変数 X, Y の和 $X + Y$，および積 XY の平均値は

$$E(X+Y) = \sum_i \sum_j (x_i + y_j) \Pr\{X = x_i, Y = y_j\},$$

$$E(XY) = \sum_i \sum_j (x_i y_j) \Pr\{X = x_i, Y = y_j\}$$

によって与えられる．

$$\begin{aligned}
E(X+Y) &= \sum_i \sum_j (x_i + y_j) \Pr\{X = x_i, Y = y_j\} \\
&= \sum_i \sum_j x_i \Pr\{X = x_i, Y = y_j\} + \sum_i \sum_j y_j \Pr\{X = x_i, Y = y_j\} \\
&= E(X) + E(Y)
\end{aligned}$$

であるから，以下の公式が導かれる．

公式 VII. 2つの確率変数 X, Y の和および差 $X \pm Y$ の平均値は，X, Y それぞれの平均値 $E(X), E(Y)$ の和および差に等しい．

$$E(X \pm Y) = E(X) \pm E(Y) \quad \text{（複号同順）}$$

一般に n 個の確率変数 $X_1, X_2, \ldots, X_n$ の和についても同様に

$$E(X_1 + X_2 + \cdots + X_n) = E(X_1) + E(X_2) + \cdots + E(X_n)$$

が成り立つ．

公式 I と組み合わせて考えると次の公式が導かれる．

公式 VIII. $c_1, c_2, \ldots, c_n$ が定数であるとき，確率変数 $X_1, X_2, \ldots, X_n$ について

$$E(c_1X_1 + c_2X_2 + \cdots + c_nX_n) = c_1E(X_1) + c_2E(X_2) + \cdots + c_nE(X_n)$$

が成り立つ．

確率変数 $X_1, X_2, \ldots, X_n$ の算術平均 $\overline{X} = \frac{X_1+X_2+\cdots+X_n}{n}$ に対して公式 VIII を適用するとつぎの公式を得る．

公式 IX. 確率変数 $X_1, X_2, \ldots, X_n$ の算術平均について

$$E\left(\frac{X_1 + X_2 + \cdots + X_n}{n}\right) = \frac{1}{n}\{E(X_1) + E(X_2) + \cdots + E(X_n)\}$$

が成り立つ．

X, Y の積 XY については

$$E(XY) = \sum_i \sum_j (x_iy_j)\Pr\{X = x_i, Y = y_j\}$$

において，X, Y が独立のときにのみ $\Pr\{X = x_i, Y = y_j\} = \Pr\{X = x_i\}\Pr\{Y = y_j\}$ が成立するので，その場合に限り

$$\begin{aligned}E(XY) &= \sum_i \sum_j (x_i y_j)\Pr\{X = x_i, Y = y_j\} \\ &= \sum_i \sum_j (x_i y_j)\Pr\{X = x_i\}\Pr\{Y = y_j\} \\ &= \sum_i x_i \Pr\{X = x_i\} \sum_j y_j \Pr\{Y = y_j\} = E(X)E(Y)\end{aligned}$$

であるから，以下の公式が導かれる．

> **公式 X.**　確率変数 X, Y が独立であるならば，積 XY の平均値は，X, Y それぞれの平均値 $E(X), E(Y)$ の積に等しく，
>
> $$E(XY) = E(X)E(Y)$$
>
> が成り立つ．
>
> 一般に n 個の独立な確率変数 $X_1, X_2, \ldots, X_n$ の積についても同様に，関係式
>
> $$E(X_1 X_2 \cdots X_n) = E(X_1)E(X_2)\cdots E(X_n)$$
>
> が成り立つ．

3.3.3　分散，標準偏差，相関係数

2個の確率変数 X, Y それぞれの分散は

$$\begin{aligned}\sigma^2(X) = E\{(X - E(X))^2\} &= \sum_i \sum_j (x_i - E(X))^2 \Pr\{X = x_i, Y = y_j\} \\ &= \sum_i (x_i - E(X))^2 \Pr\{X = x_i\}\end{aligned}$$

$$\begin{aligned}\sigma^2(Y) = E\{(Y - E(Y))^2\} &= \sum_i \sum_j (y_j - E(Y))^2 \Pr\{X = x_i, Y = y_j\} \\ &= \sum_j (y_j - E(Y))^2 \Pr\{Y = y_j\}\end{aligned}$$

が成立する．したがって，X, Y それぞれの周辺分布に対して分散をとればよ

いので，公式 III 〜 V が成り立つ．

確率変数 X, Y それぞれの平均からの偏差の積の平均 $E\{(X - E(X))(Y - E(Y))\}$ を確率変数 X, Y の共分散といい，$\mathrm{cov}(X, Y)$ で表す．

$$\mathrm{cov}(X, Y) = E\{(X - E(X))(Y - E(Y))\}$$

確率変数 X, Y の共分散を X, Y の標準偏差の積 $\sigma(X)\sigma(Y)$ で割った値を X, Y の相関係数といい $\rho(X, Y)$ で表す．

$$\rho(X, Y) = \frac{E\{(X - E(X))(Y - E(Y))\}}{\sigma(X)\sigma(Y)}$$

共分散に関して，

$$\begin{aligned}\mathrm{cov}(X, Y) &= E\{(X - E(X))(Y - E(Y))\} \\ &= E\{XY - E(Y)X - E(X)Y + E(X)E(Y)\} \\ &= E(XY) - E(X)E(Y)\end{aligned}$$

であるから，次の公式が成り立つ．

公式 XI. 確率変数 X, Y の共分散は積 XY の平均値から X, Y の平均値の積を引いた値に等しい．すなわち，関係式

$$\mathrm{cov}(X, Y) = E(XY) - E(X)E(Y)$$

が成り立つ．

公式 XII. 確率変数 X, Y が独立であるならば，X, Y の相関係数 $\rho(X, Y)$ は 0 である．すなわち，X, Y は無相関である．

確率変数 X, Y が独立であるならば，$E(XY) = E(X)E(Y)$ なので

$$
\begin{aligned}
\mathrm{cov}(X, Y) &= E\{(X - E(X))(Y - E(Y))\} \\
&= E\{XY - E(X)Y - E(Y)X + E(X)E(Y)\} \\
&= E(XY) - E(X)E(Y) = 0
\end{aligned}
$$

$$
\begin{aligned}
&\sigma^2(X + Y) \\
&= E\{(X + Y - E(X + Y))^2\} \\
&= E\{((X - E(X)) + (Y - E(Y)))^2\} \\
&= E\{(X - E(X))^2\} + E\{(Y - E(Y))^2\} + 2E\{(X - E(X))(Y - E(Y))\} \\
&= \sigma^2(X) + \sigma^2(Y) + 2\mathrm{cov}(X, Y) = \sigma^2(X) + \sigma^2(Y)
\end{aligned}
$$

$\sigma^2(X - Y)$ の場合も同様.

これらから，以下の公式が導かれる.

公式 XIII.　確率変数 X, Y が独立であるならば

$$
\sigma^2(X \pm Y) = \sigma^2(X) + \sigma^2(Y)
$$

が成り立つ.

公式 XIV.　確率変数 X, Y が独立であるならば，c_1, c_2 が定数であるとき，

$$
\sigma^2(c_1 X \pm c_2 Y) = c_1^2 \sigma^2(X) + c_2^2 \sigma^2(Y)
$$

が成り立つ．さらに，$X_1, X_2, \ldots, X_n$ が独立であるならば，$X = c_1 X_1 + c_2 X_2 + \cdots + c_n X_n$（$c_1, c_2, \ldots, c_n$ は定数）とおくと，関係式

$$
\sigma^2(X) = c_1^2 \sigma^2(X_1) + c_2^2 \sigma^2(X_2) + \cdots + c_n^2 \sigma^2(X_n)
$$

が成り立つ.

確率変数 $X_1, X_2, \ldots, X_n$ が独立で共通の分散 σ^2 をもつならば，算術平均 $\overline{X}$ に対して

$$\sigma^2(\overline{X}) = \sigma^2\left(\frac{X_1 + X_2 + \cdots + X_n}{n}\right) = \frac{\sigma^2(X_1) + \sigma^2(X_2) + \cdots + \sigma^2(X_n)}{n^2}$$
$$= \frac{n\sigma^2}{n^2} = \frac{\sigma^2}{n}$$

である．このことから，つぎの公式を得る．

公式 XV. 確率変数 $X_1, X_2, \ldots, X_n$ が独立で共通の分散 σ^2（標準偏差 σ）をもつならば，算術平均 $\overline{X} = \frac{X_1+X_2+\cdots+X_n}{n}$ に対して $\sigma^2(\overline{X}) = \frac{\sigma^2}{n}$ が成り立つ．

公式 XVI. $X^{(*)}, Y^{(*)}$ が確率変数 X, Y の基準化された確率変数であるとき，すなわち

$$X^{(*)} = \frac{X - E(X)}{\sigma(X)}, \quad Y^{(*)} = \frac{Y - E(Y)}{\sigma(Y)}$$

であるとき

$$\rho(X, Y) = \mathrm{cov}(X^{(*)}, Y^{(*)})$$

となる．

例 3.6 ある工場において，製品の特性値の仕様が a で，製造ばらつきの標準偏差が σ であるとする．すなわち 1 個の製品を取り出した場合に，その特定の測定値 X の確率分布は平均 $E(X) = a$ で分散 $\sigma^2(X) = \sigma^2$ であることとする．製品の中から 10 個のサンプルを独立に取り出した場合の特性値の平均は，製品 1 個の平均 $E(X) = a$ に対して標準偏差は何倍程度になるか．

解．公式 XV により 10 個のサンプルの特性値が独立である場合には n 個の特性値の平均の標準偏差は

$$\sigma(\overline{X}) = \frac{\sigma}{\sqrt{n}}$$

すなわち，$1/\sqrt{n}$ 倍である．したがって，測定回数が多いほどその平均の標準偏差が小さくなるので測定から得られる情報の信頼性が向上する． □

3.3.4　補足：独立と無相関

相関がないことを無相関といい，2つの事象がお互いに影響しないことを独立という．概念が似ているので混乱しやすいが，定義によって次のように区別することができる．

無相関　確率変数 X, Y が無相関であることの定義は，相関係数が $\rho(X, Y) = 0$ であることである．同時に共分散 $\mathrm{cov}(X, Y) = 0$ であり，そのことから $E(XY) = E(X)E(Y)$ が成り立つ場合という定義も同じ意味である．

独立　一方，確率変数 X, Y が独立であることの定義は，同時確率がそれぞれの確率の積に等しくなること

$$\Pr\{X = x, Y = y\} = \Pr\{X = x\}\Pr\{Y = y\}$$

で定義される．

したがって，確率変数 X, Y が独立ならば公式 XII により無相関であることが示されている（独立→無相関）．しかしながらその逆は必ずしも成立しない．無相関であっても独立でない場合がある．

たとえば，$(X, Y) = (0, 1), (1, 0), (0, -1), (-1, 0)$ の4通りの場合でそれぞれの確率が1/4であるならば，$E(XY) = 0$, $E(X) = 0$, $E(Y) = 0$ なので $E(XY) = E(X)E(Y)$ が成り立つので無相関であるが，$\Pr\{X = 0, Y = 1\} = 1/4$, $\Pr\{X = 0\} = 1/2$, $\Pr\{Y = 1\} = 1/4$ なので，$\Pr\{X = x, Y = y\} \neq \Pr\{X = x\}\Pr\{Y = y\}$ となり，独立ではない．

（まとめ）離散型確率分布（多次元）

同時確率分布 (joint probability distribution)：確率 $\Pr\{X = x_i, Y = y_j\}$
独立の定義：確率変数 X, Y が独立であるとき，かつそのときにかぎり

- $\Pr\{X = x_i, Y = y_j\} = \Pr\{X = x_i\}\Pr\{Y = y_j\}$
- $E(X \pm Y) = E(X) \pm E(Y)$ （複号同順）
- $E(X_1 + X_2 + \cdots + X_n) = E(X_1) + E(X_2) + \cdots + E(X_n)$
- $E(c_1X_1 + c_2X_2 + \cdots + c_nX_n)$
  $= c_1E(X_1) + c_2E(X_2) + \cdots + c_nE(X_n)$
- $E\left(\frac{X_1+X_2+\cdots+X_n}{n}\right) = \frac{1}{n}\{E(X_1) + E(X_2) + \cdots + E(X_n)\}$
- 確率変数 X, Y が独立のとき $E(XY) = E(X)E(Y)$
- n 個の独立な確率変数 $X_1, X_2, \ldots, X_n$ に対して

$$E(X_1X_2\cdots X_n) = E(X_1)E(X_2)\cdots E(X_n)$$

共分散：$\mathrm{cov}(X, Y) = E\{(X - E(X))(Y - E(Y))\}$
相関係数：$\rho(X, Y) = \frac{E\{(X-E(X))(Y-E(Y))\}}{\sigma(X)\sigma(Y)}$

- $\mathrm{cov}(X, Y) = E(XY) - E(X)E(Y)$
- X, Y が独立であるならば，X, Y の相関係数 $\rho(X, Y)$ は 0 である．すなわち，X, Y は無相関である．
- 確率変数 X, Y が独立であるならば

$$\sigma^2(X \pm Y) = \sigma^2(X) + \sigma^2(Y)$$

- 確率変数 X, Y が独立であるならば，

$$\sigma^2(c_1X \pm c_2Y) = c_1^2\sigma^2(X) + c_2^2\sigma^2(Y)$$

- さらに，$X_1, X_2, \ldots, X_n$ が独立であるならば，

$$\sigma^2(c_1X_1 + c_2X_2 + \cdots + c_nX_n) = c_1^2\sigma^2(X_1) + c_2^2\sigma^2(X_2) + \cdots + c_n^2\sigma^2(X_n)$$

- 確率変数 $X_1, X_2, \ldots, X_n$ が独立で共通の分散 σ^2（標準偏差 σ）を

持つならば，算術平均 $\overline{X} = \frac{X_1+X_2+\cdots+X_n}{n}$ に対して

$$\sigma^2(\overline{X}) = \frac{\sigma^2}{n},\ \sigma(\overline{X}) = \frac{\sigma}{\sqrt{n}}$$

- $X^{(*)} = \frac{X-E(X)}{\sigma(X)}, Y^{(*)} = \frac{Y-E(Y)}{\sigma(Y)}$ に対して

$$\rho(X,Y) = \mathrm{cov}(X^{(*)}, Y^{(*)})$$

問題 3.5.　1個の正常なサイコロを無作為に投げるとき，出る目の和の平均値と分散を求めよ．

問題 3.6.　3個の正常なサイコロを無作為に投げるとき，出る目の和の平均値と分散を求めよ．

問題 3.7.　2個の正常なサイコロを無作為に投げるとき，出る目の積の平均値と分散を求めよ．

問題 3.8.　2個の正常なサイコロを無作為に投げるとき，出る目の平方和 $X^2 + Y^2$ の平均値と分散を求めよ．

問題 3.9.　独立した確率変数 X, Y に対して，それぞれの平均と分散を，$E(X)$, $\sigma^2(X)$, $E(Y)$, $\sigma^2(Y)$ とするとき，$Z = 2X - 3Y$ の平均と分散を求めよ．

3.4　連続型確率分布

この章の前半では，確率変数 X が離散型の確率分布について述べてきたが，一方では確率変数が連続的な値をとる確率を扱う場合も多い．たとえば，バスが到着する時刻が時刻表で決められた予定時刻に対して，どれだけ前後するかに関する確率を議論する場合は，時間軸に対する連続的な変数を扱う必要が生じる．あるグループに含まれる人の身長の分布に関して議論する場合も連続数が使われる．以下では，確率変数 X が連続型である場合の**連続型確率分布** (continuous probability distribution) について述べる．

離散型確率変数 X の場合は確率が確率変数 X の値 x に対して確率が定義されていたので，確率は $\Pr\{X = x\}$ のように表現された．これに対して，連

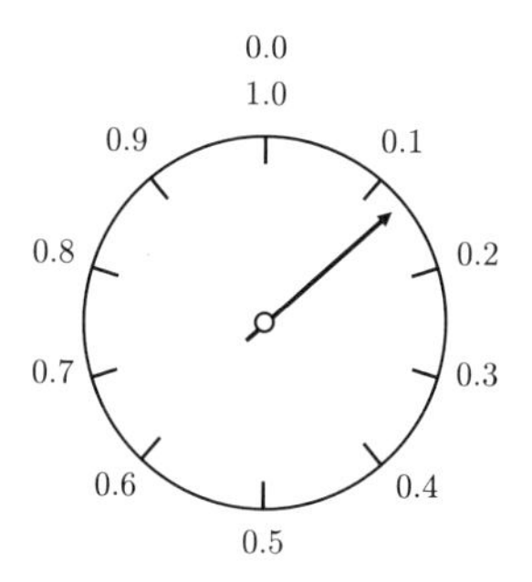

図 **3.6**：ルーレット盤

続型変数の一つの例として図 3.6 のルーレット盤の実験を考えてみよう．ルーレット盤の周りには 0 から 1 までの数値（実数）が対応しているものとする．ルーレットの針の位置を X とすると，X は 0 から 1 までの値を同様な確からしさをもってとりうる．しかし，X のとり方は無限の個数があるので任意の一点を厳密にとる確率は 0 である．

したがって，X が連続数である場合は点ではなく X の数直線上の領域で確率を考えるのが妥当である．ルーレットの針が 0 から 1 の間の任意の区間 $[x_1, x_2]\,(x_1 \leq x_2)$ に止まる確率は距離に比例すると考えられるから

$$\Pr\{x_1 \leq X \leq x_2\} = c(x_2 - x_1) \quad (c\text{ は定数})$$

としてよい．ルーレットの針は 0 から 1 の間に必ず止まるので

$$\Pr\{0 \leq X \leq 1\} = 1$$

したがって，この例においては $c = 1$ となる．

3.4.1　一様分布

ルーレット盤の確率の例では，X の範囲で定義される確率の X の範囲の長さに対する比が一定値 c になる．

$$\frac{\Pr\{x_1 \leq X \leq x_2\}}{x_2 - x_1} = c$$

さらに，0 から 1 の間の任意の実現値 x に対して，微小区間 $[x, x + dx]$ にお

いても同様に

$$\mathrm{pd} = \frac{\Pr\{x \leq X \leq x + dx\}}{dx} = c$$

が成立する．この dx を限りなく 0 に近づけたときの pd を**確率密度** (probability density) という．一定区間において，確率密度が一定値 c となるような確率分布を**一様分布** (uniform distribution) という．一様分布を一般化すると，確率変数 X が区間 $[a, b]$ において，確率密度が一定である場合の確率分布と定義される．

$$\Pr\{a \leq X \leq b\} = 1$$

であるから，確率密度は，区間 $[a, b]$ 内の任意の区間 $[x_1, x_2]$ $(x_1 \leq x_2)$ に対して

$$\frac{\Pr\{x_1 \leq X \leq x_2\}}{x_2 - x_1} = \frac{\Pr\{a \leq X \leq b\}}{b - a} = \frac{1}{b - a}$$

である．

確率変数 X に対する確率密度の関係 $f(x)$ を**確率密度関数** (probability density function)，略して pdf といい，次のように示される．

$$f(x) = \begin{cases} 0 & (x < a) \\ \frac{1}{b-a} & (a \leq x \leq b) \\ 0 & (b < x) \end{cases}$$

横軸を確率変数 X，縦軸を確率密度としてグラフで表現したものは図 3.7 である．

つぎに，確率変数 X が x 以下の値をとる確率 $\Pr\{X \leq x\}$ を $F(x)$ で表すと，図 3.7 の一様分布に対して $F(x)$ は次のように示される．

$$F(x) = \begin{cases} 0 & (x < a) \\ \frac{x-a}{b-a} & (a \leq x \leq b) \\ 0 & (b < x) \end{cases}$$

このとき $F(x)$ を X の**分布関数** (cumulative distribution function)，略し

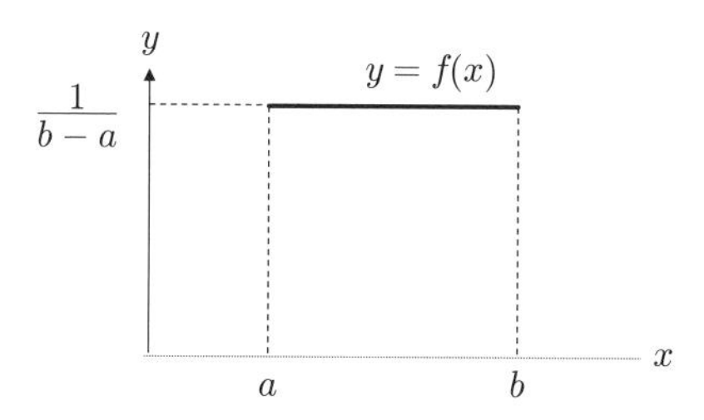

図 **3.7**：一様分布の確率密度関数

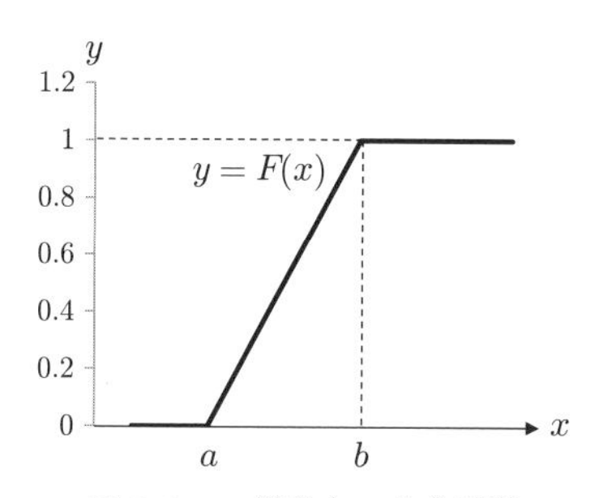

図 **3.8**：一様分布の分布関数

て cdf という．略号の pdf, cdf もよく使われるので覚えておくと良い．分布関数をグラフで表現したものは図 3.8 である．この分布関数 $F(x)$ がわかっているならば，これから確率密度 $f(x)$ が得られ，確率分布が特性づけられる．

3.4.2　一般の分布

一様分布は確率変数 X のある区間において確率密度が一定になるような分布であったが，一般的には確率密度が一定になるわけではなく，図 3.9 に示すように確率変数 X に対して確率密度が変化する．

小さな値 dx に対して確率変数 X が $x \leq X \leq x+dx$ の確率を $\Pr\{x \leq X \leq x+dx\}$ であるとする．微小な区間では $f(x)$ は一定であると近似すれば

$$\Pr\{x \leq X \leq x+dx\} \approx f(x)dx$$

は斜線部で示された領域の面積に等しいとみなされる．このような，微小区間の確率を**確率素分** (probability element) といい，$f(x)$ を**確率密度**という．

つぎに，確率変数 X が $a \leq X \leq b$ の間をとる確率 $\Pr\{a \leq X \leq b\}$ を求め

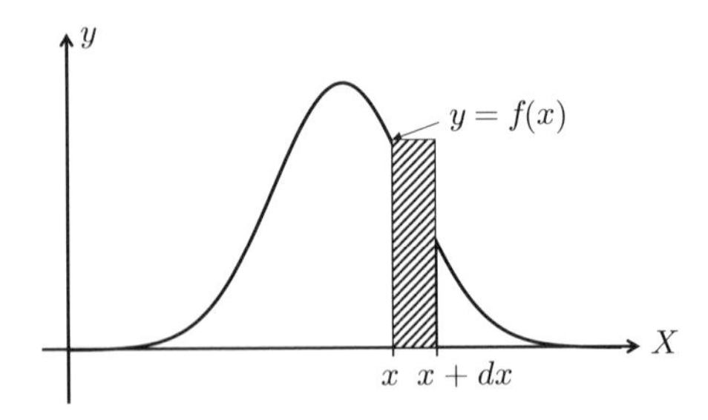

図 **3.9**：連続型確率変数の確率密度関数

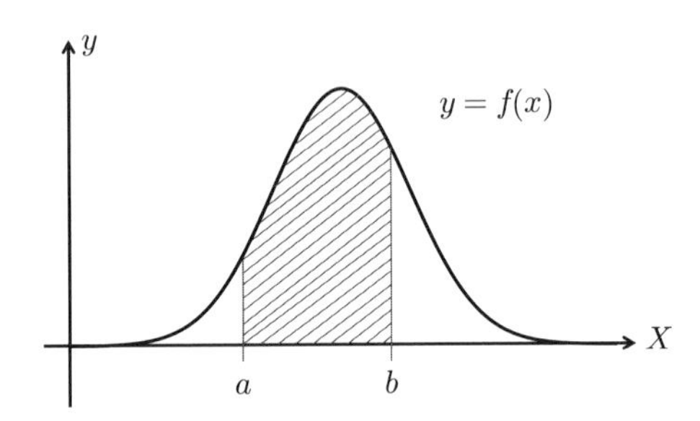

図 **3.10**：確率変数 X が $a \leq X \leq b$ の間をとる確率

るためには，区間 $[a, b]$ を微小な区間に細分化して，その間の確率素分の総和を求めればよい．確率素分の総和は微小区間の幅を極限まで小さくすると区間 $[a, b]$ における確率密度関数 $f(x)$ の積分に限りなく近づくから

$$\Pr\{a \leq X \leq b\} = \int_a^b f(x)dx$$

が成り立つ．このようにして，確率変数 X の確率分布は確率密度関数 $f(x)$ によって特性づけられる．この値は，図 3.10 で確率密度のグラフの斜線を施した部分の面積に等しい．

確率変数 X が x 以下の値をとる確率 $\Pr\{X \leq x\}$，すなわち分布関数 $F(x)$ は同様に，区間 $[-\infty, x]$ における確率密度関数 $f(x)$ の積分で定義される（図 3.11 左図）．

$$F(x) = \Pr\{-\infty \leq X \leq x\} = \int_{-\infty}^x f(x)dx$$

すなわち，分布関数 $F(x)$ は確率密度関数のグラフ（図 3.11 左図）の斜線を

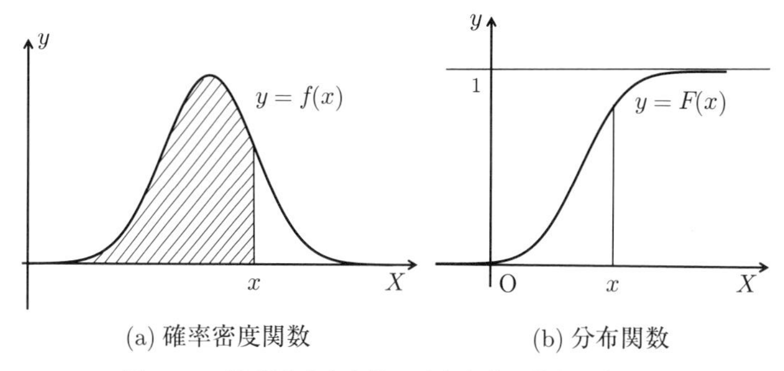

(a) 確率密度関数　(b) 分布関数

図 **3.11**：連続型確率変数の確率密度関数と分布関数

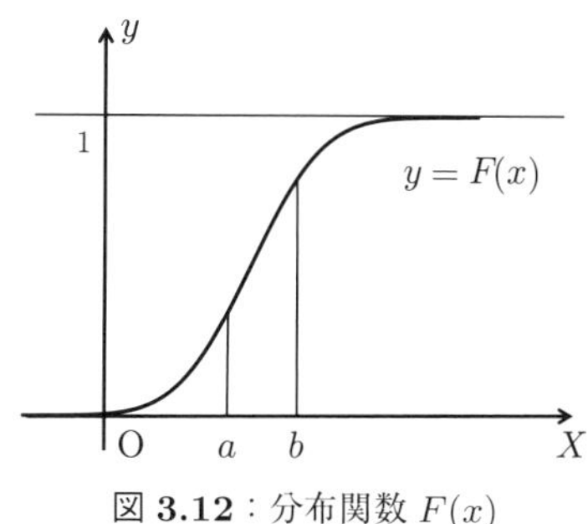

図 **3.12**：分布関数 $F(x)$

施した部分の面積に等しい．これにより確率密度関数 $f(x)$ と分布関数 $F(x)$ が関係づけられる．

分布関数 $F(x)$ がわかっているなら，区間 $[a, b]$ における確率変数 X の確率は

$$\Pr\{a \leq X \leq b\} = F(b) - F(a)$$

によって計算できる（図 3.12）．

同様に確率変数 X の領域に応じて以下の式で確率が得られる．

$$\Pr\{a \leq X\} = 1 - F(a),$$

$$\Pr\{X \leq a\} = F(a),$$

$$\Pr\{X \leq a,\ b \leq X\} = F(a) + 1 - F(b).$$

3.4.3　平均，分散，標準偏差

離散型確率変数 X の平均値 $E(X)$ は，X の領域において確率素分と X の積の総和であるから，その極限をとったものは，つぎのように定義される．

$$E(X) = \int_{-\infty}^{\infty} xf(x)dx.$$

分散に関しては，離散型と同様に

$$\sigma^2(X) = E\Big\{(X - E(X))^2\Big\}$$

で定義する．標準偏差は同じように分散の正の平方根で定義する．

離散変数の場合と同様に以下の公式が成り立つ．

公式 I　定数 c に対して $E(X+c) = E(X)+c$, $E(cX) = cE(X)$, $E(c) = c$ である．

公式 II　確率変数 X の平均からの偏差 $X - E(X)$ の平均は 0 である．すなわち，$E(X - E(X))=0$

公式 III　確率変数 X の分散 $\sigma^2(X)$ に対して $\sigma^2(X) = E(X^2) - E(X)^2$ である．

公式 IV　確率変数 X の分散 $\sigma^2(X)$ に対して $\sigma^2(X + c) = \sigma^2(X)$, $\sigma^2(cX) = c^2\sigma^2(X)$

公式 V　確率変数 X の標準偏差 $\sigma(X)$ に対して $\sigma(X+c) = \sigma(X)$, $\sigma(cX) = |c|\sigma(X)$

公式 VI　確率変数 X の基準化された変数 $Z = \frac{(X-E(X))}{\sigma(X)}$ の平均 $E(Z)$ は 0 で，標準偏差 $\sigma(Z)$ は 1 である．

3.4.4　正規分布

正規分布は非常に重要でかつ，よく使われる確率分布である．確率変数 X の確率素分が

$$\frac{1}{\sqrt{2\pi}\sigma} e^{-\frac{(x-\mu)^2}{2\sigma^2}} dx$$

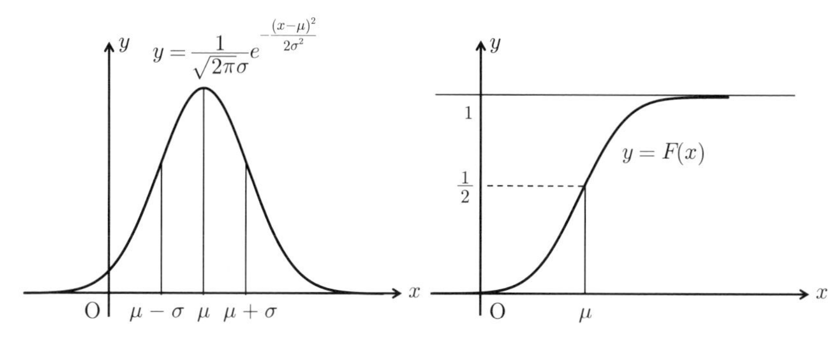

図 **3.13**：正規分布の確率密度関数と分布関数

であるとき，X は**正規分布** (normal distribution)（または**ガウス分布** (Gaussian distribution) ともいう）に従う．正規分布は平均 μ と分散 σ^2 を特徴量として定義できるので記号 $N(\mu, \sigma^2)$ で表現される．この分布の**確率密度関数**

$$f(x) = \frac{1}{\sqrt{2\pi}\sigma} e^{-\frac{(x-\mu)^2}{2\sigma^2}}$$

は，$x = \mu$ を中心として左右に対称な形である．$X = \mu \pm \sigma$ の点が変曲点となっている．正規分布 $N(\mu, \sigma^2)$ の平均 $E(X)$ と分散 $\sigma^2(X)$ は，それぞれ $E(X) = \mu$, $\sigma^2(X) = \sigma^2$ である．正規分布の分布関数は

$$F(x) = \Pr\{X \leq x\} = \int_{-\infty}^{x} \frac{1}{\sqrt{2\pi}\sigma} e^{-\frac{(x-\mu)^2}{2\sigma^2}} dx$$

である．図 3.13 左図は正規分布の確率密度関数 (pdf)，図 3.13 右図は分布関数 (cdf) である．

正規分布に従うとされているものは，身長の分布，体重の分布，工業製品の性能，熱ノイズ（白色ノイズ）などであって，応用の多い分布である．正規分布の $x = \mu$ を中心とした $\pm\sigma$, $\pm 2\sigma$, $\pm 3\sigma$ の区間の確率は以下に示す通りである．

$$\Pr\{\mu - \sigma \leq X \leq \mu + \sigma\} = 0.682,$$
$$\Pr\{\mu - 2\sigma \leq X \leq \mu + 2\sigma\} = 0.955,$$
$$\Pr\{\mu - 3\sigma \leq X \leq \mu + 3\sigma\} = 0.997.$$

したがって，区間 $[\mu - 3\sigma, \mu + 3\sigma]$ にほとんど 1 に近い確率が含まれている．

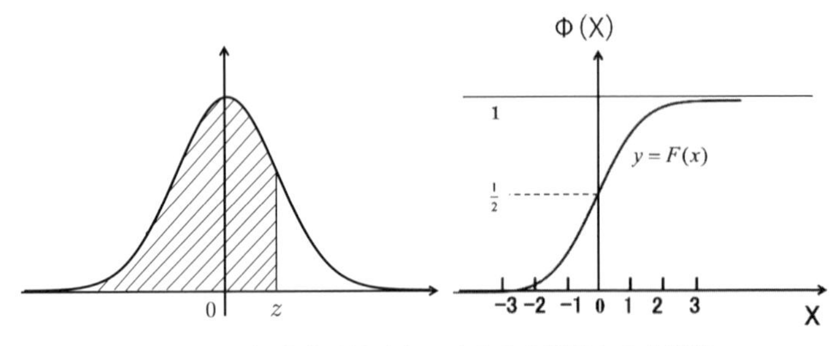

図 **3.14**：規準型正規分布の確率密度関数と分布関数

このような考え方は工業製品の品質保証検査などでも使われる．

正規分布 $N(\mu, \sigma^2)$ の確率変数 X を確率変数 $Z = \frac{X-\mu}{\sigma}$ に変数変換するとき，X の微小変化 dx と Z の微小変化 dz の間には，$dz = \frac{dx}{\sigma}$ の関係が成り立つから，確率変数 Z の確率素分は

$$\frac{1}{\sqrt{2\pi}} e^{-\frac{z^2}{2}} dz$$

である．確率変数 Z の確率分布は平均 μ が 0，分散 σ^2 が 1 をもつ正規分布 $N(0,1)$ であり，この分布を，**規準型正規分布** (standardized normal distribution) という．規準型正規分布の分布関数を $\Phi(z)$ で表す．すなわち

$$\Phi(z) = \Pr\{Z \leq z\} = \int_{-\infty}^{z} \frac{1}{\sqrt{2\pi}} e^{-\frac{z^2}{2}} dz$$

である．図 3.14 左図は規準型正規分布の確率密度関数 (pdf)，図 3.14 右図は分布関数 (cdf) である．

規準型正規分布の確率密度関数は，$Z = 0$ を中心として左右対称であり，標準偏差 σ が 1 であることから，分布関数 $\Phi(z)$ の特徴のいくつかを以下に示す．

- $\Phi(-\infty) = 0$, $\Phi(\infty) = 1$, $\Phi(0) = 0.5$
- $a > 0$ に対して，$\Phi(-a) = 1 - \Phi(a)$
- $\Pr\{-1 \leq Z \leq +1\} = \Phi(1) - \Phi(-1) = 0.682$
- $\Pr\{-2 \leq Z \leq +2\} = \Phi(2) - \Phi(-2) = 0.955$
- $\Pr\{-3 \leq Z \leq +3\} = \Phi(3) - \Phi(-3) = 0.997$

表 **3.6**：規準型正規分布 $N(0,1)$ の分布関数表

X	$\Phi(X)$	X	$\Phi(X)$	X	$\Phi(X)$	X	$\Phi(X)$
0.00	0.5000	1.00	0.8413	2.00	0.9772	3.00	0.9987
0.10	0.5398	1.10	0.8643	2.10	0.9821	3.10	0.9990
0.20	0.5793	1.20	0.8849	2.20	0.9861	3.20	0.9993
0.30	0.6179	1.30	0.9032	2.30	0.9893	3.30	0.9995
0.40	0.6554	1.40	0.9192	2.40	0.9918	3.40	0.9997
0.50	0.6915	1.50	0.9332	2.50	0.9938	3.50	0.9998
0.60	0.7257	1.60	0.9452	2.60	0.9953	3.60	0.9998
0.70	0.7580	1.70	0.9554	2.70	0.9965	3.70	0.9999
0.80	0.7881	1.80	0.9641	2.80	0.9974	3.80	0.9999
0.90	0.8159	1.90	0.9713	2.90	0.9981	3.90	1.0000

また，正規分布 $N(\mu,\sigma^2)$ における確率変数 X を確率変数 $Z=\frac{X-\mu}{\sigma}$ に変数変換するとき，確率変数 Z の確率分布は規準型正規分布 $N(0,1)$ となることはすでに述べたが，同時に確率変数 X の値 a,b に対して，確率変数 Z の値 $z_a=\frac{a-\mu}{\sigma}$, $z_b=\frac{b-\mu}{\sigma}$ が対応し，正規分布 $N(\mu,\sigma^2)$ における確率 $\Pr\{a\le X\le b\}$ と，基準型正規分布 $N(0,1)$ における確率 $\Pr\{z_a\le Z\le z_b\}$ が等しくなる．

$$\Pr\{a\le X\le b\}=\Pr\{z_a\le Z\le z_b\}$$

したがって，規準型正規分布 $N(0,1)$ の分布関数 $\Phi(z)$ が与えられていれば，一般的な正規分布 $N(\mu,\sigma^2)$ における区間 $[a,b]$ の確率 $\Pr\{a\le X\le b\}$ は

$$\Pr\{z_a\le Z\le z_b\}=\Phi(z_b)-\Phi(z_a)$$

によって算出することができる．

規準型正規分布 $N(0,1)$ の分布関数表を表 3.6 に示す．この表には $X\ge 0$ に対する分布関数の値 $\Phi(X)$ のみが示されているが，規準型正規分布は $X=0$ に対して左右対称であるから，負数 $-X$ に対しては，$\Phi(-X)=1-\Phi(X)$ で換算すればよいので，この表で十分に有用である．より詳細な分布関数表は付表 A.2 を活用されたい．

例 3.7　ある製品の特性 T が平均 3.0，標準偏差 2.0 の正規分布に従うとする．

このとき，この製品の特性 T の値が 1.0 から 4.2 の間に収まる確率を求める．

解．題意は正規分布 $N(3.0, 2.0^2)$ に従う確率変数を T としたときに

$$\Pr\{1.0 \leq T \leq 4.2\}$$

を求めることに相当する．さて，$Z = \frac{T-\mu}{\sigma} = \frac{T-3.0}{2.0}$ で確率変数変換を行うと確率変数 Z は正規分布 $N(0,1)$ に従う．

ここで，T の値 1.0, 4.2 は，Z の値 $z_{1.0} = \frac{1.0-3.0}{2.0} = -1.0$, $z_{4.2} = \frac{4.2-3.0}{2.0} = 0.6$ に対応するので，

$$\Pr\{1.0 \leq T \leq 4.2\} = \Pr\{-1.0 \leq Z \leq 0.6\} = \Phi(0.6) - \Phi(-1.0)$$
$$= \Phi(0.6) - (1 - \Phi(1.0)) = 0.7257 - 1 + 0.8413 = 0.5670$$

である．□

補足

規準正規分布 $N(0,1)$ の平均が 0，分散が 1 であることを確率素分の定義から導出する．確率変数を Z とする．（正規分布 $N(\mu, \sigma^2)$ の確率変数 X に対しては $Z = \frac{X-\mu}{\sigma}$ である．）

$$E(Z) = \int_{-\infty}^{\infty} Z \frac{1}{\sqrt{2\pi}} e^{-\frac{Z^2}{2}} dz = \left[-\frac{1}{\sqrt{2\pi}} e^{-\frac{z^2}{2}} \right]_{-\infty}^{\infty} = 0,$$

$$\begin{aligned}
\sigma^2(Z) &= E(Z^2) - \bigl(E(Z)\bigr)^2 = E(Z^2) \\
&= \int_{-\infty}^{\infty} Z^2 \frac{1}{\sqrt{2\pi}} e^{-\frac{Z^2}{2}} dz \\
&= \left[-\frac{Z}{\sqrt{2\pi}} e^{-\frac{z^2}{2}} \right]_{-\infty}^{\infty} + \int_{-\infty}^{\infty} \frac{1}{\sqrt{2\pi}} e^{-\frac{Z^2}{2}} dz \\
&= 0 + 1 = 1
\end{aligned}$$

※ $\int_{-\infty}^{\infty} \frac{1}{\sqrt{2\pi}} e^{-\frac{Z^2}{2}} dz$ は確率素分の積分なので 1 であることを使う．なお，正規分布 $N(\mu, \sigma^2)$ の確率変数は $X = \sigma Z + \mu$ で変換できるので，

$$E(X) = E(\sigma Z + \mu) = \mu,\ \sigma^2(X) = \sigma^2(\sigma Z + \mu) = \sigma^2 \cdot \sigma^2(Z) = \sigma^2.$$

3.4.5 二項分布の正規近似

二項分布 $\Pr\{X = x\} = {}_n\mathrm{C}_x p^x q^{n-x}$ の n が十分大きい場合，正規分布 $N(np, npq)$ に近づくことが証明されている．したがって，n が大きな二項分布を扱う場合に，正規分布 $N(\mu, \sigma^2)$, $\mu = np$, $\sigma^2 = npq$ で近似し，前項で示したものと同様に，規準化した変数 Z において対応する確率を，分布関数表を使って求めることができる．さらに，ポアソン分布 $\Pr\{X = x\} = \frac{m^x}{x!}e^{-m}$ の $n = \frac{m}{p}$ が十分大きい場合，正規分布 $N(m, m)$ に近づくことが証明されている．ただし，二項分布において $E(X) = np$ が 0 または n に近すぎる場合には，図 3.2, 3.3 に示したように対称性が大きく崩れるために近似が成立しない．そのため，$10 < np < n - 10$ の条件を付加する．ポアソン分布においても同様に $m = np > 10$ の条件を付加する．

（※）二項分布が正規分布に近似することの証明は，4.2.5 項に示す．

例 3.8 1000 個のサイコロを同時に振って，それらの出目のうち X 個が 1 または 2 である確率は二項分布で与えられる．確率変数 X の値が 318 以上 334 未満である確率を求める．

解．問題の二項分布は，$n = 1000$, $p = 1/3$, $q = 1 - p = 2/3$ なので，確率分布は正規分布 $N(np, npq) = N(\frac{1000}{3}, \frac{2000}{9})$ で近似される．$N(np, npq)$ の確率変数を X とすれば，基準化変数 $Z = (X - np)/\sqrt{npq}$ の分布は $N(0, 1)$ である．求める確率は

$$\Pr\{318 \leq X \leq 333\} = \Pr\left\{\frac{318 - \frac{1000}{3}}{\sqrt{\frac{2000}{9}}} \leq Z \leq \frac{333 - \frac{1000}{3}}{\sqrt{\frac{2000}{9}}}\right\}$$

$$= \Pr\{-1.02 \leq Z \leq 0.02\} = \Phi(0.02) - \Phi(-1.02) \approx 0.50 - (1 - 0.84) = 0.34$$

（付表 A.2 を参照）． □

例 3.9 10 個の絵柄がランダムに 6 個並びで表示されるスロットマシンにおいて，6 個の絵柄が揃うと賞品がもらえるとする．スロットの操作を 10^6 回繰り返したときに，6 個の絵柄が揃う回数を X とする．このとき，$\Pr\{10 \leq$

$X \leq 15\}$ を求める．

解．問題はポアソン分布に従う．$n = 10^6$, $p = 10 \times 1/10^6$, $m = 10$ なので，確率分布は正規分布 $N(m, m) = N(10, 10)$ で近似される．この確率変数を X とすれば，基準化変数 $Z = (X - 10)/\sqrt{10}$ の分布は $N(0, 1)$ である．求める確率は

$$\Pr\{10 \leq X \leq 15\} = \Pr\left\{\frac{10 - 10}{\sqrt{10}} \leq Z \leq \frac{15 - 10}{\sqrt{10}}\right\} = \Pr\{0 \leq Z \leq 1.58\}$$

$$= \varPhi(1.58) - \varPhi(0) \approx 0.945 - 0.5 = 0.445$$

（付表 A.2 を参照）．　□

（まとめ）連続型確率分布

平均値：$E(X) = \int_{-\infty}^{\infty} xf(x)dx$
分散：$\sigma^2(X) = E\{(X - E(X))^2\}$
確率素分 (probability element)：微小区間の確率

$$\Pr\{x \leq X \leq x + dx\} \approx f(x)dx$$

確率密度関数 (probability density function) pdf：確率変数 X に対する確率密度の関係 $f(x)$
分布関数 (cumulative distribution function) cdf：

$$F(x) = \Pr\{-\infty \leq X \leq x\} = \int_{-\infty}^{x} f(x)dx$$

区間 $[a, b]$ における確率：

$$\Pr\{a \leq X \leq b\} = F(b) - F(a)$$

正規分布 (normal distribution)：平均 μ と分散 σ^2 を特徴量として $N(\mu, \sigma^2)$ で表現される
正規分布の確率密度関数：

$$f(x) = \frac{1}{\sqrt{2\pi}\sigma} e^{-\frac{(x-\mu)^2}{2\sigma^2}}$$

正規分布の分布関数：

$$F(x) = \Pr\{X \leq x\} = \int_{-\infty}^{x} f(x) = \frac{1}{\sqrt{2\pi}\sigma} e^{-\frac{(x-\mu)^2}{2\sigma^2}} dx$$

規準型正規分布 (standardized normal distribution)：平均 0，分散 1 の正規分布 $N(0, 1)$，正規分布 $N(\mu, \sigma^2)$ の確率変数 X に対して，$Z = \frac{X-\mu}{\sigma}$ の変数変換で得られる
二項分布の正規近似：二項分布 $\Pr\{X = x\} = {}_n\mathrm{C}_x p^x q^{n-x}$ の n が十分大きい場合，X の確率分布は正規分布 $N(np, npq)$ で近似できる．

問題 3.10.　確率変数 $X = x$ に対して，分布関数を $F(x)$ とするとき，$\Pr\{a$

$\le |X|\}$, $\Pr\{|X| \le b\}$ をそれぞれ求めよ．

問題 3.11.　離散確率変数 X の平均と標準偏差を，$E(X)$, $\sigma(X)$ とするとき，変数 $Y = (3X - 2E(X))/\sigma(X)$ の平均と分散を求めよ．

問題 3.12.　正規分布 $N(4, 4)$ に従う確率変数 X について，以下の問いに答えよ．

(1) $-\infty \le X \le k$ の確率が 0.5 となるような k を求めよ．

(2) $-\infty \le X \le k$ の確率が 0.1 となるような k を求めよ．

(3) 平均を μ とするとき，$\mu - a \le X \le \mu + a$ の確率が 0.9 となるような値 a を求めよ．

問題 3.13.　正規分布について以下の確率を求めよ．

(1) 正規分布の $N(0, 1)$ の確率変数 X に対して，$\Pr\{0 \le X \le 0.3\}$

(2) 正規分布の $N(0, 1)$ の確率変数 X に対して，$\Pr\{-0.3 \le X \le 1.3\}$

(3) 正規分布の $N(2, 2)$ の確率変数 X に対して，$\Pr\{|X| \le 3\}$

(4) 正規分布の $N(2, 2)$ の確率変数 X に対して，$\Pr\{-2 \le X \le 5\}$

問題 3.14.　サイコロを n 回振って，x 回 1 または 2 が出る確率の分布は，n が大きいときに正規分布 $N(\mu, \sigma^2)$ で近似できることを使って，$n = 1000$ のときの μ, σ^2 をそれぞれ求めよ．また，$300 \le X \le 350$ となる確率を求めよ．また，X が平均から 50 以上ずれる確率を求めよ．

3.5　連続型確率分布（多次元）

3.5.1　2 次元同時確率分布

たとえば，ある大きなグループに属する人の身長 X と体重 Y のように，2 個の連続型確率変数 X, Y が与えられる場合を考える．身長 X が x から $x + dx$ の間の値をとり，かつ，体重 Y が y から $y + dy$ の間の値をとる確率は dx, dy がともに微小であるときは

$$\Pr\{x \le X \le x + dx, y \le Y \le y + dy\} = f(x, y)dxdy$$

で表すことができる．ここで，$f(x, y)dxdy$ を連続型確率変数 X, Y の同時確率素分 (joint probability component) といい，$f(x, y)$ を同時確率密度 (joint probability density）という．分布関数 $F(x, y)$ は 1 次元の場合と同様に X が x 以下の値をとり，かつ Y が y 以下の値をとる確率として定義する．

$$F(x, y) = \Pr\{X \leq x, Y \leq y\}$$

確率密度 $f(x, y)$ または分布関数 $F(x, y)$ によって，連続型確率変数 X, Y の同時確率分布が与えられる．

分布関数が常に

$$F(x, y) = \Pr\{X \leq x, Y \leq y\} = \Pr\{X \leq x\}\Pr\{Y \leq y\}$$

を満たすとき，確率変数 X, Y は独立であるという．おなじことは確率素分では，X, Y それぞれの確率素分

$$\Pr\{x \leq X \leq x + dx\} = f_x(x)dx,$$
$$\Pr\{y \leq Y \leq y + dy\} = f_y(y)dy$$

に対して，任意の x, y について

$$f(x, y)dxdy = f_x(x)dxf_y(y)dy$$

または

$$f(x, y) = f_x(x)f_y(y)$$

が成り立つことによって，確率変数 X, Y は独立であると示される．

2 次元確率分布で，平均値，分散，標準偏差，相関係数はつぎのように定義される．

$$E(X) = \int_{-\infty}^{\infty}\int_{-\infty}^{\infty} xf(x,y)dxdy,$$
$$E(Y) = \int_{-\infty}^{\infty}\int_{-\infty}^{\infty} yf(x,y)dxdy,$$
$$\sigma^2(X) = E\{(X - E(X))^2\},$$
$$\sigma^2(Y) = E\{(Y - E(Y))^2\},$$
$$\mathrm{cov}(X,Y) = E\{(X - E(X))(Y - E(Y))\},$$
$$\rho(X,Y) = \frac{\mathrm{cov}(X,Y)}{\sigma(X)\sigma(Y)}.$$

多次元離散型確率分布に対して定義された以下の公式は，連続型確率分布に対しても同様に成立する．

［平均に関する公式］

- $E(X \pm Y) = E(X) \pm E(Y)$　（複号同順）
- $E(X_1 + X_2 + \cdots + X_n) = E(X_1) + E(X_2) + \cdots + E(X_n)$
- $E(c_1X_1 + c_2X_2 + \cdots + c_nX_n) = c_1E(X_1) + c_2E(X_2) + \cdots + c_nE(X_n)$
- $E(\frac{X_1+X_2+\cdots+X_n}{n}) = \frac{1}{n}\{E(X_1) + E(X_2) + \cdots + E(X_n)\}$

［確率変数の積に関する公式］

- 確率変数 X, Y が独立のとき

$$E(XY) = E(X)E(Y).$$

n 個の独立な確率変数 $X_1, X_2, \ldots, X_n$ に対して

$$E(X_1X_2\cdots X_n) = E(X_1)E(X_2)\cdots E(X_n).$$

［共分散，相関係数に関する公式］

- 共分散 $\mathrm{cov}(X,Y) = E\{(X - E(X))(Y - E(Y))\}$
- 相関係数 $\rho(X,Y) = \frac{E\{(X-E(X))(Y-E(Y))\}}{\sigma(X)\sigma(Y)}$
- $\mathrm{cov}(X,Y) = E(XY) - E(X)E(Y)$
- X, Y が独立であるならば，X, Y の相関係数 $\rho(X,Y)$ は 0 である．すなわち，X, Y は無相関である．

［分散に関する公式］

- 確率変数 X, Y が独立であるならば

$$\sigma^2(X \pm Y) = \sigma^2(X) + \sigma^2(Y)$$

　が成り立つ.

- 確率変数 X, Y が独立であるならば,

$$\sigma^2(c_1 X \pm c_2 Y) = c_1^2 \sigma^2(X) + c_2^2 \sigma^2(Y).$$

　さらに, $X_1, X_2, \ldots, X_n$ が独立であるならば,

$$\sigma^2(c_1X_1+c_2X_2+\cdots+c_nX_n)=c_1^2\sigma^2(X_1)+c_2^2\sigma^2(X_2)+\cdots+c_n^2\sigma^2(X_n).$$

- 確率変数 $X_1, X_2, \ldots, X_n$ が独立で共通の分散 σ^2（標準偏差σ）をもつならば, 算術平均 $\overline{X} = \frac{X_1+X_2+\cdots+X_n}{n}$ に対して

$$\sigma^2(\overline{X}) = \frac{\sigma^2}{n},\ \sigma(\overline{X}) = \frac{\sigma}{\sqrt{n}}.$$

［規準化変数に関する公式］

- $X^{(*)} = \frac{X-E(X)}{\sigma(X)}$, $Y^{(*)} = \frac{Y-E(Y)}{\sigma(Y)}$ に対して,

$$\rho(X, Y) = \mathrm{cov}(X^{(*)}, Y^{(*)}).$$

3.5.2 2次元正規分布

確率変数 X,Y の同時確率素分が

$$\begin{aligned} & f(x,y)dxdy \\ &= \frac{1}{2\pi\sigma_1\sigma_2\sqrt{1-\rho^2}} e^{-\frac{1}{2(1-\rho^2)}\left\{\frac{(x-\mu_1)^2}{\sigma_1^2} - 2\rho\frac{(x-\mu_1)(y-\mu_2)}{(\sigma_1\sigma_2)} + \frac{(y-\mu_2)^2}{\sigma_2^2}\right\}} dxdy \end{aligned}$$

であるとき, X, Y は2次元正規分布に従うという. X, Y が独立のとき

$$
\begin{aligned}
f(x,y) &= \frac{1}{\sqrt{2\pi\sigma_1}} e^{-\frac{(x-\mu_1)^2}{2\sigma_1^2}} \cdot \frac{1}{\sqrt{2\pi\sigma_2}} e^{-\frac{(y-\mu_2)^2}{2\sigma_2^2}} \\
&= \frac{1}{2\pi\sigma_1\sigma_2} e^{-\frac{1}{2}\left\{\frac{(x-\mu_1)^2}{\sigma_1^2}+\frac{(y-\mu_2)^2}{\sigma_2^2}\right\}}
\end{aligned}
$$

である．確率変数 X, Y が独立で，ともに正規分布に従うときは $X \pm Y$ の確率分布は，正規分布に従う．この性質を正規分布の**再生性** (reproductivity) といい，次の定理が成り立つ．

定理 3.3（正規分布の再生性）**.**　独立した確率変数 X, Y に対して，いずれに対しても確率分布が正規分布である場合にそれぞれを $N(\mu_1, \sigma_1^2)$, $N(\mu_2, \sigma_2^2)$ としたとき，$X \pm Y$ の確率分布は，正規分布 $N(\mu_1 \pm \mu_2, \sigma_1^2 + \sigma_2^2)$ に従う．

この展開として次の定理が成り立つ．

定理 3.4.　$c_1X \pm c_2Y$ の確率分布は正規分布 $N(c_1\mu_1 \pm c_2\mu_2, {c_1}^2{\sigma_1}^2 + {c_2}^2{\sigma_2}^2)$ に従う．

このことを展開して，n 個の独立変数 $X_1, X_2, \ldots, X_n$ の確率分布がいずれも正規分布で $N(\mu_i, \sigma_i^2)$ であった場合に，2 次元の再生性を順次適用することにより，$X_1 + X_2 + \cdots + X_n$ の確率分布が正規分布であり，その平均が $\sum \mu_i$ 分散が $\sum {\sigma_i}^2$ であることは自明である．このことから，つぎの定理 3.5 が導かれる．

定理 3.5.　n 個の独立変数 $X_1, X_2, \ldots, X_n$ の確率分布がいずれも正規分布 $N(\mu, \sigma^2)$ である場合に，$\overline{X} = (X_1 + X_2 + \cdots + X_n)/n$ は，正規分布 $N(\mu, \sigma^2/n)$ に従う．

（まとめ）連続型確率分布（多次元）

同時確率素分：$\Pr\{x \leq X \leq x+dx, y \leq Y \leq y+dy\} = f(x,y)dxdy$

同時確率密度：$f(x,y)$

分布関数：$F(x,y) = \Pr\{X \leq x, Y \leq y\}$

独立の定義：$F(x,y) = \Pr\{X \leq x, Y \leq y\} = \Pr\{X \leq x\}\Pr\{Y \leq y\}$

平均値：$E(X) = \int_{-\infty}^{\infty}\int_{-\infty}^{\infty} xf(x,y)dxdy$

分散：$\sigma^2(X) = E\{(X - E(X))^2\}$

共分散：$\mathrm{cov}(X,Y) = E\{(X - E(X))(Y - E(Y))\}$

相関係数：$\rho(X,Y) = \frac{\mathrm{cov}(X,Y)}{\sigma(X)\sigma(Y)}$

平均と分散に関する公式：

- $E(X \pm Y) = E(X) \pm E(Y)$（複号同順）
- $E(X_1 + X_2 + \cdots + X_n) = E(X_1) + E(X_2) + \cdots + E(X_n)$
- 確率変数 X, Y が独立のとき
  - $E(XY) = E(X)E(Y)$
  - $\sigma^2(X \pm Y) = \sigma^2(X) + \sigma^2(Y)$
  - $\sigma^2(c_1X \pm c_2Y) = c_1^2\sigma^2(X) + c_2^2\sigma^2(Y)$
- 確率変数 $X_1, X_2, \ldots, X_n$ が独立で共通の分散 σ^2（標準偏差σ）をもつならば，算術平均 $\overline{X} = \frac{X_1+X_2+\cdots+X_n}{n}$ に対して

$$\sigma^2(\overline{X}) = \frac{\sigma^2}{n}$$

正規分布の再生性 (reproductivity)：独立した確率変数 X, Y が正規分布 $N(\mu_1, \sigma_1^2)$, $N(\mu_2, \sigma_2^2)$ に従うとき，$X \pm Y$ の確率分布は，正規分布 $N(\mu_1 \pm \mu_2, {\sigma_1}^2 + {\sigma_2}^2)$ に従う．

問題 3.15.　独立した確率変数 X, Y が正規分布 $N(100.0, 5.0^2)$，$N(103.0, 6.2^2)$ に従うとき，

(1) $|X - Y|$ が 10.0 以上である確率を求めよ．

(2) $X \geq Y$ となる確率を求めよ．

```
clc, clear;
figure; %図表示ウインドウの生成
xlabel(‘X’);
ylabel(‘Pr’);
title(‘確率（二項分布）’);
hold on
n=20;X=0:20;
for i=1:1:5
p=0.1*i;
for j=1:1:length(X)
 x1=X(j);
 Pr(j)=nchoosek(n,x1)*(p)^x1*(1-p)^(n-x1)
end
plot(X,Pr); %プロット
end
```

図 **3.15**：二項分布表示のプログラム例

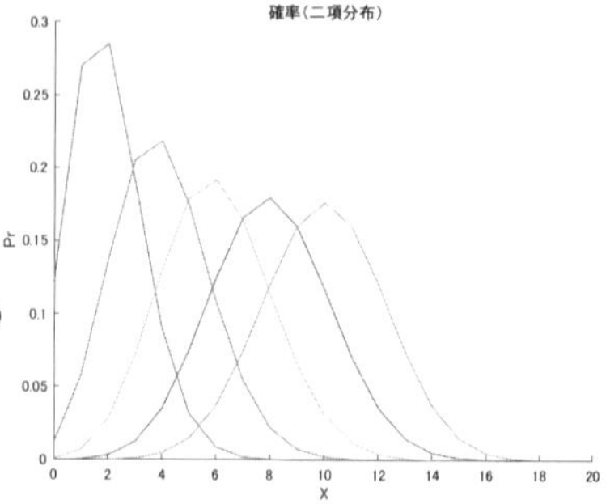

図 **3.16**：表示結果

3.6　数値計算による確率分布の確認

3.6.1　二項分布

【**練習課題 3.1**】(二項分布のグラフの描画)．二項分布 ${}_nC_x p^x q^{n-x}$ の n, p を変化させてグラフを描画し，本文中の図 3.2, 3.3 の状況を確認しなさい．

二項分布の変化を計算しプロットするプログラム例を図 3.15 に，プロット結果を図 3.16 に示す．$n = 20$, $p = 0.1, 0.2, 0.3, 0.4, 0.5$ に対してグラフを重ねて表示した．`Figure` コマンドでグラフ用のウインドウを生成し，`hold on` コマンドでグラフの上書きを行う．`nchoosek(a,b)` は組合せ ${}_aC_b$ を与える関数である（a, b は非負整数のスカラー値)．

つぎに，$p = 0.1$ に $n = 5, 10, 20, 100$ に対してグラフを重ねて表示した．プログラム例を図 3.17 に，プロット結果を図 3.18 に示す．

（注）`nchoosek(a,b)` が十分に大きい場合，`nchoosek` は結果が正確でない可能性があることを示す警告を表示する．

```
clc, clear;
figure; %図表示ウインドウの生成
xlabel('X');
ylabel('Pr');
title('確率（二項分布）');
hold on
p=0.1;X=0:20;
n = [5 10 20 100];
for i=1:1:4
    n1=n(i);
    Pr=zeros(length(X),1);
    for j=1:1:min(20,n1)
        x1=X(j);
        Pr(j)=nchoosek(n1,x1)*(p)^x1*(1-p)^(n1-x1);
    end
    plot(X,Pr); %プロット
end
```

図 **3.17**：二項分布表示のプログラム例

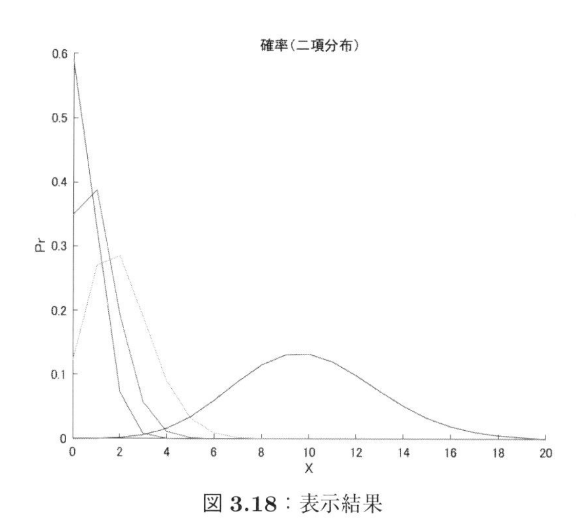

図 **3.18**：表示結果

3.6.2　二項分布の正規分布による近似精度の確認

【練習課題 **3.2**】正規分布のグラフ描画問題：本文の例 3.3 に示した以下の二項分布の例に対して，正規分布近似した場合の両方の分布の比較を行いなさい．さらに二乗平均平方根誤差 RMSE を求めなさい．（RMSE については 2.4 節

を参照)

「正常なサイコロを無作為に20回投げるとき，1の目の出る回数の確率分布は $n = 20,\ p = \frac{1}{6},\ q = \frac{5}{6}$ の二項分布

$$ {}_{20}\mathrm{C}_x \left(\frac{1}{6}\right)^x \left(\frac{5}{6}\right)^{20-x} $$

に従う.」

この二項分布は，正規分布 $N(np, npq) = N\left(\frac{20}{6}, \frac{100}{36}\right) = N(3.33, 2.78)$ で近似できる.

正規分布の確率素分は

$$ y = \frac{1}{\sqrt{2\pi\sigma}} e^{-\frac{(x-\mu)^2}{2\sigma^2}} dx $$

で与えられるので，離散型変数の確率と比較するため，$dx = 1$ として比較する．すなわち，二項分布の変数に整数が使われており，間隔が1であることより $dx = 1$ とした場合の確率素分と比較する．プログラム例を図3.19に，プロット結果を図3.20に示す．RMSE = 0.0387であった．グラフからもわかるようにある程度近い値を示してはいるが，$n = 20$ の場合は n が十分に大きいとはいえず，近似精度も十分高いとはいいにくい．さらに，検討として n を大きくした場合のRMSEの変化を調べてみると，$n = 20, 40, 60, 100$ のとき，RMSE = 0.0387, 0.0229, 0.0167, 0.0113と改善が見られた．参考のため，$n = 100$ のときのプロット結果を図3.21に示す.

3.6.3　正規分布の描画

【練習課題 3.3】(正規分布のグラフ描画).
正規分布の確率密度関数と分布関数をプロットしなさい.

正規分布の確率密度関数と分布関数は，確率素分の定義式に基づいてもよいが，ここでは，MATLABに準備されたそれぞれの専用関数 `normpdf(x,m,s)` と `normcdf(x,m,s)` を使う例を図3.22に示す．確率変数の範囲を適切に設定する必要がある．正規分布の確率の99.7%が $[\mu - 3\sigma, \mu + 3\sigma]$ に含まれ，さらに $[\mu - 4\sigma, \mu + 4\sigma]$ にはほぼ100%の確率が含まれるので，X の範囲は余裕を

```
clc, clear;
figure; %図表示ウインドウの生成
xlabel(‘X’);
ylabel(‘Pr’);
title(‘確率（二項分布と正規分布の比較）’);
hold on
n=20; p=1/6; X=0:n;
m=n*p;v=n*p*(1-p);RMSE=0; %m:平均,v:分散
for j=1:1:length(X)
x1=X(j);
Prb(j)=nchoosek(n,x1)*(p)^x1*(1-p)^(n-x1);
Prn(j)= (1/(sqrt(2*pi*v)))*exp(-((x1-m)^2)/(2*v));
RMSE=RMSE+(Prb(j)-Prn(j))^2;
end
plot(X,Prb,X,Prn);  %プロット
legend(‘二項分布’,‘正規分布’);
RMSE=sqrt(RMSE);
disp(RMSE);
```

図 **3.19**：二項分布表示のプログラム例

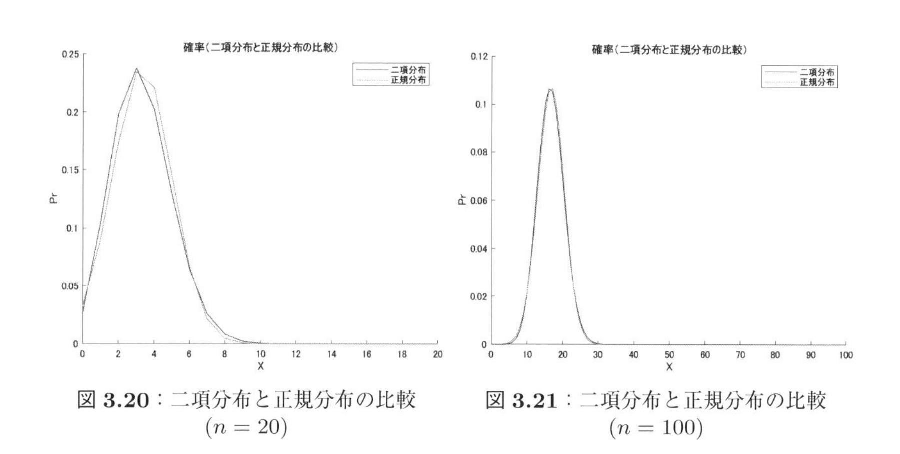

図 **3.20**：二項分布と正規分布の比較 ($n = 20$)

図 **3.21**：二項分布と正規分布の比較 ($n = 100$)

みて $[\mu - 4\sigma, \mu + 4\sigma]$ とした．結果のプロットは図 3.23 に示す．

3.6.4　2 次元正規分布の確率計算

【練習課題 3.4】（例 3.7 で示した問題）．ある製品の特性 T が平均 3.0，標準偏差 2.0 の正規分布に従うとする．このとき，この製品の特性 T の値が 1.0 から 4.2 の間に収まる確率を求める．

```
clc;clear; close all;
s = 5; m = 10; %s：標準偏差，m：平均
x = m-4*s:0.1:m+4*s; %x の範囲の設定
pdf = normpdf(x,m,s); %確率密度
cdf = normcdf(x,m,s); %分布関数
subplot(1,2,1);
plot(x,pdf);xlabel('X');
ylabel('pd');grid on;
title('pdf');
subplot(1,2,2);
plot(x,cdf);xlabel('X');
ylabel('cd');grid on;
title('cdf');
```

図 **3.22**：確率密度関数と分布関数表示のプログラム例

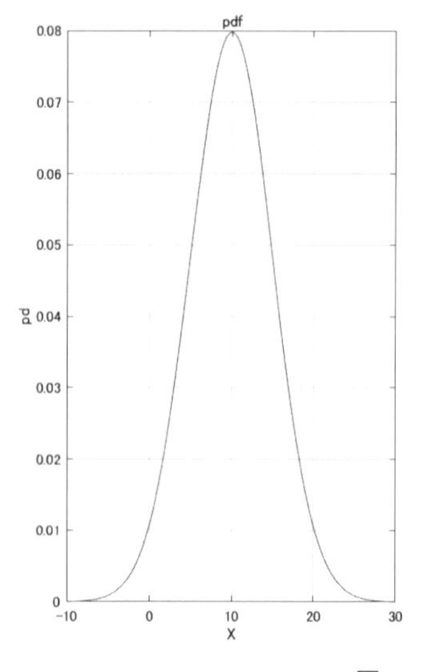

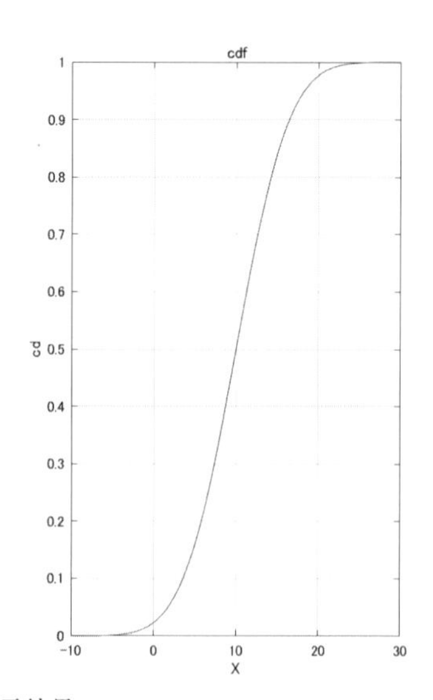

図 **3.23**：表示結果

この答えは，正規分布 $N(3.0, 2.0^2)$ に従う確率変数を T としたときに

$$\Pr\{1.0 \leq T \leq 4.2\}$$

を求めることに相当する．正規分布 $N(3.0, 2.0^2)$ の分布関数を $F(T)$ とすると，

```
clc;clear; close all;
m = 3.0; s = 2.0; %m：平均，s：標準偏差
le = 1.0;
re = 4.2;
Pr = normcdf(re,m,s)-normcdf(le,m,s);
disp('Ans.');
disp(Pr);
```

図 **3.24**：練習課題 3.3 のプログラム例

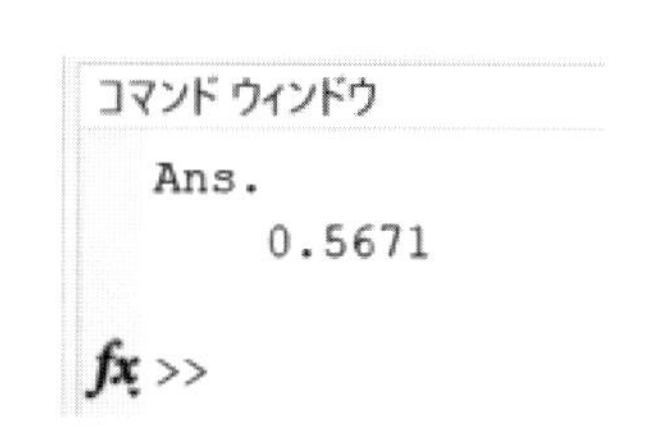

図 **3.25**：練習課題 3.3 の結果表示

$$\Pr\{1.0 \leq T \leq 4.2\} = F(4.2) - F(1.0)$$

である．MATLAB 関数の `normcdf(x,m,s)` は，平均 m，標準偏差 s の正規分布の分布関数 $F(x)$ の値を計算することから，図 3.24 のプログラムが作成できる．結果はコマンドウインドウに図 3.25 のように表示される．

3.6.5 2 次元正規分布の描画と確率計算

2 次元の正規分布の描画プログラムの例を図 3.26 に示す．`s = [0.25 0.0; 0.0 1]` は分散共分散行列といい，対角成分が 2 変数それぞれの分散（この場合は X の分散が 0.25 で，Y の分散が 1.0）である．非対角成分は共分散 $\mathrm{cov}(X,Y)$ である．X, Y が独立の場合はお互いに無相関であるので，共分散は 0 である．プログラム中の行列 `XY` は X, Y の値の組合せを持つ行列である．2 変数確率密度関数は `mvnpdf(X,m,s)` で計算される．X, Y が独立の場合のプロットを図 3.27 に示す．また，X, Y に相関性がある場合 (`s = [0.25 0.3; 0.3 1]`) のプロットを図 3.28 に示す．

【発展問題】 正規分布（再生性，変数変換）の確認

X, Y が独立で共に正規分布で，それぞれ $N(1, 0.52)$, $N(0.5, 1.52)$ に従うとき，次の pdf を描きなさい．ただし，横軸は全体のグラフの形がわかるように適切な範囲を決めなさい．

(1) $X, Y, X+Y$

(2) $X, X+0.5, 2X$

(3) $(Y-0.5)/1.5$

```
clc;clear;close all;
m = [0 0]; %平均値
s = [0.25 0.0; 0.0 1]; %分散共分散行列
x = -3:0.2:3;
y = -3:0.2:3;
[X1,Y1] = meshgrid(x,y); %メッシュグリッド
XY= [X1(:) Y1(:)];
z = mvnpdf(XY,m,s); %多変量正規分布の確率密度関数
z = reshape(z,length(y),length(x)); %配列の形状変更
surf(x,y,z)
axis([-3 3 -3 3 0 0.4])
xlabel('x')
ylabel('y')
zlabel('確率密度')
```

図 **3.26**：2次元正規分布の描画プログラム例

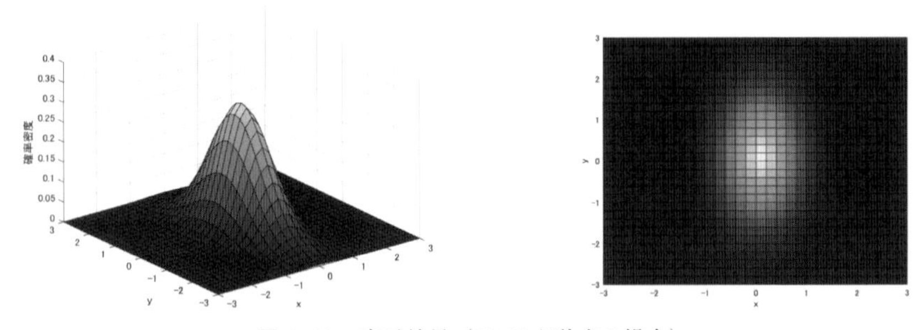

図 **3.27**：表示結果（X, Y が独立の場合）

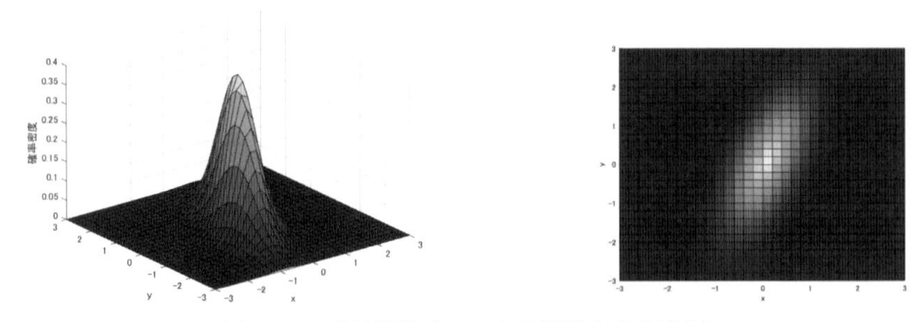

図 **3.28**：表示結果（X, Y に相関性がある場合）

第4章 標本調査

4.1 統計調査の方法

統計調査の対象とする集団を**母集団** (population, universe) という．母集団の個々の要素を**個体** (individual)，個体に対して調べたい数値を**特性** (characteristic) あるいは**標識**という．母集団の調査の仕方として，全てを調査する方法を**全数調査** (complete survey) または，**悉皆調査** (complete count survey) という．国勢調査などがその一例である．

これに対して，母集団全体を調べるのではなく，無作為抽出による調査を，**標本調査** (sample survey) という．標本から母集団の特徴を知ることを**総計的推測** (statistical inference) という．**標本** (sample) とは，母集団から無作為に抽出した一部の集合のことである．

4.1.1 乱数と無作為抽出

乱数列 (random number sequence) とはランダムな数列のことで，今得られている数列 $x_1, x_2, \ldots, x_k$ から次の数列の値 x_{k+1} が予測できない数列をいう．乱数列の各要素を**乱数** (random number) という．

乱数の生成は確率分布に従う，下記に例を示す

(1) **一様乱数**：一様分布の乱数，整数，あるいは，連続数を対象とする．例えばサイコロの目の出方は離散型一様乱数である．ルーレット盤の毎回の止まる位置は連続型一様乱数である．

(2) **正規乱数**：正規分布に従う乱数．たとえば熱などによって発生するノイズは正規分布しており，ガウスノイズと呼ばれる．

(3) **2 進乱数**：0 または 1 のいずれかの値をとり，ベルヌーイ分布に従う乱数．0 が発生する確率 p と，1 が発生する確率 $1-p$ はパラメータとして

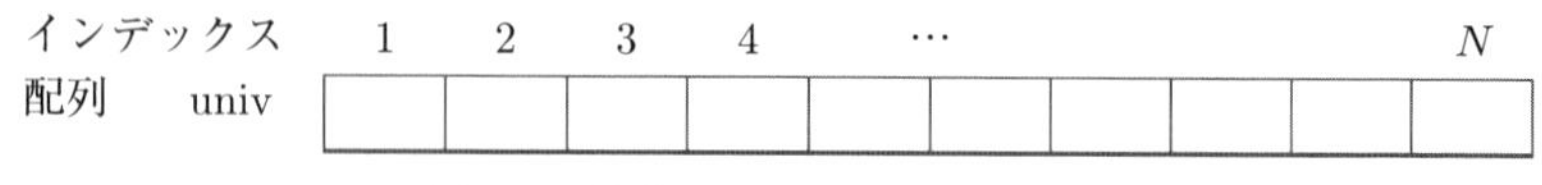

図 **4.1**：母集団の配列とインデックス

与える．

コンピュータでは，基本的には確定的な計算によることでしか数列を作れないので，このようにして生成された乱数を**疑似乱数** (pseudorandom numbers) といわれる．疑似乱数はシミュレーション，最適化，制御，予測などで広く用いられ，現実の問題を解決する．疑似乱数は計算式によって数列を作成するので，初期値を与えるための値としてシードまたは**種** (seed) を使用する．同じシードに対しては同じ乱数列が生成される．

標本調査のためには母集団から標本の**無作為抽出** (random sampling) が必要となるので，その方法について説明する．

無作為抽出の方法：母集団が配列 univ に格納されており，i 番目の個体の特性が univ(i) に記載されているとする．配列のインデックスは $1 \sim N$ の整数であり，それらの中から任意の整数 i を選択することにより任意個体の抽出が行われる．このとき，$1 \sim N$ の各整数（配列のインデックス）に対して 1 個の個体が対応しているので，配列のインデックスの分布は一様分布である．したがって，任意抽出は，インデックスの値（番号）を任意抽出することによって行うことが妥当である．一様分布に従う整数の乱数を発生し，1 個の整数を選択し，それをインデックスとする個体（データ）を取り出す．

4.1.2　標本実験

母集団のモデルとして，ある器の中に 100 個の均質等大の球が入っており，それぞれに表 4.1 に示すような数字が記入されているものを想定する．この数字 X の分布は平均が 50，分散が 100 である．ヒストグラムは図 4.2 に示すとおりである．

この母集団に対して，1 個の球を取り出してその数値 x_1 を記録する．球をもとに戻してから，同じ操作により 2 個目の球を取り出してその数値 x_2 を記録し，球をもとに戻す．同じ操作をさらに 2 回繰り返し，3 回目と 4 回目の球

表 **4.1**：母集団のモデル

24	37	42	45	48	50	53	55	59	63
28	38	42	45	48	50	53	56	59	64
30	38	42	45	48	51	53	56	59	64
32	39	43	46	48	51	53	56	60	65
33	39	43	46	49	51	54	57	60	66
34	40	43	46	49	51	54	57	61	67
35	40	44	47	49	52	54	57	61	68
36	41	44	47	49	52	55	58	62	70
36	41	44	47	50	52	55	58	62	72
37	41	45	47	50	52	55	58	63	76

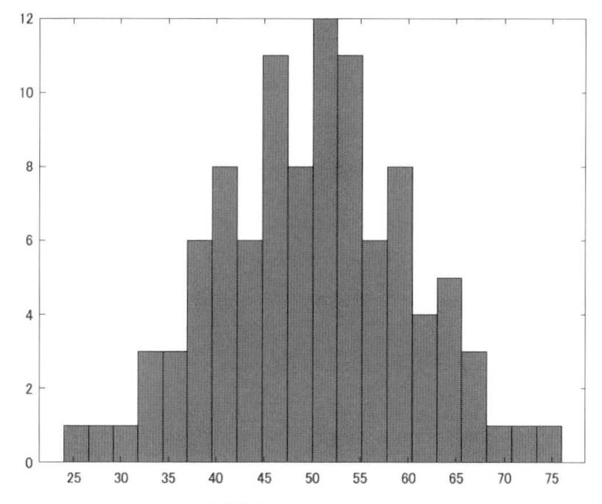

図 **4.2**：母集団モデルのヒストグラム

の数値 x_3, x_4 を得る．このように 4 個の標本を得るという操作を 100 回繰り返し，表 4.2 に示す系列を得る．

x_1, x_2, x_3, x_4 の値の系列の散布図は図 4.3 に示す通りであり，平均 49.85，分散 99.50 であった．これに対して，標本平均の散布図は図 4.4 に示す通りであり，平均は 49.66，分散は 26.06 であった．このことは，標本の値に比べて，標本平均の値のほうが母平均の 50 の近傍にデータが密集しており，母平均に対して良い知識をあたえることがわかる．

表 **4.2**：x_1, x_2, x_3, x_4 の値の系列

試行回	x_1	x_2	x_3	x_4
1	41	48	45	70
2	58	48	47	57
3	53	64	50	65
⋮				
100	61	39	48	44

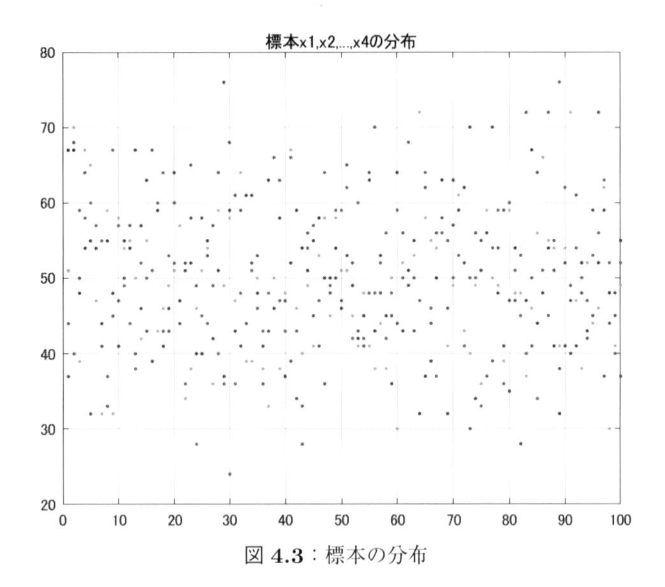

図 **4.3**：標本の分布

4.2　標本分布

4.2.1　母集団と統計量

前節の実験では，器の中の母集団の球の数字 X の分布は図 4.2 のヒストグラムに示される通りで，平均値と分散はそれぞれ

$$E(X) = 50,\ \sigma^2(X) = 100$$

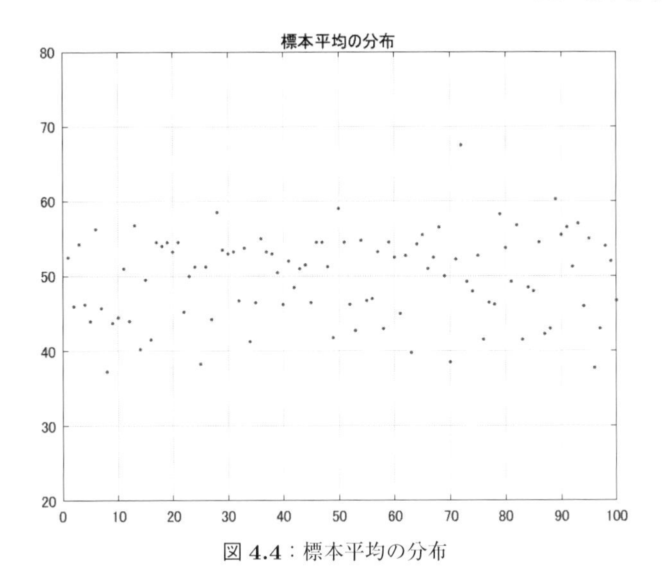

図 **4.4**：標本平均の分布

である．これらを**母集団特性値**または**母数** (parameter) という，母集団の平均，分散を**母平均** (population mean)，**母分散** (population variance) という．

一方で，無作為抽出によって 1 つ目の実験値

$$x_1 = 41,\ x_2 = 48,\ x_3 = 45,\ x_4 = 70$$

を得たが，これに対して平均値 $\overline{x}$ と分散 s^2 を求めると

$$\overline{x} = \frac{1}{4}\sum_{i=1}^{4} x_i = 51.00,$$
$$s^2 = \frac{1}{4}\sum_{i=1}^{4}(x_i - \overline{x})^2 = 126.50$$

が得られる．このような**標本** (sample) の平均 $\overline{x}$，分散 s^2 は母平均 $E(\overline{X})$，母分散 $\sigma^2(\overline{X})$ とは区別する．

前節の実験に関して考察を行う．母集団から無作為復元抽出によって，大きさ 4 の標本を抽出して球の数字 X の値 x_1, x_2, x_3, x_4 を読み記録する作業を 100 回繰り返し，表 4.2 の系列を得た．毎回の標本抽出によって得られた第 1，

第2，第3，第4番目の球の数字は，母集団の平均，分散と等しい分布をもつ確率変数 X_1, X_2, X_3, X_4 とみなすことができる．毎回得られる結果 x_1, x_2, x_3, x_4 は，それぞれの確率変数の**実現値** (realized value) または**標本値** (sample value) と呼ばれる．確率変数 X_1, X_2, X_3, X_4 は母集団から無作為復元抽出によって得られたものであるから X_1, X_2, X_3, X_4 は独立であると考えてよい．表4.2の (x_1, x_2, x_3, x_4) は，確率変数の組 (X_1, X_2, X_3, X_4) の実現値であると考えてよい．確率変数の組 (X_1, X_2, X_3, X_4) を**標本変量** (sample variate) という．

X_1, X_2, X_3, X_4 の分布は母集団と等しいので，平均，分散は母集団の平均，分散と等しく

$$E(X_1) = E(X_2) = E(X_3) = E(X_4) = E(X),$$
$$\sigma^2(X_1) = \sigma^2(X_2) = \sigma^2(X_3) = \sigma^2(X_4) = \sigma^2(X)$$

である．

表4.2の資料に関して標本ごとに平均値 $\overline{x}$，分散 s^2 は

$$\overline{x} = \frac{1}{4}\sum_{i=1}^{4} x_i,\ s^2 = \frac{1}{4}\sum_{i=1}^{4}(x_i - \overline{x})^2$$

で与えられ，変数 $\overline{X}, S^2$ それぞれの系列は，

$$\overline{X} = \frac{1}{4}\sum_{i=1}^{4} X_i,\ S^2 = \frac{1}{4}\sum_{i=1}^{4}(X_i - \overline{X})^2$$

の実現値とみなされる．

一般化して，母集団特性 X の特性を調べるために復元抽出によって n 個の標本を抽出し，$x_1, x_2, \ldots, x_n$ を得たとする．これらの値は母集団と同一の分布をもつ確率変数の組 $(X_1, X_2, \ldots, X_n)$ の実現値とみなされ，標本の平均，分散は

$$\overline{x} = \frac{1}{n}\sum_{i=1}^{n} x_i,\ s^2 = \frac{1}{n}\sum_{i=1}^{n}(x_i - \overline{x})^2$$

で与えられ，変数 $\overline{X}, S^2$ それぞれの系列は，

$$\overline{X} = \frac{1}{n}\sum_{i=1}^{n} X_i,\ S^2 = \frac{1}{4}\sum_{i=1}^{n}(X_i - \overline{X})^2$$

の実現値とみなされる．この変数 $\overline{X}, S^2$ をそれぞれ**標本平均** (sample mean)，**標本分散** (sample variance) という．$\overline{X}, S^2$ のように，標本変量の関数として計算しうる変量を**統計量** (statistic) という．

母集団の特性 X が正規分布に従うとき，**正規母集団** (normal population) という．母集団の各要素が属性 A をもつか否かに分かれるとき，属性 A をもつ確率を p とするような母集団を**二項母集団** (binominal population) といい，確率 p を**母集団比率** (population ratio) という．この母集団から大きさ n の標本を抽出し，属性 A をもつものが X 個であるとき，標本全体に対する属性 A の出現比率 X/n を**標本比率** (sample proportion) という．変数 X は確率を p とする二項分布に従う．

4.2.2 標本分布

母平均 μ，母分散 σ^2 の母集団から大きさ n の標本を復元抽出するとき，前項に示したように，標本 $X_1, X_2, \ldots, X_n$ の平均，分散は母平均 μ，母分散 σ^2 に等しい．

$$E(X_1) = E(X_2) = \cdots = E(X_n) = E(X) = \mu,$$
$$\sigma^2(X_1) = \sigma^2(X_2) = \cdots = \sigma^2(X_n) = \sigma^2(X) = \sigma^2.$$

つぎに，標本平均 $\overline{X} = \frac{X_1+X_2+\cdots+X_n}{n}$ に対しては，

$$E(\overline{X}) = E\left(\frac{X_1 + X_2 + \cdots + X_n}{n}\right) = \frac{E(X_1) + E(X_2) + \cdots + E(X_n)}{n} = \mu$$

である．また，

$$\sigma^2(\overline{X}) = \sigma^2\left(\frac{X_1 + X_2 + \cdots + X_n}{n}\right).$$

$X_1, X_2, \ldots, X_n$ が独立なので，離散確率変数に関する公式 XV を用いて

$$= \frac{\sigma^2(X_1) + \sigma^2(X_2) + \cdots + \sigma^2(X_n)}{n^2} = \frac{\sigma^2}{n}$$

が成り立つ．

定理 4.1(標本平均の分布)**.**　母平均 μ，母分散 σ^2 の母集団から大きさ n の標本を復元抽出するとき，標本平均 $\overline{X}$ に対して

$$E(\overline{X}) = \mu,$$
$$\sigma^2(\overline{X}) = \frac{\sigma^2}{n}.$$

表4.1の母集団については母平均 $\mu = 50$，母分散 $\sigma^2 = 100$，標本数 $n = 4$ なので，標本平均 $\overline{X}$ に対しては，

$$E(\overline{X}) = \mu = 50,$$
$$\sigma^2(\overline{X}) = \frac{\sigma^2}{n} = 25$$

となる．図4.3に示した標本平均 $\overline{X}$ の散布図から得られる，平均は49.66，分散は26.06であり，実験によって定理4.1の正しさが裏付けされる．

母集団が正規分布である場合は定理3.5により次の定理が得られる．

定理 4.2.　正規母集団 $N(\mu, \sigma^2)$ からの大きさ n の標本の平均 $\overline{X}$ は正規分布 $N\left(\mu, \frac{\sigma^2}{n}\right)$ に従う．したがって，基準化された変数 $Z = \frac{\overline{X}-\mu}{\sigma/\sqrt{n}}$ は正規分布 $N(0,1)$ に従う．

例 4.1　正規母集団の特性 X の平均が150.0，標準偏差が5.0である．母集団から無作為抽出された25個の標本の特性 X を測定するとき，次の確率を求める．

(1) 25個の標本の特性 X の平均が153.0以上である確率

(2) 25個の標本の特性 X の平均が母平均150.0からのずれが1.0以上である確率

解．特性 X の分布は $N(150.0, 5.0^2)$ で，25個の標本平均の分布は $N(150.0, \frac{5.0^2}{25}) = N(150.0, 1.0)$ である．$Z = \frac{\overline{X}-150.0}{1.0} = \overline{X} - 150.0$ は正規分布 $N(0,1)$

に従う.

(1) 25 個の標本の特性 X の平均が 153.0 以上である確率は

$$\Pr\{153 \leq X\} = \Pr\{(153 - 150) \leq Z\} = \Pr\{3.0 \leq Z\}$$
$$= 1 - \Phi(3.0) = 0.0013 \quad \text{（付表 A.2 を参照）}$$

(2) 25 個の標本の特性 X の平均が母平均 150.0 からのずれが 1.0 以上である確率

$$1 - \Pr\{149 \leq X \leq 151\} = 1 - \Pr\{(149 - 150) \leq Z \leq (151 - 150)\}$$
$$= 1 - \Pr\{-1.0 \leq Z \leq 1.0\} = 2 \times (1 - \Phi(1.0)) = 2 \times 0.1587$$
$$= 0.3174 \quad \text{（付表 A.2 を参照）}$$

□

4.2.3 標本分散と母分散

標本分散 s^2 は，標本平均に対する標本の各要素の分散であり，母集団の分散より小さくなる．n 個の標本の標本分散 s^2 は分散の $(n-1)/n$ に近い大きさであることが知られている．これに対して，$u^2 = \frac{n}{n-1}s^2$ は，不偏分散と呼び，母集団の分散の推定量として使われる．表 4.2 の標本実験においては，標本分散 s^2 の平均は 74.45，不偏分散 u^2 の平均は 97.94 であることから，母分散 100 に近い値を示しているのは標本分散 s^2 ではなく，不偏分散 u^2 であることがうかがえる（図 4.5，4.6 も参照）．これらの結果から標本分散と母分散は区別する必要があることがわかる．本章では経験的な考察にとどめ，理論的な解釈は 5 章の推定論で学ぶ．

4.2.4 中心極限定理

母集団が正規分布 $N(\mu, \sigma^2)$ である場合に標本平均 $\overline{X}$ は正規分布 $N(\mu, \frac{\sigma^2}{n})$ であることは定理 4.2 によりすでに理解したが，母集団が正規分布でない場合でも標本の大きさ n が十分大きい場合は標本平均 $\overline{X}$ の分布はほぼ正規型になる．このことがらは次の**中心極限定理** (central limit theorem) により示される．

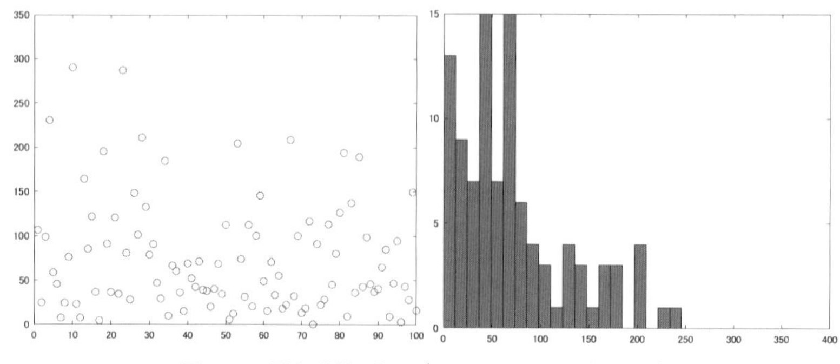

図 **4.5**：標本分散 $s^2 = \frac{1}{n}\sum_{i=1}^{n}(x_i - \overline{x})^2$ の分布

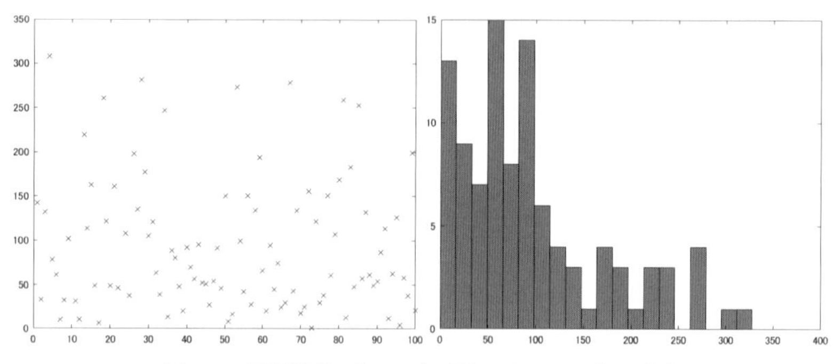

図 **4.6**：不偏分散 $u^2 = \frac{1}{n-1}\sum_{i=1}^{n}(x_i - \overline{x})^2$ の分布

定理 4.3(中心極限定理)**.**　母平均 μ，母分散 σ^2 の任意の分布の母集団から大きさ n の標本の標本平均 $\overline{X}$ は，n が十分大きければ正規分布 $N(\mu, \frac{\sigma^2}{n})$ に近似される．したがって，基準化された変数 $Z = \frac{\overline{X}-\mu}{\sigma/\sqrt{n}}$ は近似的に正規分布 $N(0,1)$ に従う．

なお，母集団分布に再生性がある場合は，n が小さい場合は母集団と同じ分布型になる．たとえば母集団が一様分布の場合，一様分布は再生性がないので，n が小さくても標本平均は一様分布ではなく正規分布に近づく傾向を示す．

4.2.5　二項分布が正規近似することの証明

母集団の要素が確率 p で属性 A をもつ二項母集団を考える．n 個の標本 $X_1, X_2, \ldots, X_n$ の属性が A であれば値 1 をとり，それ以外の場合は値 0 をとるように確率変数を与え，かつそれぞれが独立であるとき，

$$X = X_1 + X_2 + \cdots + X_n$$

は n 回の独立試行のうち，事象 A が起きる回数を示しており，その分布は二項分布 $\Pr\{X = x\} = {}_n\mathrm{C}_x p^x q^{n-x}$ である．したがって，二項分布の特徴により X の平均は np，分散は npq である．

中心極限定理により，標本平均 $\overline{X} = X/n$ は n が十分大きければ正規分布 $N(\mu, \frac{\sigma^2}{n})$ に近似される．ここで，μ は母平均，σ^2 は母分散であり，$\overline{X}$ の平均と分散はそれぞれ $\mu, \frac{\sigma^2}{n}$ である．

$$E(\overline{X}) = \mu = \frac{E(X)}{n} = \frac{np}{n} = p,$$
$$\sigma^2(\overline{X}) = \frac{\sigma^2}{n} = \sigma^2(X/n) = \sigma^2(X)/n^2 = \frac{npq}{n^2} = \frac{pq}{n}.$$

したがって，二項分布の確率変数 $X = n\overline{X}$ は，正規分布 $N(n\mu, \frac{n^2\sigma^2}{n}) = N(np, npq)$ に近似される．

（まとめ）標本調査

母集団 (population, universe)：統計調査の対象とする集団
個体 (individual)：母集団の個々の要素
特性 (characteristic)：個体に対して調べたい数値
標本調査 (sample survey)：無作為抽出による調査
母平均 (population mean)：母集団の平均
母分散 (population variance)：母集団の分散
実現値 (realized value)：試行によって得られる具体的な結果 $x_1, x_2, \ldots, x_n$
標本変量 (sample variate)：標本によって得られる確率変数 $X_1, X_2, \ldots, X_n$
標本平均 (sample mean)：標本の平均

$$\overline{X} = \frac{1}{n}\sum_{i=1}^{n} X_i$$

標本分散 (sample variance)：標本の分散（母分散とは区別する）

$$S^2 = \frac{1}{4}\sum_{i=1}^{n}(X_i - \overline{X})^2$$

正規母集団 (normal population)：特性 X が正規分布に従う母集団
二項母集団 (binominal population)：各要素が属性 A をもつか否かに分かれる母集団
母集団比率 (population ratio)：二項母集団において属性 A を持つ確率 p
標本平均の分布：

$$E(\overline{X}) = \mu,$$
$$\sigma^2(\overline{X}) = \frac{\sigma^2}{n}$$

中心極限定理 (central limit theorem)：母集団が正規分布でない場合でも標本の大きさ n が十分大きい場合は標本平均 $\overline{X}$ の分布はほぼ正規

型になる.

問題 4.1. 記号 A, B, C, D を 1 : 2 : 2 : 3 の割合で発生させる乱数列を作るにはどうすればよいか.

問題 4.2. 独立な一様乱数 X, Y が与えられるとき，$X+Y$ は一様乱数といえるか.

問題 4.3. 独立な正規乱数 X, Y が与えられるとき，$X+Y$ は正規乱数といえるか.

問題 4.4. 母集団の確率変数 X が正規分布 $N(170.0, 4.2)$ に従うとき，以下に答えよ.

(1) 10 個の標本平均 $\overline{X}$ の平均と分散を求めよ.

(2) 標本平均 $\overline{X}$ が 171.0 以上である確率を求めよ.

問題 4.5. 母集団の特性 X が，平均 1，分散 1 の一様分布に従うとする．このとき，10 個の標本を無作為抽出する操作を 100 回繰り返した.

(1) 各標本はどのような分布（平均，分散，分布型）に従うか.

(2) 標本平均 $\overline{X}$ はどのような分布に従うか．分布型と平均，分散を答えよ.

(3) 標本平均 $\overline{X}$ の 2 倍はどのような分布に従うかを答えよ.

4.3 計算機による乱数発生と標本実験

4.3.1 乱数の発生

計算機を使った乱数発生の実験を行う．MATLAB の乱数発生関数として，以下に示すものが準備されている.

- `X = rand` は，区間 $(0, 1)$ の一様分布した乱数を 1 つ返す.
  `X = rand([n m])` は，区間 $(0, 1)$ の一様乱数の n 行 m 列 の行列を得る.
- `X = randn` は規準正規分布 $N(0, 1)$ から取り出された乱数スカラーを返す.
  `X = randn([n m])` は，規準正規乱数の n 行 m 列の行列を得る.
- `X = randi(imax)` は 1 と `imax` の間の整数乱数を返す.
  `X = randi([imin,imax])` は `imin` と `imax` の間の整数乱数を返す.

表 **4.3**：乱数発生の MATLAB 関数例

コマンド名／関数名	処理内容	使用例
`rand`	一様分布の乱数を発生	`X=rand` `X=rand([n m])`
`randn`	正規分布の乱数を発生	`X=randn` `X=randn([n m])`
`randi`	整数の一様分布 $(0, \mathrm{imax})$ の乱数を発生	`X=randi(imax)` `X=randi([imin,imax])`
`randperm`	整数のランダム置換：重複しない $1 \sim n$ の整数のランダム置換を含む行ベクトルを返す	`p=randperm(n)` `p=randperm(n,k)`
`rng`	現在の乱数発生器の設定	`s=rng` `rng(seed)`

MATLAB を使った数値計算によって，乱数発生の実験を行う．例題としてつぎの練習課題に取り組む．この課題は，乱数関数をもちいて，一様分布や正規分布の乱数が発生されていることを，ヒストグラムを使って確認することを目的とする．

【練習課題 4.1】(相対度数の変化)．

(1) サイコロを 1000 回投げて出た目の回数のヒストグラムを作りなさい．

(2) 5.0 から 10.0 の一様乱数を 1000 回発生させ，横軸に試行回数，縦軸に発生した乱数をプロットしなさい．さらに，ヒストグラムを描いて分布を確認しなさい．

(3) 平均 7.5，標準偏差 2.5/3 の正規乱数を 1000 回発生させ，横軸に試行回数縦軸に発生した乱数をプロットしなさい．さらに，ヒストグラムを描いて分布を確認しなさい．

サイコロの目の出方は1 ～ 6の整数をとる離散型一様乱数なので，`randi([1,6])` を用いて所望の乱数を得る．同じ操作を 1000 回行い，`dice` 配列に代入する．その後，`dice` 配列の内容をヒストグラムにして分布が一様分布になっていることを確認する（図 4.7～図 4.9）．

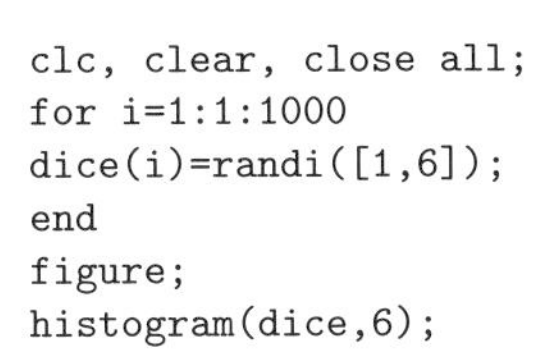

```
clc, clear, close all;
for i=1:1:1000
dice(i)=randi([1,6]);
end
figure;
histogram(dice,6);
```

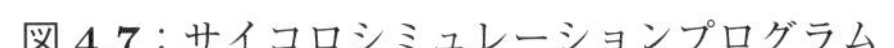

図 **4.7**：サイコロシミュレーションプログラム

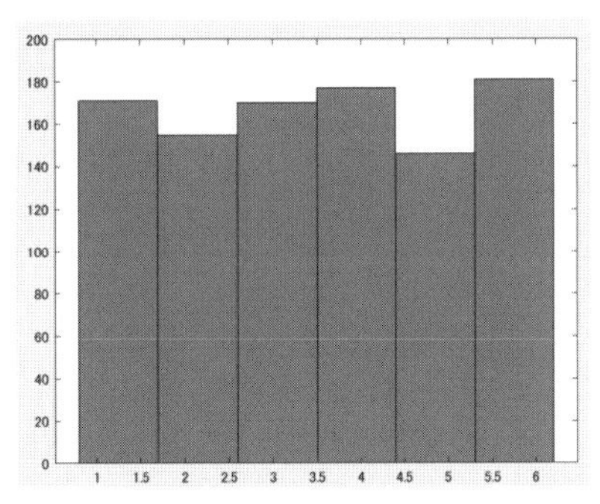

図 **4.8**：結果のヒストグラム

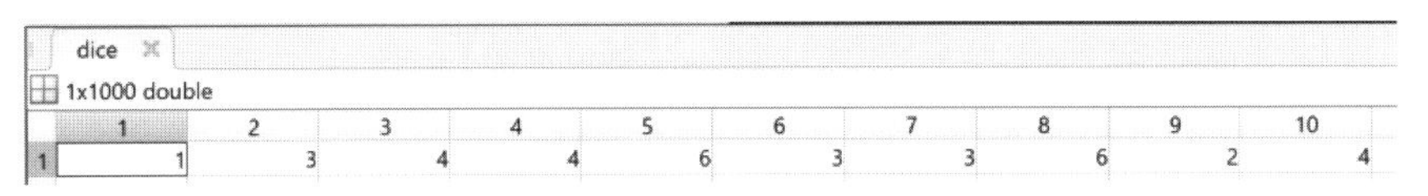

	1	2	3	4	5	6	7	8	9	10
1	1	3	4	4	6	3	3	6	2	4

図 **4.9**：結果のデータを持つ配列

次に (2) の課題では，5.0 から 10.0 の一様乱数を `5.0+5.0*rand([1,1000])` を用いて計算する．`rand([1,1000])` は 1 行 1000 列の 0 から 1 の値をいずれの値も同様に確からしくとる一様乱数である．得られた 1000 個の一様乱数のヒストグラムを表示し一様分布になっていることを確認する（図 4.10〜図 4.12）．

次に (3) の課題では，平均 7.5，標準偏差 2.5/3 の正規乱数を `7.5+(2.5/3)*randn([1 1000])` を用いて計算する．`randn([1 1000])` は 1 行 1000 列の規準正規分布 N(0,1) に従う乱数である．多くの数値が $-3 \sim 3$ に分布しているので，得られた 1000 個の正規乱数は概ね $5 \sim 10$ の間に分布している．散布図とヒストグラムによりそのことを確認する（図 4.13〜図 4.15）．さらに，ヒストグラムにより，分布の形が正規分布になっていることも確認する．

```
clc, clear,close all;
X = 5.0+5.0*rand([1,1000]); %5.0〜10.0 の一様乱数の発生
figure(1); %グラフのウインドウ作成
plot(X,'.'); %グラフのプロット
axis([0 1000 0 12]) %グラフの x 軸と y 軸の範囲指定
xlabel('試行回数');
ylabel('乱数値');
grid on; % グリッドの表示
title('一様乱数');
figure(2);
histogram(X,20) %ヒストグラムの表示
```

図 **4.10**：作成したプログラミングコードの例

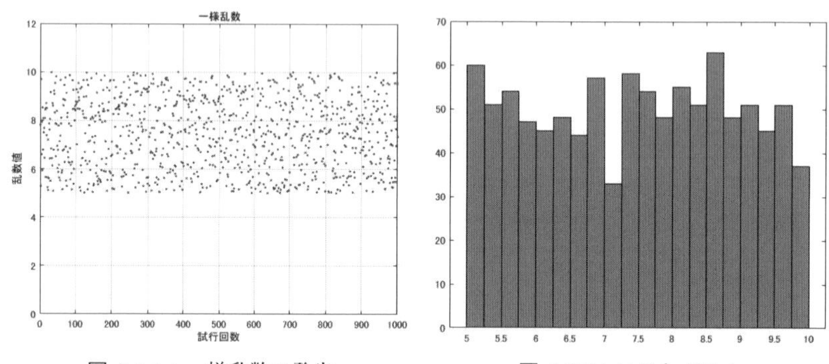

図 **4.11**：一様乱数の発生　　図 **4.12**：ヒストグラム

```
clc, clear,close all;
X = 7.5+(2.5/3)*randn([1 1000]); %正規乱数の発生
figure(1); %グラフのウインドウ作成
plot(X,'.'); %グラフのプロット
axis([0 1000 0 12]) %グラフの x 軸と y 軸の範囲指定
xlabel('試行回数');
ylabel('乱数値');
grid on; %グリッドの表示
title('正規乱数');
figure(2);
histogram(X,20) %ヒストグラムの表示
```

図 **4.13**：作成したプログラミングコードの例

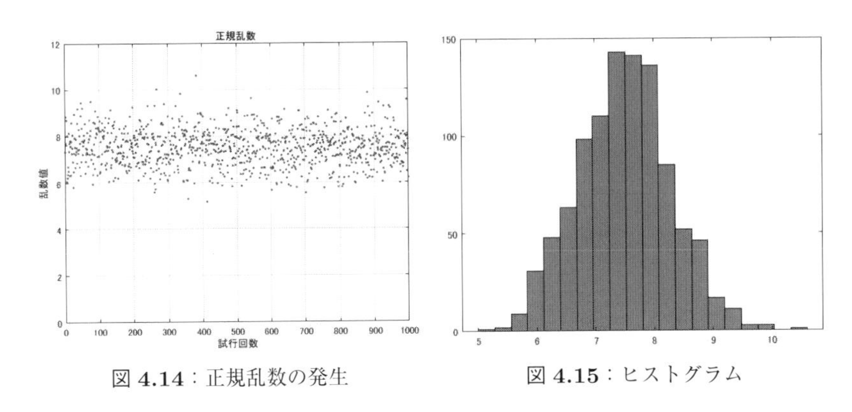

図 **4.14**：正規乱数の発生　　図 **4.15**：ヒストグラム

4.3.2　標本の抽出実験

【練習課題 4.2】（母集団データの取り込み）.

母集団データが Excel ファイルの "universe_model_4_1.xlsx" に準備されている．これを，MATLAB を使って取り込み，以下の計算を行いなさい．

(1) 母集団から任意の 4 個の球を選択し，それらに記入された数値を x_1, x_2, x_3, x_4 に記入するという操作を 100 回繰り返し，標本としなさい．

(2) 標本の各要素の散布図と，x_1, x_2, x_3, x_4 の平均の散布図を作成してそれぞれの平均と分散を比較しなさい．

標本抽出のプログラム例は図 4.16 に示すとおりである．Excel ファイル universe_model_4_1.xlsx に記述された母集団データ（図 4.17）を，`xlsread` 関数を使って配列 `univ` に取り込む．`N = length(univ)` は配列 `univ` の大きさであり，`randi([1,N])` は，$1 \sim N$ の整数から同様に確からしく 1 つの値を乱数として取り出す．その値をインデクスとする配列 `univ` の値を `x1(i)`～`x4(i)` に取り出す．これにより母集団からランダムな 4 個の標本の抽出が行われる．結果の散布図は標本値を図 4.18 に，標本平均を図 4.19 に示す．標本平均のばらつき度合いが小さくなっていることを確認する．

```
clc, clear, close all;
univ=xlsread(‘universe_model_4_1.xlsx’);
N = length(univ); %データの大きさを N とする
for i = 1:1:100
    x1(i)=univ(randi([1,N]));
    x2(i)=univ(randi([1,N]));
    x3(i)=univ(randi([1,N]));
    x4(i)=univ(randi([1,N]));
end
xm = (x1+x2+x3+x4)/4;
k = 1:1:N;
figure(1);
plot(k,x1,‘.’, k,x2,‘.’,k,x3,‘.’,k,x4,‘.’);
grid on;
title(‘標本 x1,x2,...,x4 の分布’);
ylim([20,80]);
figure(2);
plot(k,xm,‘.’);
grid on;
title(‘標本平均の分布’);
ylim([20,80]);
```

図 **4.16**：標本抽出のプログラム例

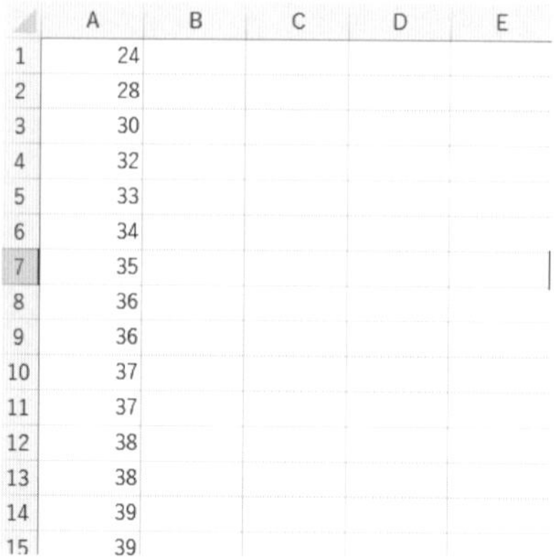

	A	B	C	D	E
1	24				
2	28				
3	30				
4	32				
5	33				
6	34				
7	35				
8	36				
9	36				
10	37				
11	37				
12	38				
13	38				
14	39				
15	39				

図 **4.17**：生データ “universe_model_4_1.xlsx”

4.3.3 中心極限定理の確認

母集団が正規型でなくても（例えば一様分布であっても），母平均 μ，母分

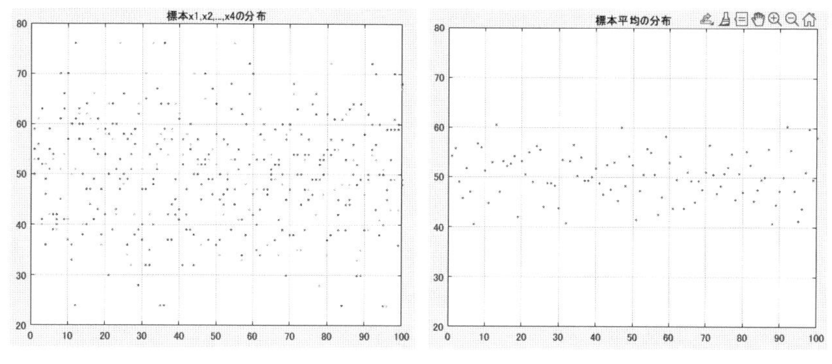

図 **4.18**：標本 $x_1, x_2, \ldots, x_4$ の散布図　　図 **4.19**：標本平均の散布図

散 σ^2 の母集団から大きさ n の標本の標本平均 $\overline{X}$ は，n が十分大きければ正規分布 $N(\mu, \frac{\sigma^2}{n})$ に近似されることを以下の課題により確認する．

【練習課題 4.3】(中心極限定理)．母集団の確率密度が

$$f(x) = \begin{cases} 0 & (x < 0) \\ 1 & (0 \leq x \leq 1) \\ 0 & (1 < x) \end{cases}$$

で与えられる一様分布であるとするとき，$0 < X < 1$ の n 個の標本 X_1, $X_2, \ldots, X_n$ を r 回獲得し，標本平均 $\overline{X} = \frac{X_1+X_2+\cdots+X_n}{n}$ の確率分布を求めなさい．

(1) $n = 10, r = 1000$ として実験しなさい．

(2) $n = 40, r = 1000$ として実験しなさい．

(3) $n = 160, r = 1000$ として実験しなさい．

$f(x) = 1$ $(0 \leq x \leq 1)$ となる一様分布の平均と分散，標準偏差は次の通りである．

```
clc; clear; close all;
%
% 母集団の分布　一様分布
%             Pr(X)= 1  (0<X<1)%
%             Pr(X)= 0  (X<0,1<X)%
%
n = 160; %標本の個数
tr = 1000; %標本の抽出回数
for k=1:1:tr
    for i=1:1:n
        X(i) = rand; %一様分布の標本
    end
    Xm(k) = mean(X); %標本平均
end
histogram(Xm,100);
xlim([0 1]); %x 軸の範囲を [0 1] に設定
```

図 **4.20**：中心極限定理確認プログラム例

$$
\begin{aligned}
E(X) &= \int_0^1 xf(x)dx = \int_0^1 xdx = \left[\frac{x^2}{2}\right]_0^1 = 0.5, \\
E(X^2) &= \int_0^1 x^2 f(x)dx = \int_0^1 x^2 dx = \left[\frac{x^3}{3}\right]_0^1 = \frac{1}{3}, \\
\sigma^2(X) &= E(X^2) - \big(E(X)\big)^2 = \frac{1}{3} - \frac{1}{4} = 0.08333, \\
\sigma(X) &= 0.2886.
\end{aligned}
$$

したがって，母平均は0.5，母分散は0.08333，母標準偏差は0.2886である．

数値計算により n 個の `[0 1]` の一様乱数を `X(i) = rand` により発生させる（図4.20）．それらは標本値と考えてよい．標本平均を `Xm(k) = mean(X)` により求める．標本抽出を1000回繰り返し，その分布をみるためにヒストグラムを描かせる．x 軸の範囲は `[0 1]` とする．10個の標本平均の分布は中心極限定理により正規分布

$$
N\left(0.5, \frac{0.2886}{\sqrt{10}}\right) = N(0.5, 0.0913)
$$

で近づくことが図4.21の結果によって確認できる．40個の標本平均の分布は $N(0.5, 0.0456)$，160個の標本平均の分布は $N(0.5, 0.0228)$ である．10個の標本平均の標準偏差に比べ，1/2, 1/4になるはずであるが，実際にそのよ

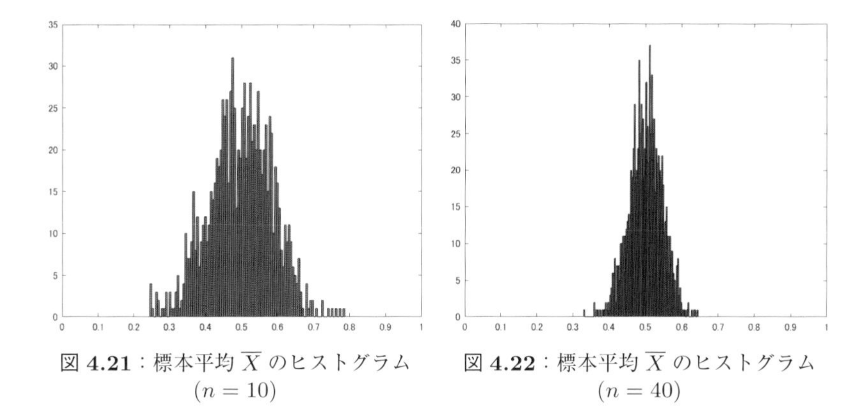

図 **4.21**：標本平均 $\overline{X}$ のヒストグラム $(n = 10)$

図 **4.22**：標本平均 $\overline{X}$ のヒストグラム $(n = 40)$

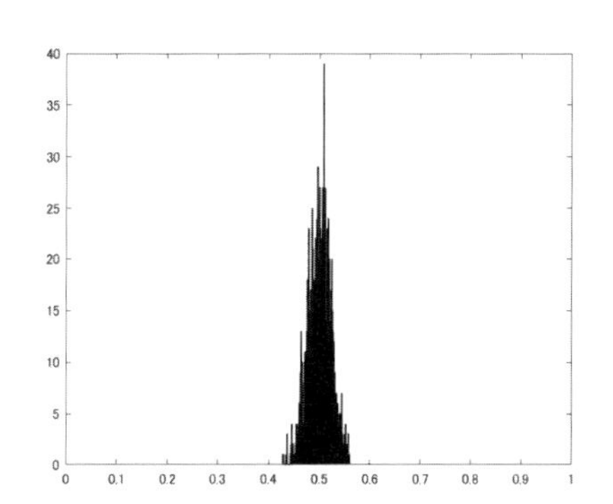

図 **4.23**：標本平均 $\overline{X}$ のヒストグラム $(n = 160)$

うになっていることを図 4.22, 4.23 によって確認する．正規分布は概ね区間 $[\mu - 3\sigma, \mu + 3\sigma]$ に含まれていることを念頭にヒストグラムにより確認する．

4.4　カイ二乗分布

規準型正規分布 $N(0,1)$ の確率変数 X に対して分散は X^2 である．このとき，

$$\chi^2 = X^2$$

は自由度が 1 のカイ二乗 (χ^2) 分布に従う．規準型正規分布 $N(0,1)$ と自由度

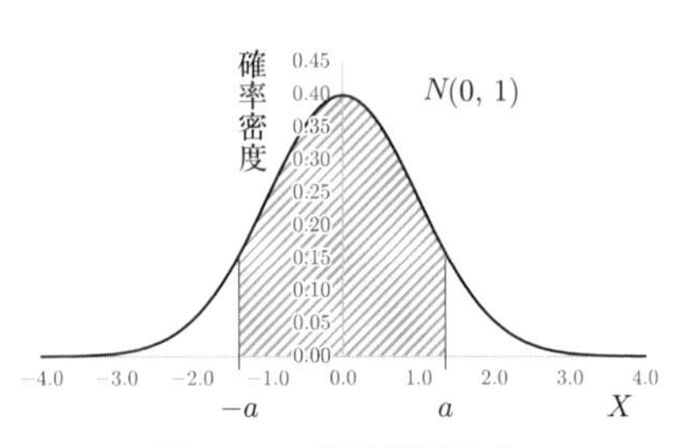

図 **4.24**：基準正規分布

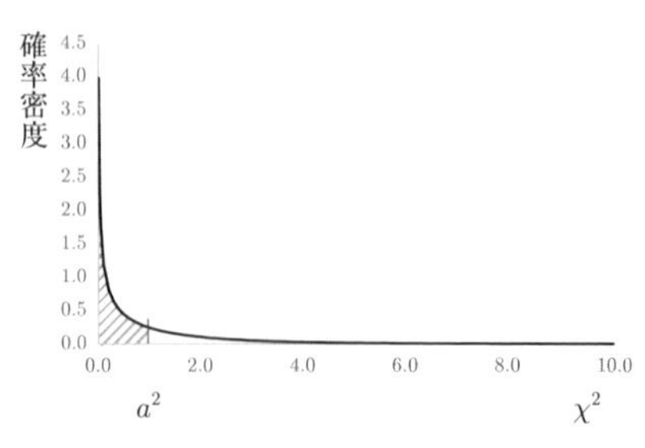

図 **4.25**：カイ二乗分布（自由度 1）

(degree of freedom)1 の**カイ二乗分布** (chi-square distribution) の確率密度関数 (pdf) は図 4.24 と図 4.25 に示す通りである．

カイ二乗分布表の横軸は，確率変数 χ^2 $(\chi^2 \geq 0)$ である．規準型正規分布 $N(0,1)$ が -3 から $+3$ の間に 99.7%の確率が存在するのと同じ意味で，自由度 1 のカイ二乗分布においては χ^2 が 0 から $3^2 = 9$ の間に 99.7%の確率が分布する．また，規準型正規分布における $\Pr\{|X| \leq a\}$ と自由度 1 のカイ二乗分布における $\Pr\{\chi^2 \leq a^2\}$ が等しいことがわかる．中心（平均）からの偏差が大きくなるほど，規準型正規分布では左右の周辺部に移動するのと同様に，自由度 1 のカイ二乗分布では右方向に移動する．

また，互いに独立な n 個の確率変数 X_i $(i = 1, 2, \ldots, n)$ がそれぞれ正規分布 $N(0,1)$ に従うとき，確率変数 X_i の二乗和

$$\chi^2 = \sum_{i=1}^{n} X_i^2$$

は自由度 n のカイ二乗分布に従う．ここで自由度 n は独立変数の個数に相当する．χ^2 はカイ二乗分布の確率変数である．

自由度 n のカイ二乗分布の確率変数 χ^2 の確率素分は

$$f_n(\chi^2)d(\chi^2) = \frac{1}{2n/2\Gamma(\frac{n}{2})}(\chi^2)^{\frac{n}{2}-1}e^{-\frac{\chi^2}{2}}d(\chi^2)$$

で与えられる．この式の $\Gamma(\frac{n}{2})$ は Γ（ガンマ）関数である．$\Gamma(\frac{n}{2})$ は，

$n = 2m$（n が偶数）のとき

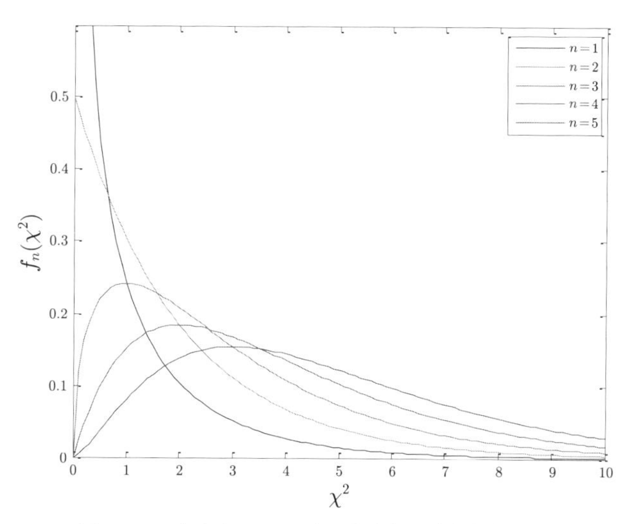

図 **4.26**：自由度 n のカイ二乗分布の確率密度関数

$$\Gamma\left(\frac{n}{2}\right) = \Gamma(m) = (m-1)!$$

$n = 2m+1$（n が奇数）のとき

$$\Gamma\left(\frac{n}{2}\right) = \Gamma\left(m+\frac{1}{2}\right) = \frac{1}{2m}(2m-1)!!\sqrt{\pi}$$

で表される．ただし，$(2m-1)!! = (2m-1)\cdot(2m-3)\cdots 5\cdot 3\cdot 1$ である．図 4.26 は自由度 $n = 1,2,3,4,5$ の確率密度 $f_n(\chi^2)$ のグラフである．自由度 n のカイ二乗分布の平均は n，分散は $2n$ である．

4.4.1　カイ二乗分布の $\boldsymbol{\alpha}$ 点

確率変数 χ^2 が自由度 n のカイ二乗分布に従うとき，ある確率 α に対して

$$\Pr\{\chi^2 > \chi_0^2\} = \alpha$$

となる値 χ_0^2 を自由度 n のカイ二乗分布の $\boldsymbol{\alpha}$ 点といい $\chi_n^2(\alpha)$ で表す．図 4.27 では自由度 n のカイ二乗分布の確率密度関数が表示されているが，このグラフで斜線部の面積が α に等しくなる．

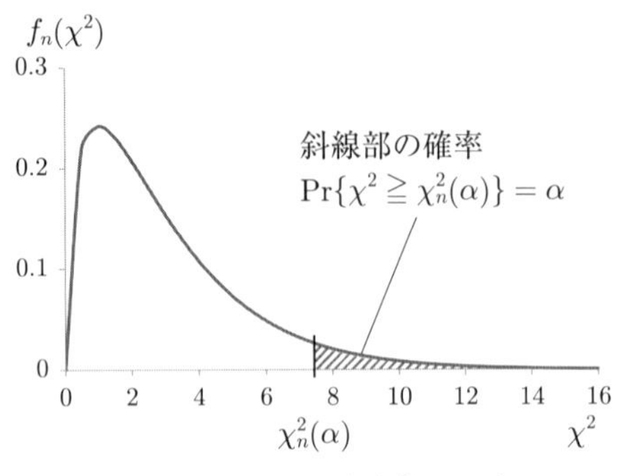

図 **4.27**：カイ二乗分布の α 点

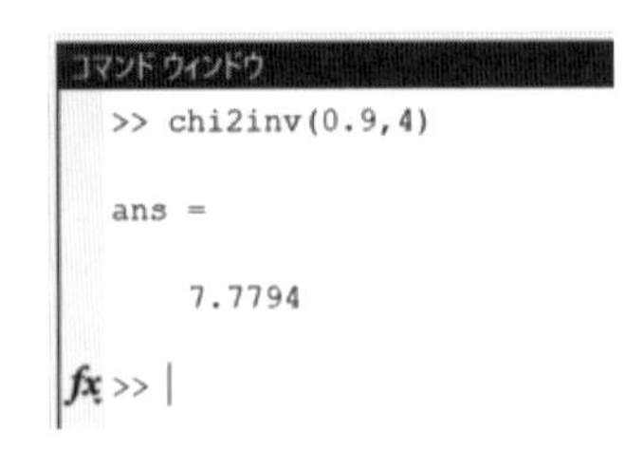

図 **4.28**：MATLAB コマンドによる α 点の計算例

付表 A.5 に代表的な α の値に対する α 点，すなわち $\chi_n^2(\alpha)$ の値が記載している．この表を使って，例えば自由度 4 の 10%点 ($\alpha = 0.1$) は，自由度が 4 で α が 0.1 の場所の数値 7.779 を読み取ればよいので，$\chi_4^2(0.1) = 7.779$ が得られる．これは，

$$\Pr\{\chi_4^2 > 7.779\} = 0.1$$

であることを示している．

同じことは，MATLAB や Excel の関数を使って求めることもできる．MATLAB でカイ二乗分布関数の逆関数は chi2inv($F(\chi_0^2), n$) である（$F(\chi_0^2)$ は $\chi^2 = \chi_0^2$ における分布関数値，n は自由度）．α 点 $\chi_4^2(0.1)$ の分布関数の値は α 点より左側の確率であるから $1 - 0.1 = 0.9$ である．MATLAB のコマンドウインドウで chi2inv(0.9,4) と入力し，α 点の値 7.779 が得られる（図 4.28）．Excel では，カイ二乗分布関数の逆関数 CHISQ.INV($F(\chi_0^2), n$) で得られる（$F(\chi_0^2)$ は $\chi^2 = \chi_0^2$ における分布関数値，n は自由度）．この場合は，セ

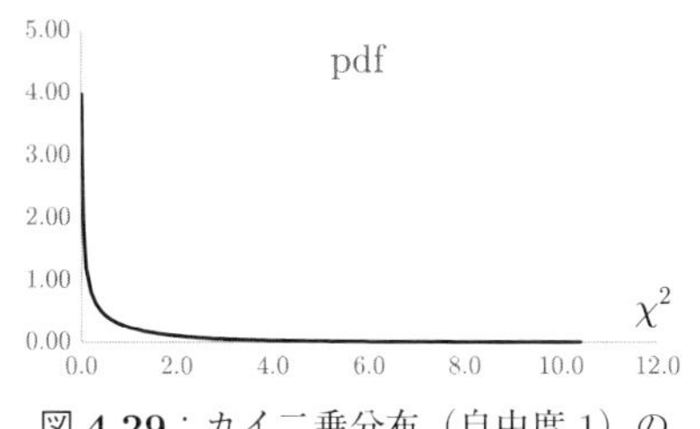

図 **4.29**：カイ二乗分布（自由度 1）の確率密度関数 pdf

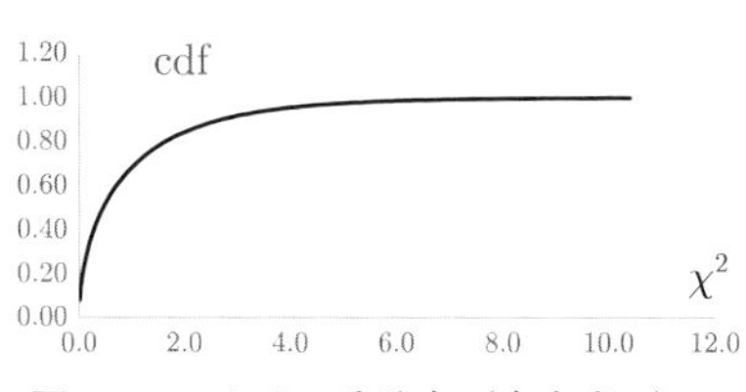

図 **4.30**：カイ二乗分布（自由度 1）の分布関数 cdf

ルに`=CHISQ.INV(0.9,4)`と入力し，α 点の値 7.779 が得られる．

4.4.2　カイ二乗分布に従うもの（自由度 1）

前述したように確率変数 X が正規分布 $N(0,1)$ に従うとき，X^2 は自由度 1 のカイ二乗分布に従う．したがって，X が正規分布 $N(\mu,\sigma^2)$ に従うとき，確率変数 $\chi^2 = \frac{(X-\mu)^2}{\sigma^2}$ は自由度 1 のカイ二乗分布に従う．自由度 1 のカイ二乗分布は分散 σ^2 が既知のとき，平均からの偏差（ずれ）を調べたいときに使う．自由度 1 のカイ二乗分布の確率密度関数 (pdf)，分布関数 (cdf)，確率分布表は図 4.29, 4.30，表 4.4 に示す通りである．

例 4.2　正規分布 $N(\mu,\sigma^2)$ において，平均からのずれが d 以上である確率を求める．$\mu = 100.0$, $\sigma^2 = 1.0^2$, $d = 0.6$ の場合はどうか．

解．求める確率は $\Pr\{(X-\mu)^2 \geq d^2\} = \Pr\{(X-\mu)^2/\sigma^2 \geq d^2/\sigma^2\} = \Pr\{\chi_1^2 \geq d^2/\sigma^2\}$ である．したがって，$\mu = 100.0, \sigma^2 = 1.0^2, d = 0.6$ の場合は，

$$\Pr\{\chi_1^2 \geq 0.36\} \approx 1 - 0.45 = 0.55 \text{（表 4.4 の cdf を参照）}. \qquad \square$$

なお，表 4.4 では概算は求まるが正確な値は得にくい．正確な値を求めようとすれば，MATLAB や Excel を用いて計算をすればよい．Excel では，カイ二乗分布関数は`=CHISQ.DIST(`$\chi^2, n,$`TRUE)`で得られる（χ^2 は確率変数値，n は自由度）．実際に計算すると，$\Pr\{\chi_1^2 \geq 0.36\} = 1 -$ `CHISQ.DIST(0.36,1,TRUE)` $= 0.5485$ が得られる．MATLAB では，カイ二乗分布関数は`chi2cdf`

表 **4.4**：カイ二乗分布（自由度1）確率分布表（pdf：確率密度，cdf：分布関数）

χ^2	pdf	cdf	χ^2	pdf	cdf
0.01	3.9695	0.0797	3.20	0.0450	0.9264
0.02	2.7929	0.1125	3.40	0.0395	0.9348
0.05	1.7401	0.1769	3.60	0.0348	0.9422
0.10	1.2000	0.2482	3.80	0.0306	0.9487
0.20	0.8072	0.3453	4.20	0.0238	0.9596
0.30	0.6269	0.4161	4.60	0.0186	0.9680
0.40	0.5164	0.4729	5.00	0.0146	0.9747
0.50	0.4394	0.5205	5.40	0.0115	0.9799
0.60	0.3815	0.5614	5.80	0.0091	0.9840
0.70	0.3360	0.5972	6.20	0.0072	0.9872
0.80	0.2990	0.6289	6.60	0.0057	0.9898
0.90	0.2681	0.6572	7.00	0.0046	0.9918
1.00	0.2420	0.6827	7.40	0.0036	0.9935
1.20	0.1999	0.7267	7.80	0.0029	0.9948
1.40	0.1674	0.7633	8.30	0.0022	0.9960
1.60	0.1417	0.7941	8.80	0.0017	0.9970
1.80	0.1209	0.8203	9.30	0.0013	0.9977
2.00	0.1038	0.8427	9.80	0.0009	0.9983
2.20	0.0895	0.8620	10.30	0.0007	0.9987
2.40	0.0776	0.8787	10.80	0.0005	0.9990
2.60	0.0674	0.8931	11.30	0.0004	0.9992
2.80	0.0588	0.9057	11.80	0.0003	0.9994
3.00	0.0514	0.9167	12.30	0.0002	0.9995

(χ^2, n) である（χ^2 は確率変数値，n は自由度）.

例 4.3（例 4.1(2) と同じ問題）**.**　正規母集団の特性 X の平均が 150.0，標準偏差が 5.0 である．母集団から無作為抽出された 25 個の標本の特性 X を測定するとき，25 個の標本の特性 X の平均が，母平均 150.0 から 1.0 以上ずれがある確率を求める．

解．特性 X の分布は $N(150.0, 5.0^2)$ で，25 個の標本平均の分布は $N\left(150.0, \frac{5.0^2}{25}\right) = N(150.0, 1.0)$ である．$Z = \frac{\overline{X}-150.0}{1.0} = \overline{X} - 150.0$ は正規分布 $N(0,1)$ に従う．25 個の標本の特性 X の平均が，母平均 150.0 から 1.0 以上ずれがあ

る確率は,

$$\Pr\{149 \leq X \leq 151\} = \Pr\{(149-150) \leq Z \leq (151-150)\}$$
$$= \Pr\{-1.0 \leq Z \leq 1.0\} = \Pr\{\chi_1^2 \geq 1\} = 1 - \Pr\{\chi_1^2 < 1\}$$
$$= 1 - 0.6827 = 0.3173 \quad (\text{表 4.4 の cdf を参照})$$

□

4.4.3 カイ二乗分布に従うもの（自由度 n）

互いに独立な n 個の確率変数 X_i $(i = 1, 2, \ldots, n)$ がそれぞれ正規分布 $N(0, 1)$ に従うとき，確率変数 X_i の二乗和

$$\chi^2 = \sum_{i=1}^{n} X_i^2$$

は自由度 n のカイ二乗分布に従う．ここで自由度は独立変数の個数に相当する．χ^2 はカイ二乗分布の確率変数である．したがって，X_i が正規分布 $N(\mu, \sigma^2)$ に従うとき，

$$\sum_{i=1}^{n} \frac{(X_i - \mu)^2}{\sigma^2}$$

は自由度 n のカイ二乗分布に従う．

正規母集団 $N(\mu, 1)$ から大きさ n の標本 $X_1, X_2, \ldots, X_n$ をとる場合，標本平均 $\overline{X} = \frac{X_1+X_2+\cdots+X_n}{n}$ に対して，$X_1 - \overline{X}, X_2 - \overline{X}, \ldots, X_n - \overline{X}$ は，$n-1$ 個の独立変数となるので，それらの二乗和

$$\sum_{i=1}^{n} (X_i - \overline{X})^2$$

は自由度 $n-1$ のカイ二乗分布に従う．同様に，X_i が一般の正規分布 $N(\mu, \sigma^2)$ に従うとき，

$$\sum_{i=1}^{n} \frac{(X_i - \overline{X})^2}{\sigma^2}$$

は自由度 $n-1$ のカイ二乗分布に従う.

例 4.4　母平均が既知の正規母集団 $N(100.0, 1.0^2)$ から5個の標本の特性 X の値が

102.1　98.4　101.2　99.3　100.6

であった. このとき

$$\chi^2 = \sum_{i=1}^{n} \frac{(X_i - \mu)^2}{\sigma^2}$$

がその実現値 χ_0^2 より大きい確率 $\Pr\{\chi^2 > \chi_0^2\}$ を求める.

解.　χ^2 は自由度5のカイ二乗分布に従う.

$$\chi_0^2 = \frac{(102.1-100.0)^2}{1.0} + \frac{(98.4-100.0)^2}{1.0} + \frac{(101.2-100.0)^2}{1.0} + \frac{(99.3-100.0)^2}{1.0} + \frac{(100.6-100.0)^2}{1.0} = 9.26$$

自由度5のカイ二乗分布において $\Pr\{\chi^2 > \chi_0^2\} = \Pr\{\chi^2 > 9.26\} = 0.0991$ である (MATLABで式 `1-chi2cdf(9.26,5)` を用いて計算). この確率が大きければ平均値に近いことを確率で示しており, 逆に大きい場合は平均値から離れていることを確率で示している. □

例 4.5　母平均 μ が未知の正規母集団 $N(\mu, 1.0^2)$ から5個の標本の特性 X の値が

102.1　98.4　101.2　99.3　100.6

であった. このとき

$$\chi^2 = \sum_{i=1}^{n} \frac{(X_i - \overline{X})^2}{\sigma^2}$$

がその実現値 χ_0^2 より大きい確率 $\Pr\{\chi^2 > \chi_0^2\}$ を求める.

解．χ^2 は自由度 $5-1=4$ のカイ二乗分布に従う．

$$\overline{X} = \frac{102.1+98.4+101.2+99.3+100.6}{5} = 100.32,$$

$$\chi_0^2 = \frac{(102.1-100.32)^2}{1.0} + \frac{(98.4-100.32)^2}{1.0} + \frac{(101.2-100.32)^2}{1.0} + \frac{(99.3-100.32)^2}{1.0} + \frac{(100.6-100.32)^2}{1.0} = 8.75.$$

自由度 4 のカイ二乗分布において $\Pr\{\chi^2 > \chi_0^2\} = \Pr\{\chi^2 > 8.75\} = 0.0677$ である（MATLAB で式 `1-chi2cdf(8.75,4)` を用いて計算）．□

4.4.4　実測度数と期待度数の差に関する統計

母集団比率が p である二項母集団から大きさ n の無作為抽出の標本をとるとき，属性の出現する度数を確率変数 X とすると，X は二項分布に従い，その平均と分散はそれぞれ np, npq である．さらに，3 章で述べたように，n が十分大きければ統計量 $\frac{X-np}{\sqrt{npq}}$ は正規分布 $N(0,1)$ に近似できる．したがって，4.4.1 項で述べたように統計量

$$\chi^2 = \frac{(X-np)^2}{npq}$$

は n が十分大きければ自由度 1 のカイ二乗分布に従う．

例 4.6　人口 200 万人のある都市で通勤を要する人口のうち電車通勤をする人の割合が 70%であるという．このとき，通勤者から無作為に 300 人を選んだときに電車通勤者の数が期待度数の 210 人から 20 人以上ずれる確率はどの程度か．

解．$n=300$，電車通勤の確率は $p=0.7$ である．期待度数から 20 人以上ずれる確率は

$$\Pr\{|X-np| \geq 20\} = \Pr\left\{\chi_1^2 = \frac{(X-np)^2}{npq} \geq \frac{400}{300\times 0.7\times 0.3}\right\} = \Pr\{\chi_1^2 \geq 6.349\} = 0.0117$$

である．確率は約 1%程度なので，期待度数の 210 人から 20 人以上ずれる確

率は比較的低いといえる． □

さて，

$$\chi^2 = \frac{(X-np)^2}{npq} = \frac{(X-np)^2}{np} + \frac{(X-np)^2}{nq}$$
$$= (X-np)^2 np + \frac{(n-X-nq)^2}{nq}$$

と書けることから，X の期待度数 $np = m$，$X' = n - X$ の期待度数 $n(1-p) = nq = m'$ とすると，母集団の属性が2個の排反な階級 $A, \overline{A}$ に分かれ，それぞれの出現確率が p, q $(p+q=1)$ である．いま，大きさ n の標本をとるとき，$A, \overline{A}$ の現れる度数を X, X' とし，その期待度数を m, m' とすると，

$$\chi^2 = \frac{(X-np)^2}{np} + \frac{(X'-nq)^2}{nq}$$

は，n, m, m' が十分に大きいとき，自由度1のカイ二乗分布に従うといえる．これを一般化して，次の定理が成り立つ．

定理 4.4(実測度数と期待度数の差に関する統計)． 母集団の属性が k 個の排反な階級 $A_1, A_2, \ldots, A_k$ に分かれ，これらの出現確率が $p_1, p_2, \ldots, p_k$（ただし，$p_1 + p_2 + \cdots + p_k = 1$）とする．いま，大きさ n の標本をとるとき，$A_1, A_2, \ldots, A_k$ の現れる度数を $X_1, X_2, \ldots, X_k$ とし，その期待度数を $m_1, m_2, \ldots, m_k$ とすると，

$$\chi^2 = \frac{(X_1-m_1)^2}{m_1} + \frac{(X_2-m_2)^2}{m_2} + \cdots + \frac{(X_k-m_k)^2}{m_k}$$

は，$n, m_1, m_2, \ldots, m_k$ が十分に大きいとき，自由度 $k-1$ のカイ二乗分布に従う．

（補足）ここで，自由度が $k-1$ である理由は，$X_1 + X_2 + \cdots + X_k = n$ で，n が既知であることから，$X_1, X_2, \ldots, X_k$ のなかで独立変数の個数が $k-1$ 個であることによる．

また，「$n, m_1, m_2, \ldots, m_k$ が十分に大きい」は近似誤差を小さくすることができるのは6以上程度である．m_i が5以下である場合には，実測度数の少な

いクラスを併合するなどの処理をすれば近似精度を高くすることができる.

例 4.7 人口約 50 万人のある都市で,野球チーム A, B, C, D に対するファンの割合が下表のとおりである.

表 4.5:野球チーム A, B, C, D に対するファン比率と調査結果

	A	B	C	D	合計
ファン比率 (%)	35	30	20	15	100
期待度数	140	120	80	60	400
調査結果	165	113	75	47	400

このとき,無作為に抽出した 400 人のアンケート調査で得られるファン数が同表のとおりであった.このアンケート結果から得られる χ^2 の実現値 χ_0^2 より大きくなる確率はいくらか?

解.野球チーム A, B, C, D のファン数の期待度数は 140 120 80 60 である.定理 4.4 から

$$\chi^2 = \sum_{i=1}^{k} \frac{(X_i - m_i)^2}{m_i}$$

は自由度 3 のカイ二乗分布に従うことがわかる.

χ^2 の実現値 χ_0^2 は,

$$\chi_0^2 = \frac{(165-140)^2}{140} + \frac{(113-120)^2}{120} + \frac{(75-80)^2}{80} + \frac{(47-60)^2}{60}$$
$$= 8.00$$

自由度 3 のカイ二乗分布において,

$$\Pr\{\chi^2 \geq \chi_0^2\} = \Pr\{\chi^2 \geq 8.00\} = 0.0460$$

(MATLAB で式 `1-chi2cdf(8.00,3)` を用いて計算)これ以上ずれる確率は 4.6%ということで,アンケート結果は公称のファン比率に近いとは必ずしもいえないことを示している. □

このように，統計により標本調査の正しさや疑わしさに関する情報を得ることができる．この章では，統計の性質のみを述べているが，5章では統計情報を用いてより信頼度の高い情報を得る推定について，6章では結果が正しいかどうかを確率的に検定する場合について述べる．

4.4.5　カイ二乗分布の再生性

正規分布と同様にカイ二乗分布に関しても再生性が成り立つ．

定理 4.5(カイ二乗分布の再生性)**．** 確率変数 χ_1^2, χ_2^2 が独立で，それぞれ自由度 n_1, n_2 のカイ二乗分布に従うとき，確率変数の和 $\chi^2 = \chi_1^2 + \chi_2^2$ もカイ二乗分布に従い，その自由度は $n_1 + n_2$ に等しい．

（まとめ）カイ二乗分布

(1) 規準型正規分布 $N(0,1)$ の確率変数 X に対して分散 X^2 は自由度 1 のカイ二乗分布に従う．

(2) 互いに独立な n 個の確率変数 X_i $(i=1,2,\ldots,n)$ がそれぞれ正規分布 $N(0,1)$ に従うとき，確率変数 X_i の二乗和

$$\chi^2 = \sum_{i=1}^{n} X_i^2$$

は自由度 n のカイ二乗分布に従う．

自由度 (degree of freedom)：カイ二乗分布の確率変数 χ^2 の定義式に含まれる独立変数の個数

α 点：確率変数 χ^2 が自由度 n のカイ二乗分布に従うとき，確率 α に対して

$$\Pr\{\chi^2 > \chi_n^2(\alpha)\} = \alpha$$

となる値 $\chi_n^2(\alpha)$ を自由度 n のカイ二乗分布の α 点という．

カイ二乗分布の平均と分散：自由度 n のカイ二乗分布の平均は n，分散は $2n$ である．

実測度数と期待度数の差の統計：母集団の k 個の排反な階級 $A_1, A_2, \ldots, A_k$ の大きさ n の標本をとるとき，$A_1, A_2, \ldots, A_k$ の現れる度数を $X_1, X_2, \ldots, X_k$ とし，その期待度数を $m_1, m_2, \ldots, m_k$ とすると，

$$\chi^2 = \frac{(X_1 - m_1)^2}{m_1} + \frac{(X_2 - m_2)^2}{m_2} + \cdots + \frac{(X_k - m_k)^2}{m_k}$$

は，$n, m_1, m_2, \ldots, m_k$ が十分に大きいとき，自由度 $k-1$ のカイ二乗分布に従う．

カイ二乗分布の再生性：正規分布と同様にカイ二乗分布に関しても再生性が成り立つ．独立な確率変数 X, Y がそれぞれ自由度 n_1, n_2 のカイ二乗分布に従うとき $X+Y$ もカイ二乗分布に従い，その自由度は $n_1 + n_2$ に等しい．

問題 4.6.　正常な5枚の硬貨を無作為に投げることを2000回続けたとき，表の出る枚数の総和の期待度数を求めなさい．さらに，表の出る枚数の総和がそこから60回以上ずれる確率について，カイ二乗分布を用いて求めよ．

問題 4.7.　自由度10のカイ二乗分布の $\alpha = 0.1, 0.05, 0.01$ の α 点を求めよ．付表A.5で求めた値とMATLABおよびExcelで計算した値が一致していることを確認せよ．

問題 4.8.　自由度1のカイ二乗分布の平均が1，分散が2であることがわかっているとして，カイ二乗分布の再生性を用いて自由度 n のカイ二乗分布の平均と分散を求めよ．

問題 4.9.　カイ二乗分布の自由度 n が十分に大きい場合に正規分布で近似されることをカイ二乗分布の再生性と中心極限定理を用いて証明せよ．

4.5　*F* 分布，*t* 分布

4.5.1　*F* 分布

自由度 n_1, n_2 の独立なカイ二乗変数 χ_1^2, χ_2^2 があるとき

$$F = \frac{\chi_1^2}{n_1}\Big/\frac{\chi_2^2}{n_2}$$

は，自由度対 $[n_1, n_2]$ の ***F* 分布** (F-distribution) に従い，$F_{n_2}^{n_1}$ と表記する．

自由度対 $[n_1, n_2]$ の F 分布の確率変数 $F(>0)$ の確率素分は

$$h_{n_1,n_2}(F)dF = \frac{n_1^{\frac{n_1}{2}} n_2^{\frac{n_2}{2}}}{B(\frac{n_1}{2}, \frac{n_2}{2})} \frac{F^{\frac{n_1}{n_2}-1}}{(n_1F + n_2)^{\frac{n_1+n_2}{2}}} dF$$

で与えられる．ここで $B(\frac{n_1}{2}, \frac{n_2}{2})$ はベータ関数 B の $\frac{n_1}{2}, \frac{n_2}{2}$ の値である．

ここで F の逆数 $\widetilde{F} = 1/F$ は自由度対 $[n_2, n_1]$ に従う．また，

$$\Pr\{F \geq F_{n_2}^{n_1}(1-\alpha)\} = 1 - \alpha.$$

余事象の確率は

$$\Pr\{F \leq F_{n_2}^{n_1}(1-\alpha)\} = \alpha$$

$$\Pr\{1/F \geq 1/F_{n_2}^{n_1}(1-\alpha)\} = \alpha$$

F の逆数 $\widetilde{F}$ は自由度対 $[n_2, n_1]$ であるから

$$\Pr\{1/F \geq \widetilde{F}_{n_1}^{n_2}(\alpha)\} = \alpha$$

余事象の確率は

$$\Pr\{1/F \leq \widetilde{F}_{n_1}^{n_2}(\alpha)\} = 1-\alpha$$

$$\Pr\{F \geq 1/\widetilde{F}_{n_1}^{n_2}(\alpha)\} = 1-\alpha$$

から，$F_{n_2}^{n_1}(1-\alpha) = 1/\widetilde{F}_{n_1}^{n_2}(\alpha)$ が導かれる．このことから次の定理が成り立つ．

定理 4.6.　自由度対 $[n_1, n_2]$ の F 分布に従う $F_{n_2}^{n_1}$ の逆数 $\widetilde{F}$ は自由度対 $[n_2, n_1]$ に従う．

定理 4.7.　さらに，このことから $F_{n_2}^{n_1}(1-\alpha) = 1/\widetilde{F}_{n_1}^{n_2}(\alpha)$ が導かれる．

自由度対 $[1, n]$，自由度対 $[n, 1]$，自由度対 $[n, 5]$ の F 分布の確率密度関数を図 4.31, 4.32, 4.33 に示す．また，自由度対 $[1, n], [2, n], [3, n]$ の F 分布の分布関数表を付表 A.6 に示す．

4.5.2　F 分布の α 点

カイ二乗分布と同様に F 分布に対しても α 点が定義される．F が自由度対 $[n_1, n_2]$ の F 分布に従うとき，ある確率 α に対して

$$\Pr\{F > F_0\} = \alpha$$

となる値 F_0 を自由度対 $[n_1, n_2]$ の F 分布の α 点といい $F_{n_2}^{n_1}(\alpha)$ で表す．図 4.34 では F 分布の代表的な確率密度関数が表示されているが，このグラフで斜線部の面積が α に等しくなる．付表 A.9〜A.12 に代表的な α の値 ($\alpha = 0.01, 0.02, 0.05, 0.10$) に対する α 点，すなわち $F_{n_2}^{n_1}(\alpha)$ の値を記載する．

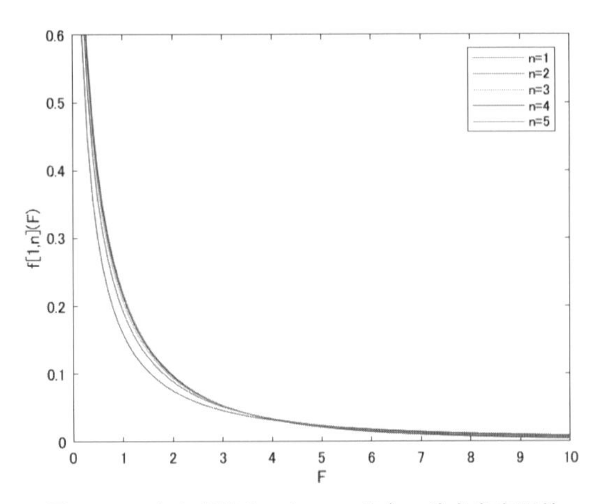

図 **4.31**：自由度対 $[1, n]$ の F 分布の確率密度関数

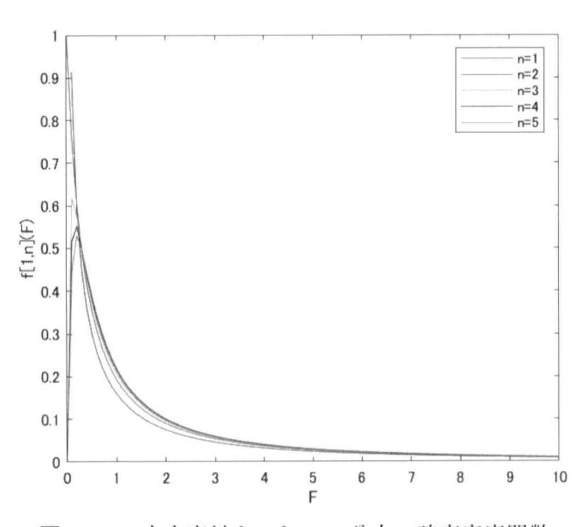

図 **4.32**：自由度対 $[n, 1]$ の F 分布の確率密度関数

4.5.3　$\boldsymbol{F}$ 分布に従う統計量

分散が未知の正規母集団からの大きさ n の標本 $X_1, X_2, \ldots, X_n$ の標本平均を $\overline{X}$ とする．$\overline{X}$ からの偏差の平方の和

$$S = (X_1 - \overline{X})^2 + (X_2 - \overline{X})^2 + \cdots + (X_n - \overline{X})^2$$

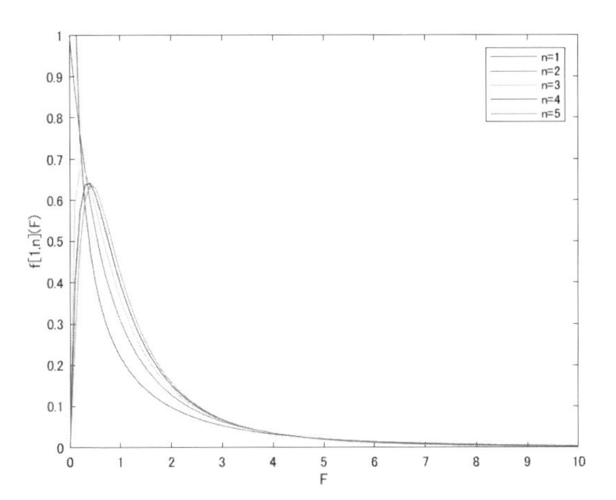

図 **4.33**：自由度対 $[n, 5]$ の F 分布の確率密度関数

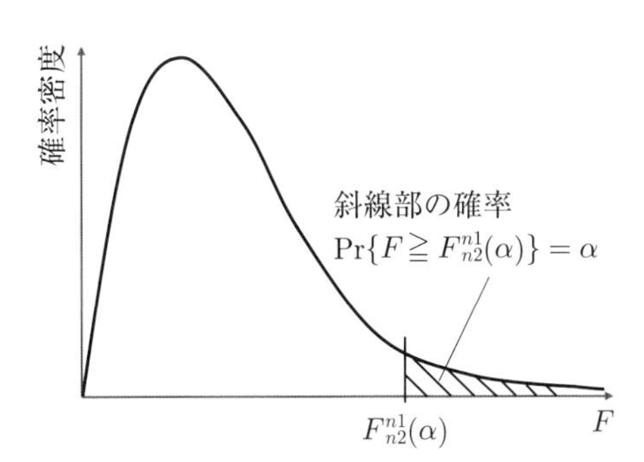

図 **4.34**：F 分布の α 点 $F_{n_2}^{n_1}(\alpha)$

を $n-1$ で割ったものを U^2 とする

$$U^2 = \frac{S}{n-1} = \frac{1}{n-1}\sum_{i=1}^{n}(X_i - \overline{X})^2.$$

この U^2 を**不偏分散** (unbiased variance) という．このとき，統計量

$$F = \frac{(\overline{X} - \mu)^2}{U^2/n}$$

は自由度対 $[1, n-1]$ の F 分布に従う．

例 4.8　平均が $\mu = 17.5$ で，分散が未知の正規母集団から大きさ 5 の標本の特性 X の値が

$$24.3 \quad 18.9 \quad 23.7 \quad 23.0 \quad 17.4$$

であった．標本平均 $\overline{X}$ と不偏分散 U^2 を求める．さらに，統計量

$$F = \frac{(\overline{X} - \mu)^2}{U^2/n}$$

がその実現値 F_0 より大きい確率を求める．

解．標本平均 $\overline{X}$ の実現値は 21.46.

$$\begin{aligned} U^2 &= \frac{1}{n-1}\sum_{i=1}^{n}(X_i - \overline{X})^2 \\ &= \left(\frac{1}{4}\right) \times \{(24.3 - 21.46)^2 + (18.9 - 21.46)^2 + (23.7 - 21.46)^2 \\ &\quad + (23.0 - 21.46)^2 + (17.4 - 21.46)^2\} = 9.623. \end{aligned}$$

$F = \frac{(\overline{X}-\mu)^2}{U^2/n}$ は自由度対 $[1, n-1] = [1, 4]$ の F 分布に従い，実現値は，$F_0 = (21.46 - 17.5)^2/(9.623/5) = 8.15$ である．付表 A.6 より自由度対 [1,4] の F 分布の確率 $\Pr\{F > F_0\}$ は 4.7%より小さく 4.0%より大きい．より正確な値は，MATLAB や Excel の関数を用いて求めるとよい．Excel の F 分布の分布関数 `F.DIST(8.15,1,4,TRUE)`$= 0.9538$（$\Pr\{F \leq F_0\}$，自由度対 $[1, 4]$）であることから，$\Pr\{F > F_0\} = 1 - 0.9538 = 0.0462$ を得る．　□

正規母集団 $N(\mu, \sigma^2)$ からの大きさ n_1, n_2 の独立な標本をとり，それぞれの標本平均を $\overline{X}_1, \overline{X}_2$ とし，不偏分散を U_1^2, U_2^2 としたとき，

$$U^2 = \frac{(n_1 - 1)U_1^2 + (n_2 - 1)U_2^2}{n_1 + n_2 - 2}$$

とおく，このとき，統計量

$$F = \frac{(\overline{X}_1 - \overline{X}_2)^2}{U^2} \frac{n_1 n_2}{n_1 + n_2}$$

は自由度対 $[1, n_1 + n_2 - 2]$ の F 分布に従う．この分布は後で述べる平均値の

差の検定で用いる．

正規母集団 $N(\mu_1, \sigma^2), N(\mu_2, \sigma^2)$ からの大きさ n_1, n_2 の独立な標本をとり，それぞれの不偏分散を U_1^2, U_2^2 としたとき

$$F = \frac{{U_1}^2}{{U_2}^2}$$

は自由度対 $[n_1 - 1, n_2 - 1]$ の F 分布に従う．この分布は 2 つの不偏分散のずれの度合いを表す．後の章で述べるように，2 個の標本の母分散が等しいことを検定する場合に使用する．

自由度 n_1, n_2 の独立なカイ二乗変数 χ_1^2, χ_2^2 があるとき

$$F = \frac{\chi_1^2}{n_1} \Big/ \frac{\chi_2^2}{n_2}$$

は，自由度対 $[n_1, n_2]$ の F 分布に従う．後の章で述べるように，分散の比の検定で用いる．

4.5.4　t 分布

自由度 n の **t 分布** (t-distribution) の確率変数 t $(-\infty < t < \infty)$ の確率素分は

$$f_n(t)dt = \frac{1}{\sqrt{n}B(\frac{n}{2}, \frac{1}{2})} \left(1 + \frac{t^2}{n}\right)^{-\frac{n+1}{2}} dt$$

で与えられる．

t が自由度 n の t 分布に従うならば，$t^2 = F$ は自由度対 $[1, n]$ の F 分布に従う．その逆も成り立つ．自由度 n の t 分布の確率密度関数を図 4.35 に示す．また，t 分布の分布関数表を付表 A.13 に示す．

t 分布に対しても α 点が定義される．t が自由度 n の t 分布に従うとき，ある確率 α に対して

$$\Pr\{|t| > t_0\} = \alpha$$

となる値 Ft_0 を自由度 n の t 分布の α 点といい $t_n(\alpha)$ で表す．図 4.36 では t 分布の代表的な確率密度関数が表示されているが，このグラフで左右両側の斜

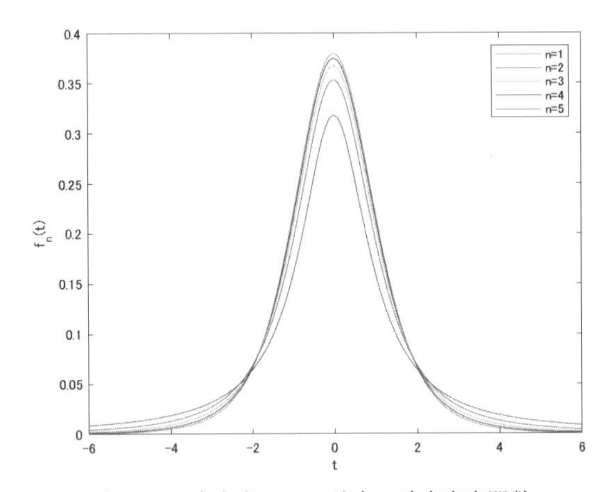

図 **4.35**：自由度 n の t 分布の確率密度関数

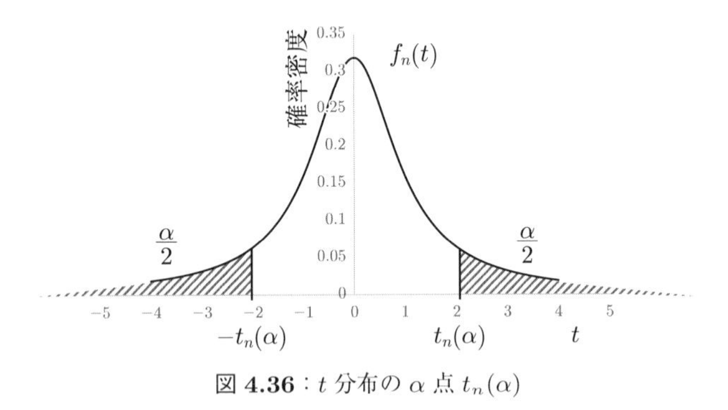

図 **4.36**：t 分布の α 点 $t_n(\alpha)$

線部の面積が各々 $\frac{\alpha}{2}$ に等しく，斜線部の合計が α になる．付表 A.14 に代表的な α の値に対する α 点，すなわち $t_n(\alpha)$ の値を記載する．

4.5.5　$\boldsymbol{F}$ 分布，$\boldsymbol{t}$ 分布の再生性

正規分布，カイ二乗分布は再生性があることを述べたが，F 分布，t 分布は再生性をもたない．他に再生性を示す確率分布は，二項分布（p が等しい場合），ポアソン分布などがある．一様分布は再生性をもたない．

（まとめ）F 分布, t 分布

(1) 分散が未知の正規母集団からの大きさ n の標本 $X_1, X_2, \ldots, X_n$ の標本平均を $\overline{X}$ とする．$\overline{X}$ からの偏差の平方の和

$$S = (X_1 - \overline{X})^2 + (X_2 - \overline{X})^2 + \cdots + (X_n - \overline{X})^2$$

を $n-1$ で割ったものを U^2 とする

$$U^2 = \frac{S}{n-1} = \frac{1}{n-1}\sum_{i=1}^{n}(X_i - \overline{X})^2.$$

この U^2 を不偏分散 (unbiased variance) という．このとき，統計量

$$F = \frac{(\overline{X} - \mu)^2}{U^2/n}$$

は自由度対 $[1, n-1]$ の F 分布に従う．

(2) F 分布，t 分布は再生性をもたない．

問題 4.10.　平均が $\mu = 17.5$，分散が未知の正規母集団から大きさ 6 の標本の特性 X の値が 24.3　18.9　22.7　21.5　16.2　23.5 であった．

(1) 標本平均 $\overline{X}$ と，不偏分散 U^2 を求めよ．

(2) 統計量

$$F = \frac{(\overline{X} - \mu)^2}{U^2/n}$$

を使用し，F の実現値 F_0 を求めよ．さらに，確率 $\Pr\{F > F_0\}$ を求めよ．

問題 4.11.　F が自由度対 $[8, 10]$ の F 分布に従うとき

(1) $\Pr\{F \leq F_0\} = 0.05$ を満足する F_0 の値を求めよ．

(2) $\Pr\{F \leq 0.28\}$ を求めよ．

4.6　数値計算による標本調査の確認

4.6.1　標本調査実験

【練習課題 4.4】

表 4.1 の正規母集団データが Excel ファイルの "universe_model_4_1.xlsx" に準備されている．MATLAB を使って取り込み，以下の計算を行いなさい．

(1) 母集団から任意の 4 個の球を選択し，それらに記入された数値を x_1, x_2, x_3, x_4 に記入するという操作を 1000 回繰り返し，標本としなさい．

(2) 標本の 1000 個の系列に対して次の統計量の分布をプロットしなさい．

(a) $\chi_1^2 = \dfrac{1}{\sigma^2}\displaystyle\sum_{i=1}^{4}(X_i - \overline{X})^2$

(b) $\chi_2^2 = \dfrac{(\overline{X} - \mu)^2}{\sigma^2/4}$

(c) $\chi_3^2 = \dfrac{1}{\sigma^2}\displaystyle\sum_{i=1}^{4}(X_i - \mu)^2$

(3) (a), (b), (c) それぞれの度数のヒストグラムと，自由度 $3, 1, 4$ のカイ二乗分布と比較しなさい．ただし，母集団が正規分布で平均 $\mu = 50$，分散 $\sigma^2 = 100$ が事前にわかっているものとする．

プログラム例を図 4.37 に示す．前半の標本抽出の部分は図 4.16 と同様である．Excel ファイル universe_model_4_1.xlsx に記述された母集団データ（図 4.17）を，`xlsread` 関数を使って配列 `univ` に取り込む．`N = length(univ)` は配列 `univ` の大きさであり，`randi([1,N])` は，$1 \sim N$ の整数を一様乱数として取り出す．その値をインデックスとする配列 `univ` の値を `x1(i)`〜`x4(i)` に取り出す．`X12`, `X22`, `X32` は (2)-(a)〜(c) の分布を計算し，その後の `figure();histogram()` でヒストグラムを描画する（図 4.38，4.40，4.42）．その後，自由度 $3, 1, 4$ のカイ二乗分布（理論式）をグラフ表示する（図 4.39, 4.41，4.43）．

```
clc, clear, close all;
univ=xlsread('universe_model_4_1.xlsx');
N = length(univ); %データの大きさ（行数）をNとする
for i = 1:1:1000
    x1(i)=univ(randi([1,N]));
    x2(i)=univ(randi([1,N]));
    x3(i)=univ(randi([1,N]));
    x4(i)=univ(randi([1,N]));
end
mu=50; va=100;
xm = (x1+x2+x3+x4)/4;
X12 = ((x1-xm).^2 + (x2-xm).^2 +(x3-xm).^2 +(x4-xm).^2)/va;
X22 = (xm-mu).^2/(va/4);
X32 = ((x1-mu).^2 + (x2-mu).^2 +(x3-mu).^2 +(x4-mu).^2)/va;
figure(1);histogram(X12);
figure(2);histogram(X22);
figure(3);histogram(X32);
x = 0:0.1:20;
kai2_3 = chi2pdf(x,3);
figure(11);plot(x,kai2_3,'-');
kai2_1 = chi2pdf(x,1);
figure(12);plot(x,kai2_1,'-');
kai2_4 = chi2pdf(x,4);
figure(13);plot(x,kai2_4,'-');
```

図 **4.37**：作成したプログラミングコード

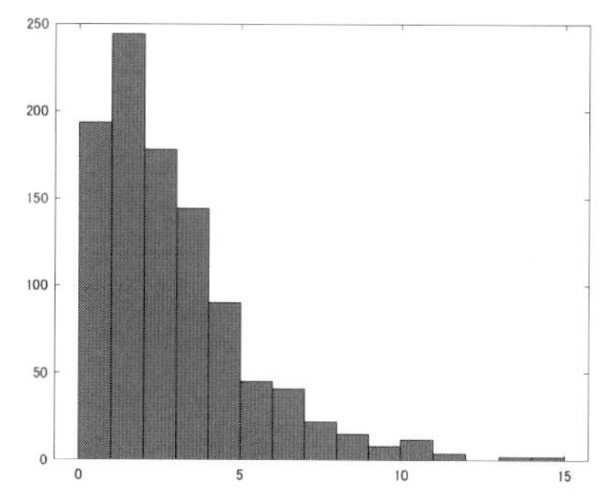

図 **4.38**：実験結果 (a) のヒストグラム $\chi_1^2 = \frac{1}{\sigma^2}\sum_{i=1}^4 (X_i - \overline{X})^2$

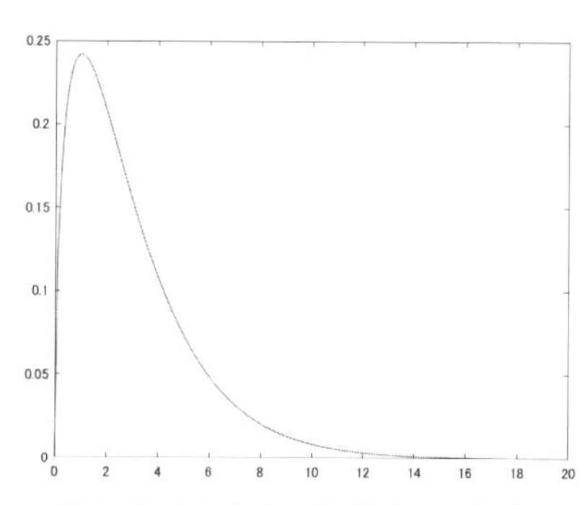

図 **4.39**：カイ二乗分布（自由度 3）

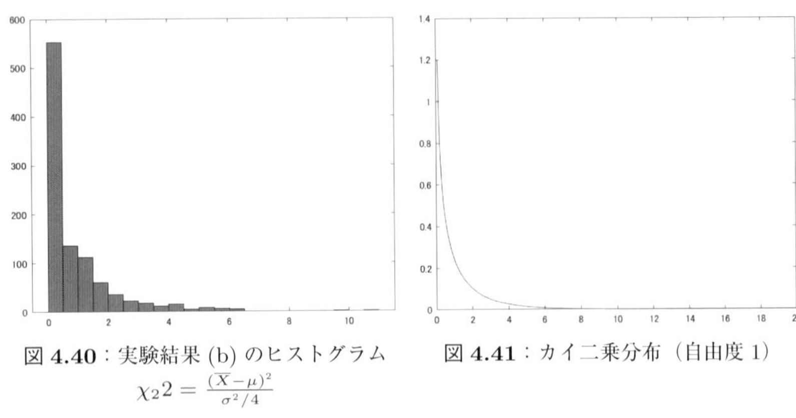

図 **4.40**：実験結果 (b) のヒストグラム $\chi_2 2 = \frac{(\overline{X}-\mu)^2}{\sigma^2/4}$

図 **4.41**：カイ二乗分布（自由度 1）

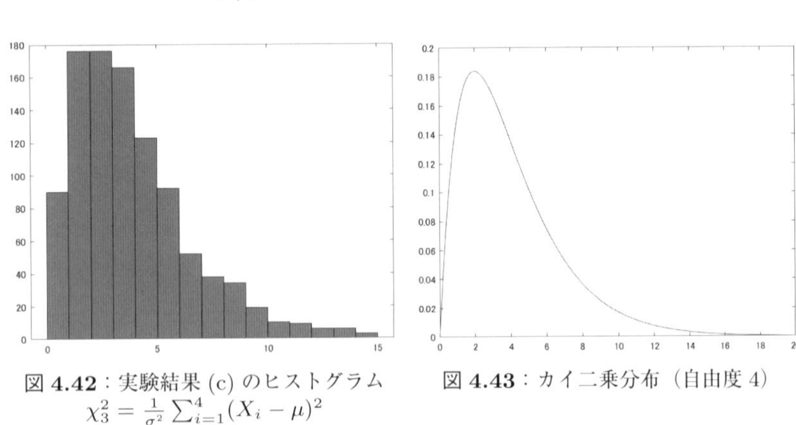

図 **4.42**：実験結果 (c) のヒストグラム $\chi_3^2 = \frac{1}{\sigma^2}\sum_{i=1}^{4}(X_i-\mu)^2$

図 **4.43**：カイ二乗分布（自由度 4）

4.6.2　例 4.8 の MATLAB を使った解答例

平均が $\mu = 17.5$ で，分散が未知の正規母集団から大きさ 5 の標本の特性 X の値が

$$24.3 \quad 18.9 \quad 23.7 \quad 23.0 \quad 17.4$$

であった．標本平均 $\overline{X}$ と不偏分散 U^2 を求める．さらに，統計量

$$F = \frac{(\overline{X}-\mu)^2}{U^2/n}$$

がその実現値 F_0 より大きい確率を求める．

```
clc, clear, close all;
X = [24.3 18.9 23.7 23.0 17.4]; %標本
Xm = (1/5)*X*ones([5 1]); %標本平均
Mu = 17.5;
U2 = (1/4)*(X-Xm).^2*ones([5 1]); %不偏分散
F0 = (Xm-Mu)^2/(U2/5);
Ans = 1-fcdf(F0,1,4);
disp('Ans');
disp(Ans);
```

図 **4.44**：作成したプログラミングコード

```
コマンド ウィンドウ
MATLAB のご利用がはじめて
Ans
    0.0462
fx >>
```

図 **4.45**：コマンド画面表示

```
clc,clear;close all;
x_2 = [0:0.1:10]';
for n = 1:3;
    fx(:,n) = chi2pdf(x_2,n) ;
end
%プロット
plot(x_2,fx);
ylim([0 1.0]);
legend('n=1','n=2','n=3');
xlabel('X^2');ylabel('f_n(X^2)');
```

図 **4.46**：カイ二乗分布のプロットコード

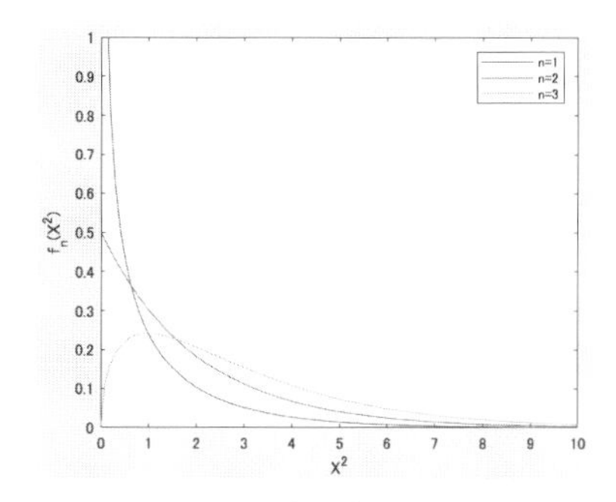

図 **4.47**：カイ二乗分布のプロット結果

解．標本平均 $\overline{X}$ の実現値は 21.46，$U^2 = \frac{1}{n-1}\sum_{i=1}^{n}(X_i - \overline{X})^2 = 9.623$，$F = \frac{(\overline{X}-\mu)^2}{U^2/n}$ は自由度対 $[1, n-1] = [1, 4]$ の F 分布に従い，実現値は，$F_0 = (21.46 - 17.5)^2/(9.623/5) = 8.15$ である． □

4.6.3 カイ二乗分布の確率密度関数のプロット

確率密度関数のプロットのためのコードサンプルと結果を図 4.44〜4.47 に示す．

確率分布計算の MATLAB 関数と Excel 関数を表 4.6, 4.7 にまとめる．

表 **4.6**：確率分布計算の MATLAB 関数

コマンド名／関数名	処理内容	使用例
normcdf	正規分布関数	normcdf(x, 平均, 標準偏差)
normpdf	正規分布確率密度関数	normpdf(x, 平均, 標準偏差)
norminv	正規分布逆累積分布関数	norminv(p, 平均, 標準偏差)
chi2cdf	カイ二乗分布関数	chi2cdf(x2, 自由度)
chi2pdf	カイ二乗確率密度関数	chi2pdf(x2, 自由度)
chi2inv	カイ二乗逆分布関数	chi2inv(p, 自由度)
fcdf	F 累積分布関数	fcdf(F,n1,n2)
fpdf	F 確率密度関数	fpdf(F,n1,n2)
finv	F 逆累積分布関数	finv(p,n1,n2)
tcdf	t 累積分布関数	tcdf(t, 自由度)
tpdf	t 確率密度関数	tpdf(t, 自由度)
tinv	t 逆累積分布関数	tinv(p, 自由度)

表 **4.7**：確率分布計算の Excel 関数

コマンド名／関数名	処理内容	使用例
NORM.DIST	正規分布関数	=NORM.DIST(x, 平均, 標準偏差,TRUE)
NORM.DIST	正規分布確率密度関数	=NORM.DIST(x, 平均, 標準偏差,FALSE)
NORM.INV	正規分布逆累積分布関数	=NORM.INV(p, 平均, 標準偏差)
CHISQ.DIST	カイ二乗分布関数	=CHISQ.DIST(x, 自由度,TRUE)
CHISQ.DIST	カイ二乗確率密度関数	=CHISQ.DIST(x, 自由度,FALSE)
CHISQ.INV	カイ二乗逆分布関数	=CHISQ.INV(p, 自由度)
F.DIST	F 累積分布関数	=F.DIST(F,n1,n2,TRUE)
F.DIST	F 確率密度関数	=F.DIST(F,n1,n2,FALSE)
F.INV	F 逆累積分布関数	=F.INV(p,n1,n2)
T.DIST	t 累積分布関数	=T.DIST(t, 自由度,TRUE)
T.DIST	t 確率密度関数	=T.DIST(t, 自由度,FALSE)
T.INV	t 逆累積分布関数	=T.INV(p, 自由度)

第5章

推定

5.1 推定に関する基礎概念

5.1.1 推定量

標本から母集団の特性を推定する方法について考えてみよう．母平均 μ，母分散 σ^2，母集団比率 p などを標本から推定したい場合にどうすればよいであろうか．また，推定の正しさや信頼度についてはどのように評価すればよいであろうか．

4 章で示した大きさ 4 の標本を 100 回取り出す実験で得られたことがらを再度整理すると，図 4.3 と図 4.4 で示された結果で示すように，標本の値 X は母平均と母分散に一致するので

$$E(X) = 50, \quad \sigma^2(X) = 100$$

である．一方，毎回の試行における大きさ 4 の標本の平均

$$E(\overline{X}) = 50, \quad \sigma^2(\overline{X}) = \frac{100}{4} = 25$$

となっており，標本値 X も標本平均 $\overline{X}$ も，いずれも母平均の周辺に分布するが，それぞれの散らばり度合いは標本値 X に対して標本平均 $\overline{X}$ が 1/4 倍であるので，より母平均の周りに集中している．したがって，標本平均 $\overline{X}$ を用いて，母平均 μ のより良い推定を行うことができる．このような，標本値 X や標本平均 $\overline{X}$ を母平均 μ の**推定量** (estimator) といい，その実現値 x や $\overline{x}$ を**推定値** (estimate) という．

5.1.2 不偏推定量

つぎに図 4.5 で示したように，標本分散 $s^2 = \frac{1}{n}\sum_{i=1}^{n}(x_i - \overline{x})^2$ の平均は

74.45 が得られた．これは母分散の 100 を中心に分布しているとは認めにくいことがわかる．これに対して，不偏分散 $u^2 = \frac{1}{n-1}\sum_{i=1}^{n}(x_i - \overline{x})^2$ の平均値は 97.94 であり，母分散により近い値を示した．このことがらを確認するために，標本 $X_1, X_2, \ldots, X_n$ の標本分散 $S^2 = \frac{1}{n}\sum_{i=1}^{n}(X_i - \overline{X})^2$ の期待値 $E(S^2)$ を求めてみる．

$$
\begin{aligned}
E(S^2) &= E\left\{\frac{1}{n}\sum_{i=1}^{n}(X_i - \overline{X})^2\right\} \\
&= E\left\{\frac{1}{n}\sum_{i=1}^{n}{X_i}^2 - 2\overline{X} \times \frac{1}{n}\sum_{i=1}^{n}X_i + \frac{1}{n}\sum_{i=1}^{n}\overline{X}^2\right\} \\
&= \frac{1}{n}\sum_{i=1}^{n}E(X_i^2) - E(\overline{X}^2)
\end{aligned}
$$

標本の値 X_i は母集団の分布に従うので，

$$
\begin{gathered}
E(X_i) = E(X) = \mu, \\
\sigma^2(X_i) = \sigma^2(X) = \sigma^2
\end{gathered}
$$

一方，標本平均 $\overline{X}$ は，

$$
\begin{gathered}
E(\overline{X}) = E(X) = \mu, \\
\sigma^2(\overline{X}) = \frac{\sigma^2}{n}
\end{gathered}
$$

の分布に従う．3 章の分散に関する公式 III から

$$
\sigma^2(X_i) = E(X_i^2) - E(X_i)^2.
$$

同様に，

$$
\sigma^2(\overline{X}) = E(\overline{X}^2) - E(\overline{X})^2
$$

から，

$$
\begin{gathered}
E(X_i^2) = \sigma^2(X) + E(X)^2 = \sigma^2 + \mu^2, \\
E(\overline{X}^2) = \sigma^2(\overline{X}) + E(\overline{X})^2 = \frac{\sigma^2}{n} + \mu^2
\end{gathered}
$$

であるから，

$$E(S^2) = \frac{1}{n}\sum_{i=1}^{n} E({X_i}^2) - E(\overline{X}^2) = \sigma^2 + \mu^2 - \left(\frac{\sigma^2}{n} + \mu^2\right)$$
$$= \frac{n-1}{n}\sigma^2$$

となり，この式は図 4.3 の結果ともよく一致する．したがって，

$$E\left(\frac{n}{n-1}S^2\right) = \sigma^2.$$

このことから，$U^2 = \frac{n}{n-1}S^2 = \frac{1}{n-1}\sum_{i=1}^{n}(X_i - \overline{X})^2$ が母分散 σ^2 の推定量として適切であることがわかる．U^2 が母分散の周辺に分布することは，図 4.4 の結果からもうかがえる．以上のことを一般化して，母集団の未知母数 θ の推定量 T に対して，関係式

$$E(T) = \theta$$

が成立することを推定量 T の**不偏性** (unbiasedness) といい，このとき，推定量 T を**不偏推定量** (unbiased estimator) という．標本平均 $\overline{X}$ は母平均 μ の不偏推定量であり，U^2 は母分散 σ^2 の不偏推定量である．U^2 を不偏分散推定量，または，**不偏分散** (unbiased estimate of variance) とよぶ．このことより次の定理が導かれる．

定理 5.1（母分散の推定量）**.** 母分散 σ^2 の母集団から大きさ n の標本 $X_1, X_2, \ldots, X_n$ に対して

$$U^2 = \frac{1}{n-1}\sum_{i=1}^{n}(X_i - \overline{X})^2$$

の期待値は母分散 σ^2 に等しい．すなわち，

$$E(U^2) = \sigma^2$$

が成り立つ．このような U^2 を不偏分散推定量，または不偏分散とよぶ．

5.1.3　一致推定量

標本の大きさ n を十分大きくすれば，推定量は推定対象に限りなく近づく，一般化していいかえれば，母集団の未知母数 θ の推定量 T_n について，任意の正数 ϵ に対して確率

$$\Pr\{|T_n - \theta| \geq \epsilon\}$$

が標本の大きさ n を大きくしさえすればいくらでも小さくなる．すなわち，

$$\lim_{n\to\infty} \Pr\{|T_n - \theta| \geq \epsilon\} = 0$$

が成り立つという性質を**一致性** (consistency) といい，この性質が成り立つ推定量を**一致推定量** (consistent estimator) という．標本平均 $\overline{X}$ は母平均 μ の不偏推定量であり，かつ，一致推定量である．不偏分散 U^2 は，母分散 σ^2 の不偏推定量，かつ，一致推定量である．標本分散 S^2 は，母分散 σ^2 の不偏推定量ではないが一致推定量である．標本の大きさ n を十分大きくすれば，

$$U^2 = \frac{1}{n-1}\sum_{i=1}^{n}(X_i - \overline{X})^2$$

と

$$S^2 = \frac{1}{n}\sum_{i=1}^{n}(X_i - \overline{X})^2$$

はいずれも σ^2 に限りなく近づく．

5.1.4　有効推定量

推定値は推定対象の周辺に分布するが，推定対象から近い領域に集中しているか，あるいは，広く散らばっているかによって推定値の信頼度が異なる．表現をかえると，推定量の分散が小さいほど推定の信頼度が上がる．例えば，大きさ n の標本平均 $\overline{X}$ を推定量とするとき，その分散は σ^2/n であるから $n=10$ の場合に比べ，$n=20$ の場合は分散が 1/2 になり推定の信頼度，あるいは

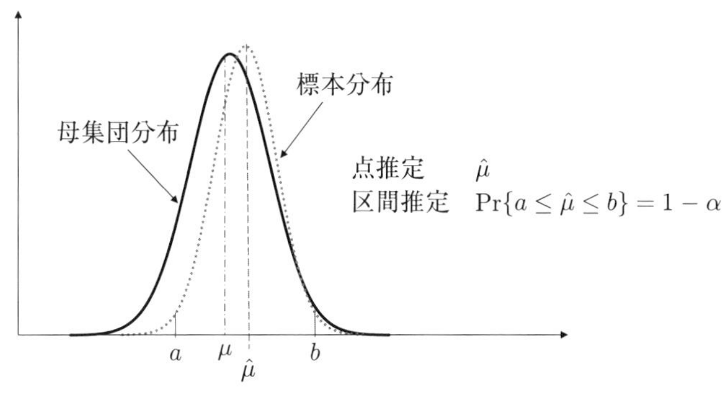

図 **5.1**：点推定と区間推定

精度が向上する．

このように推定量の分散がより小さいという性質を，**より有効** (more efficient)，**有効性** (efficiency) といい，より有効な推定量を**有効推定量** (efficient estimator) という．

母集団が正規分布 $N(\mu, \sigma^2)$ であるとき，大きさ n の標本平均 $\overline{X}$ と標本中央値 $\widetilde{X}$ を比較すると，どちらも平均値 μ の正規分布であるが，分散はそれぞれ $\sigma^2/n, \pi\sigma^2/2n$ であることが知られている．$\sigma^2/n < \pi\sigma^2/2n$ であるから，標本平均 $\overline{X}$ は標本中央値 $\widetilde{X}$ よりも有効であることになる．

5.1.5 点推定と区間推定

推定には大きく分けて**点推定** (point estimation) と**区間推定** (interval estimation) がある．点推定は標本に基づき最も確かな 1 つの推定値を得る方法であるが，その周辺の状況がどのようになっているのかはわからない．母集団の特性変数 θ の推定量を $\widehat{\theta}$ のように変数を示す文字の上に ^（ハット）の記号を記述することで推定量であることを表現する．推定量に対する一般的な表現であるので覚えておくとよい．推定値（推定量の実現値）に関しても同じように ^ の記号で推定値であることを表す．

例えば，図 5.1 に示すように標本から得られる分布に基づき，標本平均 $\overline{X}$ の実現値 $\overline{x}$ を用いて母平均 μ の推定値 $\widehat{\mu} = \overline{x}$ を得る．標本を得るたびに標本分布が異なるので，推定値もそのたびに変動するという不安があるが，おおむね良好な推定値を獲得できる．区間推定は θ を含む確率が高くなるような区間，図 5.1 の例では 0 と 1 の間の数 α に対して $\Pr\{a \leq \widehat{\mu} \leq b\} = 1 - \alpha$ となるような区間 $[a, b]$ を得る．推定値 $\widehat{\mu}$ が確率 $1 - \alpha$ $(0 < \alpha < 1)$ で，この区間に存在することを示すものである．いずれを使うかは目的によるが，推定値の信頼できる範囲を知りたい場合には区間推定のほうがとらえやすい．

（まとめ）推定

不偏性 (unbiasedness)： 期待値が推定対象に一致する性質

不偏推定量 (unbiased estimator)： 未知母数 θ の推定量 T に対して，関係式 $E(T) = \theta$ が成立するとき，推定量 T を不偏推定量という．

不偏分散 (unbiased estimate of variance)： 標本 $X_1, X_2, \ldots, X_n$ に対して

$$U^2 = \frac{n}{n-1}\sum_{i=1}^{n}(X_i - \overline{X})^2$$

は，不偏分散推定量である．これを不偏分散ともいう．

一致性 (consistency)：標本の大きさ n を大きくすれば推定対象に限りなく近づく性質

一致推定量 (consistent estimator)：標本の大きさ n を大きくすれば推定対象に限りなく近づく推定量のこと．例えば，標本分散（次式）は母分散の不偏推定量ではないが一致推定量である．

$$S^2 = \sum_{i=1}^{n}(X_i - \overline{X})^2$$

有効 (more efficient)，有効性 (efficiency)：推定量の分散が小さい性質．

有効推定量 (efficient estimator)：推定量の分散が小さく，推定対象から近い領域に集中している推定量のこと．

5.2　最尤推定

標本から得られるもっとも正しいと考えられる点推定を，尤（もっと）もらしさの基準である出現比率（確率）に基づいて決定する方法を**最尤法** (method of maximum likelihood) という．母集団分布が離散型であるとき，標本変数 X_1, $X_2, \ldots, X_n$ が標本値 $x_1, x_2, \ldots, x_n$ をとる確率は，確率を与える関数 f を使

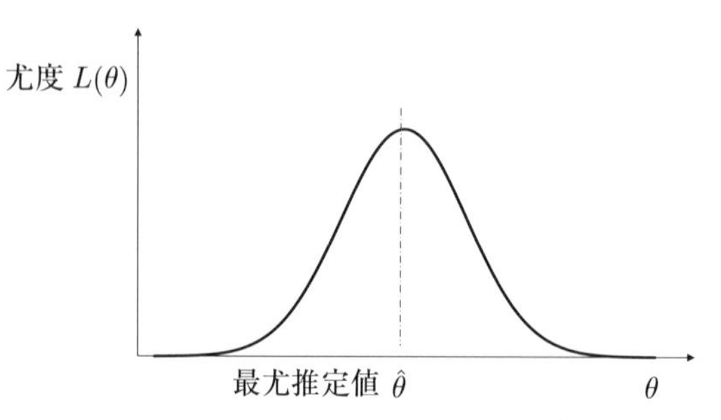

図 **5.2**：尤度 $L(\theta)$ と最尤推定値 $\widehat{\theta}$

って

$$\Pr\{X_1 = x_1, X_2 = x_2, \ldots, X_n = x_n\} = f(x_1, x_2, \ldots, x_n, \theta)$$

のように書くことができる．

この式で関数 f の型はわかっており，標本値 $x_1, x_2, \ldots, x_n$ は値が確定しているので，変数は θ のみである．この関数 $f(x_1, x_2, \ldots, x_n, \theta)$ を未知母数 θ の**尤度** (likelihood) といい，記号 $L(\theta)$ で表す．母数 θ の2個のとりうる値 θ_1, θ_2 に対して $L(\theta_1) > L(\theta_2)$ となる場合は，標本値 $x_1, x_2, \ldots, x_n$ から考えると $\theta = \theta_1$ である確率が $\theta = \theta_2$ の確率より大きいことを意味するので，θ_1 がより望ましいと考えることができる．$L(\theta)$ はこのように θ が最も適した値 $\widehat{\theta}$ をとるときに最大値となるような関数である（図5.2）．この値 $\widehat{\theta}$ を母数 θ の**最尤推定値** (maximum likelihood estimate) という．また，$\widehat{\theta}$ は標本値 $x_1, x_2, \ldots, x_n$ によって決定する値なので，$\widehat{\theta}(x_1, x_2, \ldots, x_n)$ と表すことができるが，標本値 $x_1, x_2, \ldots, x_n$ の代わりに標本変数 $X_1, X_2, \ldots, X_n$ でおきかえて得られる統計量 $\widehat{\theta} = \widehat{\theta}(X_1, X_2, \ldots, X_n)$ を**最尤推定量** (maximum likelihood estimator) という．

5.2.1　尤度の例

たとえば，二項母集団の未知母数比率を p として，無作為に実験を20回行い，事象 E が9回起きたとしよう．これは，確率 p の事象が9回と確率 $(1-p)$ の事象が $(20-9)$ 回出現し，それぞれの事象が独立である場合であるから，

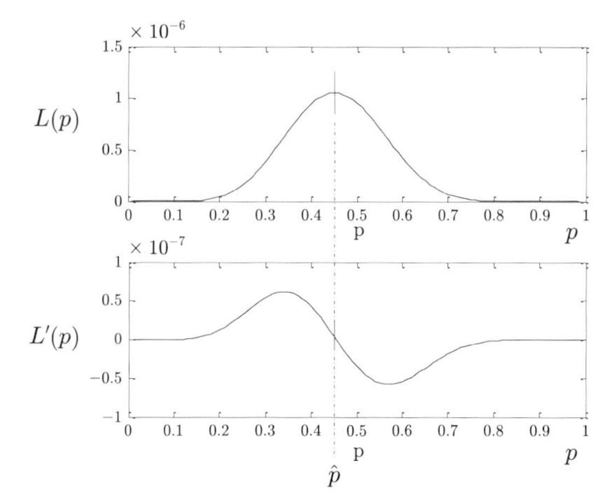

図 **5.3**：二項分布の尤度 $L(p)$

その確率は

$$L(p) = p^9(1-p)^{20-9}$$

で与えられる（標本の一つの結果が発生する確率なので，二項分布の一般式と異なり ${}_n\mathrm{C}_k$ が掛からない）.

尤度 $L(p) = p^9(1-p)^{20-9}$ を最大化するためには，$L(p)$ の微分 $L'(p)$ が 0 となる条件を求めればよい．図 5.3 は $L(p), L'(p)$ それぞれの変化を示しており，$L(p)$ が最大となる $p = \widehat{p}$ に対して $L'(p) = 0$ となっている.

一般化して，母数比率を p，試行回数（標本の大きさ）を n，事象 E が起きた回数を k とすると，尤度は

$$L(p) = p^k(1-p)^{n-k}$$

で与えられる.

母集団分布が連続型であるときは，確率密度をもって尤度を定義する．たとえば，正規母集団 $N(\theta, 1)$ から，復元抽出によって標本値 $x_1, x_2, \ldots, x_n$ が得られたとしよう．この場合確率密度関数 $f(x_i)$ $(i = 1, 2, \ldots, n)$ は 3.4 節の正規分布の説明で示したように

$$f(x_i) = \frac{1}{\sqrt{2\pi}\sigma} e^{-\frac{(x_i-\theta)^2}{2}} dx \quad (i = 1, 2, \ldots, n)$$

である．各標本は独立であり，標本値 $x_1, x_2, \ldots, x_n$ が得られる確率密度 $f(x_1, x_2, \ldots, x_n, \theta)$ はこれらの同時確率であるから，

$$f(x_1, x_2, \ldots, x_n, \theta) = \frac{1}{\sqrt{2\pi}} e^{-\frac{(x_1-\theta)^2}{2}} \times \frac{1}{\sqrt{2\pi}} e^{-\frac{(x_2-\theta)^2}{2}} \cdots \frac{1}{\sqrt{2\pi}} e^{-\frac{(x_n-\theta)^2}{2}}$$

で表される．この式を尤度 $L(\theta)$ とする．したがって，正規母集団 $N(\theta, 1)$ の母平均 θ の最尤推定量を大きさ n の標本値 $x_1, x_2, \ldots, x_n$ に対する母平均の尤度は次式で与えられる．

$$\begin{aligned} L(\theta) &= \frac{1}{\sqrt{2\pi}} e^{-\frac{(x_1-\theta)^2}{2}} \times \frac{1}{\sqrt{2\pi}} e^{-\frac{(x_2-\theta)^2}{2}} \cdots \frac{1}{\sqrt{2\pi}} e^{-\frac{(x_n-\theta)^2}{2}} \\ &= \frac{1}{(2\pi)^{n/2}} e^{-\frac{1}{2}\sum_{i=1}^{n}(x_i-\theta)^2} \end{aligned}$$

例 5.1（二項母集団比率 p の最尤推定）**．** 母集団比率 p の二項母集団から大きさ n の標本を得たとき，そのなかで母集団の属性 A をもつものが k 個であった．この結果から，母集団比率 p の最尤推定値 $\widehat{p}$ を求める．

解．母集団比率 p の尤度は前に示したように

$$L(p) = p^k (1-p)^{n-k}$$

で与えられる．尤度 $L(p)$ を最大にする $p = \widehat{p}$ を求めるために，$L(p)$ の微分 $L'(p)$ を求めると，

$$\begin{aligned} L'(p) &= kp^{k-1}(1-p)^{n-k} - (n-k)p^k(1-p)^{n-k-1} \\ &= p^{k-1}(1-p)^{n-k-1}[k(1-p) - (n-k)p] \\ &= p^{k-1}(1-p)^{n-k-1}(k-np) \end{aligned}$$

$L'(p) = 0 \ (0 < p < 1)$ より，p の最尤推定値として

$$\widehat{p} = \frac{k}{n}$$

が得られる．　□

例 5.2(正規分布の母平均の尤度)．　正規母集団 $N(\theta,1)$ の母平均 θ の最尤推定量 $\widehat{\theta}$ を求める．

解．正規母集団 $N(\theta,1)$ の母平均 θ の尤度は前に示したように

$$\begin{aligned} L(\theta) &= \frac{1}{\sqrt{2\pi}}e^{-\frac{(x_1-\theta)^2}{2}} \times \frac{1}{\sqrt{2\pi}}e^{-\frac{(x_2-\theta)^2}{2}} \cdots \frac{1}{\sqrt{2\pi}}e^{-\frac{(x_n-\theta)^2}{2}} \\ &= \frac{1}{(2\pi)^{n/2}}e^{-\frac{1}{2}\sum_{i=1}^{n}(x_i-\theta)^2} \end{aligned}$$

である．これを最大にする θ を求めることは，$\sum_{i=1}^{n}(x_i-\theta)^2$ を最小にする θ を求めることに帰着する．

$$\begin{aligned} \sum_{i=1}^{n}(x_i-\theta)^2 &= \sum_{i=1}^{n}(\theta^2-2x_i\theta+{x_i}^2) = n\theta^2-2\theta\sum_{i=1}^{n}x_i+\sum_{i=1}^{n}x_i^2 \\ &= n\left\{\theta-\frac{1}{n}\sum_{i=1}^{n}x_i\right\}^2-\left\{\frac{1}{n}\sum_{i=1}^{n}x_i\right\}^2+\sum_{i=1}^{n}x_i^2 \end{aligned}$$

この式の第 2 項以降は標本値 $x_1,x_2,\ldots,x_n$ が確定していることから固定であるので，第 1 項の

$$\left\{\theta-\frac{1}{n}\sum_{i=1}^{n}x_i\right\}^2$$

を 0 にする θ が求める $\widehat{\theta}$ である．したがって，最尤推定値は

$$\widehat{\theta} = \frac{1}{n}\sum_{i=1}^{n}x_i = \overline{x}$$

である．θ の最尤推定量は

$$\overline{X} = \frac{1}{n}\sum_{i=1}^{n}X_i = \overline{X}$$

である．　□

5.2.2　最尤方程式

尤度 $L(\theta)$ を最大化することは，尤度の対数をとった**対数尤度関数** (log-likelihood function) $\log L(\theta)$ を最大化することと同値である．このことは，対数関数は単調増加であることによって説明できる．したがって，尤度 $L(\theta)$ を最大化する条件は

$$\frac{\partial L(\theta)}{\partial \theta} = 0$$

と同時に，

$$\frac{\partial \log L(\theta)}{\partial \theta} = 0$$

である．この式を**最尤方程式** (maximum likelihood equation) という．

【例 5.1 の別解】．尤度の対数をとると

$$\log L(p) = k \cdot \log p + (n-k) \cdot \log(1-p)$$

したがって

$$\begin{aligned}\frac{\partial \log L(p)}{\partial p} &= \frac{k}{p} - \frac{n-k}{1-p} = \frac{k(1-p) - p(n-k)}{p(1-p)} \\ &= \frac{k - np}{p(1-p)} = 0\end{aligned}$$

この条件を満たす p の最尤推定値 $\widehat{p}$ は $k - np = 0$ を満足するから，

$$\widehat{p} = \frac{k}{n}$$

が得られる．　□

【例 5.2 の別解】．正規母集団 $N(\theta, 1)$ の母平均 θ の尤度は

$$L(\theta) = \frac{1}{(2\pi)^{n/2}} e^{-\frac{1}{2}\sum_{i=1}^{n}(x_i - \theta)^2}$$

である．尤度の対数をとると

$$\log L(\theta) = -\frac{n}{2}\log 2\pi - \frac{1}{2}\sum_{i=1}^{n}(x_i - \theta)^2$$

したがって

$$\frac{\partial \log L(\theta)}{\partial \theta} = \sum_{i=1}^{n}(x_i - \theta) = \sum_{i=1}^{n} x_i - n\theta = 0$$

より

$$\widehat{\theta} = \frac{1}{n}\sum_{i=1}^{n} x_i$$

が得られる. □

このように，尤度が指数あるいは指数関数の積で表現されることが多いので，その対数をとる最尤方程式のほうが扱いやすい場合が多い.

5.2.3 複数未知母数に対する最尤法

複数個の未知母数 $\theta_1, \theta_2, \ldots, \theta_k$ がある場合の最尤法について考えてみよう.

あるサークルに所属する 50 名の学生の理系か文系かの所属と，留学経験の有無を調査した結果，次表 5.1 の結果が得られた．所属と留学経験は関係がないという条件のもとで表の各度数に対する期待度数の最尤推定量を求める.

表 **5.1**：2×2 分割表

	理系	文系	計
留学したことがある	19	11	30
留学したことがない	17	3	20
計	36	14	50

この例を用いて，2×2 分割表の最尤推定について考えてみる．2×2 分割表を一般化して，表 5.2 について考えることとする．母集団の 2 つの属性 B および C がそれぞれ階級 B_1, B_2 および C_1, C_2 に分かれているものとする.

表 **5.2**：2×2 分割表（一般化）

	C_1	C_2	計
B_1	a	b	$a+b$
B_2	c	d	$c+d$
計	$a+c$	$b+d$	n

表 5.2 の 2×2 分割表について，度数 a, b, c, d に対応する期待度数を $\alpha, \beta, \gamma, \delta$ とすると

$$\alpha = n \cdot \Pr\{B_1 \cap C_1\}, \quad \beta = n \cdot \Pr\{B_1 \cap C_2\},$$
$$\gamma = n \cdot \Pr\{B_2 \cap C_1\}, \quad \delta = n \cdot \Pr\{B_2 \cap C_2\}.$$

属性 B および C の間に関係がないこと，確率で正確に表現すると属性 B および C が独立であるということにより

$$\Pr\{B_1 \cap C_1\} = \Pr\{B_1\}\Pr\{C_1\}.$$

$\Pr\{B_1\} = p$, $\Pr\{C_1\} = p'$ とおくと，$\Pr\{B_2\} = 1-p$, $\Pr\{C_1\} = 1-p'$ となる．表 5.2 の結果が起きる確率は，$B_1 \cap C_1$ が a 回，$B_1 \cap C_2$ が b 回，$B_2 \cap C_1$ が c 回，$B_2 \cap C_2$ が d 回，同時に起きる確率である．その確率を尤度 L は

$$\begin{aligned} L &= [\Pr\{B_1 \cap C_1\}]^a [\Pr\{B_1 \cap C_2\}]^b [\Pr\{B_2 \cap C_1\}]^c [\Pr\{B_2 \cap C_2\}]^d \\ &= [pp']^a [p(1-p')]^b [(1-p)p']^c [(1-p)(1-p')]^d \\ &= p^{a+b}(1-p)^{c+d} p'^{a+c}(1-p')^{b+d} \end{aligned}$$

L を最大化するには，$p^{a+b}(1-p)^{c+d}$, $p'^{a+c}(1-p')^{b+d}$ のそれぞれを最大化すればよい．

例 5.1 の結果から

$$\widehat{p} = \frac{a+b}{n}, \quad \widehat{p'} = \frac{a+c}{n}$$

が得られる．ここで，$n = a+b+c+d$ である．期待度数 $\alpha, \beta, \gamma, \delta$ の最尤推定値 $\widehat{\alpha}, \widehat{\beta}, \widehat{\gamma}, \widehat{\delta}$ は，

$$\widehat{\alpha} = n\widehat{p}\widehat{p'} = \frac{(a+b)(a+c)}{n},$$
$$\widehat{\beta} = n\widehat{p}(1-\widehat{p'}) = \frac{(a+b)(b+d)}{n},$$
$$\widehat{\gamma} = n(1-\widehat{p})\widehat{p'} = \frac{(a+c)(c+d)}{n},$$
$$\widehat{\delta} = n(1-\widehat{p})(1-\widehat{p'}) = \frac{(c+d)(b+d)}{n}.$$

表 5.1 に対しては以下の結果が得られる．

$$\widehat{\alpha} = \frac{30 \times 36}{50} = 21.6, \quad \widehat{\beta} = \frac{30 \times 14}{50} = 8.4,$$
$$\widehat{\gamma} = \frac{20 \times 36}{50} = 14.4, \quad \widehat{\delta} = \frac{20 \times 14}{50} = 5.6.$$

（まとめ）最尤推定

尤度 (likelihood) $L(\theta)$：標本 $x_1, x_2, \ldots, x_n$ の結果の出現確率を，母数 θ を含む関数で表現したもの．θ が最適値 $\widehat{\theta}$ をとるときに最大値となる．

最尤推定値 (maximum likelihood estimate) $\widehat{\theta}$：尤度 $L(\theta)$ を最大化する θ の値 $\widehat{\theta}$.

最尤推定量 $\widehat{\theta}(X_1, X_2, \ldots, X_n)$：最尤推定値 $\widehat{\theta}$ を標本変数 $X_1, X_2, \ldots, X_n$ の関数で表現したもの．

対数尤度関数 (log-likelihood function)：尤度の対数をとった関数 $\log L(\theta)$．$L(\theta)$ が最大値をとるときに $\log L(\theta)$ も最大値をとる．

最尤方程式 (maximum likelihood equation)：$L(\theta)$ および $\log L(\theta)$ の同時最大化条件式．最尤推定値を求めるために使う．

$$\frac{\partial \log L(\theta)}{\partial \theta} = 0$$

問題 5.1.　人口約 100 万人のある県で，子供が 3 人いる 300 世帯を無作為抽出して，子供の性別構成を調べたところ，次の表の結果を得た．この県で出生する男女の性別について，男児である確率 p の最尤推定量を求めよ．

性別構成	男	0	1	2	3	計
	女	3	2	1	0	
度数		38	120	112	30	300

問題 5.2. ある大学のクラスの学生に対して，スポーツの習慣と，肥満度を調べたところ，以下の表のようになった．スポーツ習慣と肥満度が独立であるという仮定のもとで，表のそれぞれの項目に対する期待度数の最尤推定量を求めよ．

	肥満している	肥満していない	計
スポーツの習慣がある	6	34	40
スポーツの習慣がない	11	32	43
計	17	66	83

5.3 区間推定

この節では信頼区間について学ぶ．点推定の最尤推定法は，最も信頼できる量（式）あるいは値を求めるものであった．これは，最も信頼できる点を推定する方法であり，統計を理解するために有効な手段ではあるが，最尤値前後の状況を把握できる手段ではない．最尤値近傍は最尤値と同様に信頼度が高いが，そこから離れた値がどの程度信頼できるかは不明である．そこで，推定に対する信頼できる区間について確率分布に基づいて明らかにする方法が**区間推定** (interval estimation) である．区間推定は0と1の間の数 α に対して $\Pr\{a \leq \widehat{\mu} \leq b\} = 1-\alpha$ となるような区間 $[a,b]$ を得る方法である．確率 $1-\alpha$ $(0<\alpha<1)$ を**信頼係数** (coefficient) といい，この区間 $[a,b]$ を**信頼区間** (confidence interval) という．たとえば，信頼係数が0.95のときは $\alpha = 0.05$ である．

信頼区間は確率密度分布が高い領域を中心にとり，信頼区間から外れたとこ

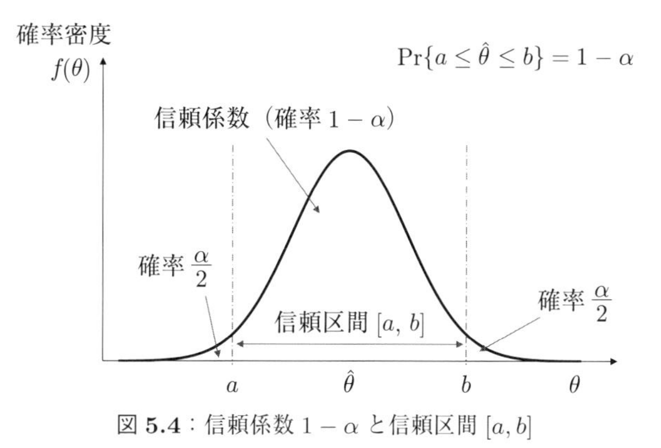

図 **5.4**：信頼係数 $1-\alpha$ と信頼区間 $[a, b]$

ろを信頼度の低い領域とするが，目的に応じて外れ領域を片側にとる**片側信頼区間** (one-sided confidence interval) と図 5.4 のように両側にとる**両側信頼区間** (two-sided confidence interval) がある．片側か両側かは目的に応じて選択を行う．たとえば母平均からの偏差が大きすぎる場合にのみ不都合が生じるようなシステム設計を行なっている場合には，母平均近傍の確率が低くても除外対象にはならず，偏差が大きくなるほうのみを除外する片側信頼区間を選択する．

5.3.1　母分散 $\boldsymbol{\sigma^2}$ が既知の正規母集団の母平均 $\boldsymbol{\mu}$ の区間推定

（復習：標本平均 $\overline{X}$ の分布）母集団が正規分布 $N(\mu, \sigma^2)$ に従い，母平均 μ が未知，分散 σ^2 が既知である場合を考える．定理 4.2 から，標本平均 $\overline{X}$ の分布は，$N(\mu, \sigma^2/n)$ に従う．したがって，$Z = (\overline{X} - \mu)/(\sigma/\sqrt{n})$ は正規分布 $N(0, 1)$ に従う．規準正規分布に従う確率変数 Z に対して分布関数は

$$\phi(z) = \Pr\{-\infty < Z \leq z\}$$

で与えられる．

以上のことを前提として，信頼係数を $0.90, 0.95, 0.99$ の 3 通りについて，

標本値から母平均 μ の信頼区間を求める方法を考える．信頼係数を $1-\alpha$ $(0 < \alpha < 1)$ とした場合，図 5.4 に示すように，両側の信頼区間から外の確率が左右それぞれに $\alpha/2$ となるように信頼区間を決める．したがって，

$$\phi(z) = \Pr\{-\infty < Z \leq z\} = 1 - \frac{\alpha}{2}$$

となるような z をとってくれば，

$$\Pr\{|Z| \leq z\} = 1 - \alpha$$

となることは明らかである．信頼係数が $0.90, 0.95, 0.99$ の場合，確率 $\alpha/2$ はそれぞれ $0.05, 0.025, 0.005$，確率 $(1 - \frac{\alpha}{2})$ はそれぞれ $0.95, 0.975, 0.995$ となる．$\phi(z) = 1-\frac{\alpha}{2}$ となる z の値は付表 A.2 を用いて，それぞれ $1.64, 1.96, 2.58$ が得られる．以上をまとめると，

$$\Pr\{|Z| \leq 1.64\} = 0.90,$$
$$\Pr\{|Z| \leq 1.96\} = 0.95,$$
$$\Pr\{|Z| \leq 2.58\} = 0.99$$

が得られる．$Z = (\overline{X} - \mu)/(\sigma/\sqrt{n})$ であるから，信頼係数が 0.90 の場合は，

$$\begin{aligned}
\Pr\{|Z| \leq 1.64\} &= \Pr\{-1.64 \leq Z \leq 1.64\} \\
&= \Pr\{-1.64 \leq (\overline{X} - \mu)/(\sigma/\sqrt{n}) \leq 1.64\} \\
&= \Pr\{-1.64\sigma/\sqrt{n} \leq \overline{X} - \mu \leq 1.64\sigma/\sqrt{n}\} \\
&= \Pr\{-1.64\sigma/\sqrt{n} \leq \mu - \overline{X} \leq 1.64\sigma/\sqrt{n}\} \\
&= \Pr\{\overline{X} - 1.64\sigma/\sqrt{n} \leq \mu \leq \overline{X} + 1.64\sigma/\sqrt{n}\} = 0.90
\end{aligned}$$

となる．このことから信頼係数が 0.90 の母平均 μ の信頼区間は，標本平均 $\overline{X}$ に基づいて，$[\overline{X} - 1.64\sigma/\sqrt{n}, \overline{X} + 1.64\sigma/\sqrt{n}]$ で与えられる．この式が意味することは，μ が区間 $[\overline{X} - 1.64\sigma/\sqrt{n}, \overline{X} + 1.64\sigma/\sqrt{n}]$ に含まれる確率は 0.90 である，ということである．標本の大きさ n が増すほど，この区間を狭くすることができる．すなわち，より有効な区間推定となる．同様に，信頼係数が $0.95, 0.99$ の信頼区間はそれぞれ

$$[\overline{X}-1.96\sigma/\sqrt{n}, \overline{X}+1.96\sigma/\sqrt{n}] \quad (信頼係数\ 0.95),$$
$$[\overline{X}-2.58\sigma/\sqrt{n}, \overline{X}+2.58\sigma/\sqrt{n}] \quad (信頼係数\ 0.99)$$

で与えられる．

（補足）　正規母集団の区間推定について述べたが，一般に母集団の確率分布が未知である場合も多い．しかし，母集団の分布が未知であっても標本個数 n を十分に大きくとれば，標本平均 $\overline{X}$ が正規分布 $N(\mu, \sigma^2/n)$ で近似できることが中心極限定理によって与えられるので，標本実験から母平均 μ や母分散 σ^2 を明らかにすることができる．

例 5.3　分散が 0.058 である正規母集団から大きさ 5 の標本をとって，特性 X の値を調べたところ，次の結果を得た．母平均 μ の信頼係数 95% の信頼区間を求めよ．

$$2.43 \quad 1.89 \quad 2.37 \quad 2.30 \quad 1.74$$

解．母平均 μ の信頼係数 95% の信頼区間は，$[\overline{X}-1.96\sigma/\sqrt{n}, \overline{X}+1.96\sigma/\sqrt{n}]$ で与えられる．標本平均 $\overline{X} = (2.43+1.89+2.37+2.30+1.74)/5 = 2.146$，母標準偏差 $\sigma = \sqrt{0.058} = 0.241$ なので信頼区間は $[\overline{X}-1.96\sigma/\sqrt{n}, \overline{X}+1.96\sigma/\sqrt{n}] = [1.935, 2.357]$ である．□

5.3.2　母分散 σ^2 が未知の正規母集団の母平均 μ の区間推定

正規母集団の平均 μ が未知のときに，信頼係数 $1-\alpha$ について，標本値から母平均 μ の信頼区間を求める方法を考える．5.3.1 項の例では，規準正規分布を使って区間推定を行うことができたが，母分散 σ^2 が未知の場合は，「標本平均 $\overline{X}$ の分布は，$N(\mu, \sigma^2/n)$ に従う」の仮定が使えない．母分散の推定量として不偏分散 U^2 があるが直接 σ^2 の代用はできない．したがって $\overline{X}, U^2$ に関する確率分布 F 分布を使う．

（復習：F 分布に従う統計量）分散が未知の正規母集団からの大きさ n の標本 $X_1, X_2, \ldots, X_n$ の標本平均を $\overline{X}$ とする．標本平均 $\overline{X}$ からの偏差の平方の和

$$S = (X_1 - \overline{X})^2 + (X_2 - \overline{X})^2 + \cdots + (X_n - \overline{X})^2$$

を $n-1$ で割ったものを U^2 とすると

$$U^2 = \frac{S}{n-1} = \frac{1}{n-1}\sum_{i=1}^{n}(X_i - \overline{X})^2$$

この U^2 を不偏分散という．このとき，統計量

$$F = \frac{(\overline{X}-\mu)^2}{U^2/n}$$

は自由度対 $[1, n-1]$ の F 分布に従う．

α $(0 < \alpha < 1)$ に対して自由度対 $[1, n-1]$ の α 点を $F_{n-1}^{1}(\alpha)$ とすると

$$\Pr\left\{F = \frac{(\overline{X}-\mu)^2}{U^2/n} \geq F_{n-1}^{1}(\alpha)\right\} = \alpha$$

※ $F_{n-1}^{1}(\alpha)$ は付表 A.11 にて求める．あるいは，Excel や MATLAB 関数で求める．

大きさ n の標本 $X_1, X_2, \ldots, X_n$ の標本平均を $\overline{X}$ とする場合，$F = \frac{(\overline{X}-\mu)^2}{U^2/n}$ は，自由度対 $[1, n-1]$ の F 分布に従う．等価の式変形により

$$\begin{aligned}
&\Pr\left\{F = \frac{(\overline{X}-\mu)^2}{U^2/n} \geq F_{n-1}^{1}(\alpha)\right\} = \alpha \\
&\Pr\left\{F = \frac{(\overline{X}-\mu)^2}{U^2/n} \leq F_{n-1}^{1}(\alpha)\right\} = 1-\alpha \\
&\quad = \Pr\left\{-U\sqrt{\frac{F_{n-1}^{1}(\alpha)}{n}} \leq \mu - \overline{X} \leq \sqrt{\frac{F_{n-1}^{1}(\alpha)}{n}}\right\} \\
&\quad = \Pr\left\{\overline{X} - U\sqrt{\frac{F_{n-1}^{1}(\alpha)}{n}} \leq \mu \leq \overline{X} + U\sqrt{\frac{F_{n-1}^{1}(\alpha)}{n}}\right\}
\end{aligned}$$

が得られる．したがって，母平均 μ の信頼係数 $1-\alpha$ の信頼区間は

$$\left[\overline{X} - U\sqrt{\frac{F_{n-1}^{1}(\alpha)}{n}} \leq \mu \leq \overline{X} + U\sqrt{\frac{F_{n-1}^{1}(\alpha)}{n}}\right]$$

である．$\overline{X}, U$ の実現値 $\overline{x}, u$ が与えられると

$$\left[\overline{x} - u\sqrt{\frac{F_{n-1}^{1}(\alpha)}{n}} \leq \mu \leq \overline{x} + u\sqrt{\frac{F_{n-1}^{1}(\alpha)}{n}}\right]$$

である．例えば，標本の大きさが 5 で，信頼係数 95% の場合，$F = \frac{\overline{X}-\mu)^2}{U^2/n}$ は，自由度対 $[1, 5-1]$ の F 分布に従う．$\alpha = 0.05$ なので，付表 A.11 により $F_{n-1}^{1}(\alpha) = 7.71$ であることから，信頼区間は $[\overline{x} - 1.242u, \overline{x} + 1.242u]$ である．

例 5.4 分散が未知である正規母集団から大きさ 5 の標本をとって，特性 X の値を調べたところ，次の結果を得た．母平均 μ の信頼係数 95% の信頼区間を求めよ．

2.43　1.89　2.37　2.30　1.74

解．分散が未知であるため，$F = \frac{(\overline{X}-\mu)^2}{U^2/n}$ が自由度対 $[1, n-1]$ の F 分布に従うことを使う．母平均 μ の信頼係数 $1-\alpha$ の信頼区間は，

$$\left[\overline{x} - u\sqrt{\frac{F_{n-1}^{1}(\alpha)}{n}} \leq \mu \leq \overline{x} + u\sqrt{\frac{F_{n-1}^{1}(\alpha)}{n}}\right]$$

である．ここで，$\alpha = 0.05, n = 5,$

- 標本平均：$\overline{x} = (2.43 + 1.89 + 2.37 + 2.30 + 1.74)/5 = 2.146$
- α 点：$F_{n-1}^{1}(\alpha) = F_{4}^{1}(0.05) = 7.71$（付表 A.11 より）
- 不偏分散：$u^2 = \frac{1}{4}\{(2.43-2.15)^2 + (1.89-2.15)^2 + (2.37-2.15)^2 + (2.30-2.15)^2 + (1.74-2.15)^2\} = 0.096$
- 不偏標準偏差：$u = \sqrt{0.096} = 0.310$

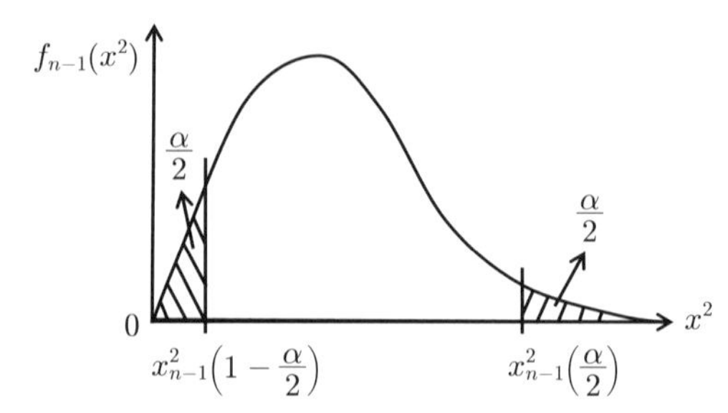

図 **5.5**：カイ二乗分布の両側信頼区間の $(1-\frac{\alpha}{2})$ 点と $\frac{\alpha}{2}$ 点

- 信頼区間：$\left[\overline{x} - u\sqrt{\frac{F^1_{n-1}(\alpha)}{n}}, \overline{x} + u\sqrt{\frac{F^1_{n-1}(\alpha)}{n}}\right] = [1.761, 2.531]$

である．□

5.3.3　母平均 $\boldsymbol{\mu}$ が未知の正規母集団の母分散 $\boldsymbol{\sigma^2}$ の区間推定

正規母集団の平均 μ が未知のときに，信頼係数 $1-\alpha$ について，標本値から母分散 σ^2 の信頼区間を求める方法を考える．

（復習：カイ二乗分布に従う統計量）母平均 μ が未知の正規母集団からの大きさ n の標本 $X_1, X_2, \ldots, X_n$ の標本平均を $\overline{X}$ とする．標本平均 $\overline{X}$ からの偏差の平方の和を

$$S = (X_1 - \overline{X})^2 + (X_2 - \overline{X})^2 + \cdots + (X_n - \overline{X})^2$$

とするとき

$$\chi^2 = \frac{S}{\sigma^2} = \frac{1}{\sigma^2}\sum_{i=1}^{n}(X_i - \overline{X})^2$$

は自由度 $n-1$ のカイ二乗分布に従う．

信頼係数を $1-\alpha$ としたとき，図 5.5 に示すように χ^2 の出現確率の低い点に対応する分散 σ^2 は存在しがたいので，$(1-\frac{\alpha}{2})$ 点と $\frac{\alpha}{2}$ 点を使った両側信頼区間を適用する．

$$\Pr\left\{x_{n-1}^2\left(1-\frac{\alpha}{2}\right) \leq \chi^2 \leq x_{n-1}^2\left(\frac{\alpha}{2}\right)\right\} = 1-\alpha$$

から信頼区間を求める．

$$S = (X_1 - \overline{X})^2 + (X_2 - \overline{X})^2 + \cdots + (X_n - \overline{X})^2$$

として

$$\begin{aligned}
\chi^2 &= \frac{S}{\sigma^2}, \\
\Pr&\left\{x_{n-1}^2\left(1-\frac{\alpha}{2}\right) \leq \chi^2 \leq x_{n-1}^2\left(\frac{\alpha}{2}\right)\right\} \\
&= \Pr\left\{x_{n-1}^2\left(1-\frac{\alpha}{2}\right) \leq \frac{S}{\sigma^2} \leq x_{n-1}^2\left(\frac{\alpha}{2}\right)\right\} \\
&= \Pr\left\{\frac{1}{x_{n-1}^2\left(\frac{\alpha}{2}\right)} \leq \frac{\sigma^2}{S} \leq \frac{1}{x_{n-1}^2\left(1-\frac{\alpha}{2}\right)}\right\} \\
&= \Pr\left\{\frac{S}{x_{n-1}^2\left(\frac{\alpha}{2}\right)} \leq \sigma^2 \leq \frac{S}{x_{n-1}^2\left(1-\frac{\alpha}{2}\right)}\right\} = 1-\alpha
\end{aligned}$$

が得られる．したがって，母分散 σ^2 の信頼係数 $1-\alpha$ の信頼区間は

$$\left[\frac{S}{x_{n-1}^2(\frac{\alpha}{2})}, \frac{S}{x_{n-1}^2(1-\frac{\alpha}{2})}\right]$$

である．S の実現値 s が与えられると

$$\left[\frac{s}{x_{n-1}^2(\frac{\alpha}{2})}, \frac{s}{x_{n-1}^2(1-\frac{\alpha}{2})}\right]$$

である．$(1-\frac{\alpha}{2})$ 点と $\frac{\alpha}{2}$ 点は，付表 A.5 から得る．

例 5.5　ある試料の抵抗値の測定を 11 回行なったところ

28.0 27.7 27.0 27.7 25.7 27.7 28.3 27.8 26.5 26.4 27.1（いずれも単位はΩ）

であった．この抵抗値の測定結果の母分散 σ^2 の信頼係数 98% の信頼区間を求めよ．ただし，母平均 μ は未知である．

解．母平均 μ が未知の正規母集団において，標本平均 $\overline{X}$ に対して，

$$S = (X_1 - \overline{X})^2 + (X_2 - \overline{X})^2 + \cdots + (X_n - \overline{X})^2, \quad \chi^2 = \frac{S}{\sigma^2}$$

が，自由度 $n-1$ のカイ二乗分布に従うことを使う．

この場合，母分散 σ^2 の信頼係数 $1-\alpha$ の信頼区間は

$$\left[\frac{s}{x_{n-1}^2(\frac{\alpha}{2})}, \frac{s}{x_{n-1}^2(1-\frac{\alpha}{2})}\right]$$

で与えられる．ただし s は S の実現値である．$n = 11$, $\overline{x} = 27.26$, $s = 6.35$, $\alpha = 0.02$ であるから，$\frac{\alpha}{2} = 0.01$, $1 - \frac{\alpha}{2} = 0.99$.

したがって，$x_{n-1}^2(\frac{\alpha}{2}) = 23.209$, $x_{n-1}^2(1-\frac{\alpha}{2}) = 2.558$（付表A.5より）．母分散 σ^2 の信頼係数 98% の信頼区間は

$$\left[\frac{6.35}{23.209}, \frac{6.35}{2.558}\right] = [0.27, 2.48]$$

である．□

5.3.4　母平均 μ が既知の正規母集団の母分散 σ^2 の区間推定

正規母集団の平均 μ が既知のときに，信頼係数 $1-\alpha$ について，標本値から母分散 σ^2 の信頼区間を求める方法を考える．

（復習：カイ二乗分布に従う統計量 2）母平均 μ の正規母集団からの大きさ n の標本 $X_1, X_2, \ldots, X_n$ に対して

$$\chi^2 = \frac{1}{\sigma^2}\sum_{i=1}^{n}(X_i - \mu)^2$$

は自由度 n のカイ二乗分布に従う．

母平均既知の場合の母分散 σ^2 の信頼係数 $1-\alpha$ の信頼区間は

$$\begin{aligned}
&\Pr\left\{x_n^2\left(1-\frac{\alpha}{2}\right) \leq \chi^2 \leq x_n^2\left(\frac{\alpha}{2}\right)\right\} \\
&\quad = \Pr\left\{x_n^2\left(1-\frac{\alpha}{2}\right) \leq \frac{1}{\sigma^2}\sum_{i=1}^{n}(X_i-\mu)^2 \leq x_n^2\left(\frac{\alpha}{2}\right)\right\} \\
&\quad = \Pr\left\{\frac{\sum_{i=1}^{n}(X_i-\mu)^2}{x_n^2(\frac{\alpha}{2})} \leq \sigma^2 \leq \frac{\sum_{i=1}^{n}(X_i-\mu)^2}{x_n^2(1-\frac{\alpha}{2})}\right\} = 1-\alpha
\end{aligned}$$

が得られる．したがって，母分散 σ^2 の信頼係数 $1-\alpha$ の信頼区間は

$$\left[\frac{\sum_{i=1}^{n}(X_i-\mu)^2}{x_n^2(\frac{\alpha}{2})}, \frac{\sum_{i=1}^{n}(X_i-\mu)^2}{x_n^2(1-\frac{\alpha}{2})}\right]$$

である．標本値 X_i の実現値 x_i が与えられると

$$\left[\frac{\sum_{i=1}^{n}(x_i-\mu)^2}{x_n^2(\frac{\alpha}{2})}, \frac{\sum_{i=1}^{n}(x_i-\mu)^2}{x_n^2(1-\frac{\alpha}{2})}\right]$$

である．

例 5.6　ある試料の抵抗値の測定を 11 回行なったところ

28.0 27.7 27.0 27.7 25.7 27.7 28.3 27.8 26.5 26.4 27.1（いずれも単位はΩ）

であった．この抵抗値の測定結果の母分散 σ^2 の信頼係数 98% の信頼区間を求めよ．ただし，母平均 μ は 27.26 である．

解．母平均 $\mu = 27.26$ の正規母集団において

$$\chi^2 = \frac{1}{\sigma^2}\sum_{i=1}^{n}(X_i-\mu)^2$$

は自由度 n のカイ二乗分布に従う．

この場合，母分散 σ^2 の信頼係数 $1-\alpha$ の信頼区間は

$$\left[\frac{\sum_{i=1}^{n}(x_i-\mu)^2}{x_n^2(\frac{\alpha}{2})}, \frac{\sum_{i=1}^{n}(x_i-\mu)^2}{x_n^2(1-\frac{\alpha}{2})}\right]$$

で与えられる．$n = 11$, $\mu = 27.26$, $\sum_{i=1}^{n}(x_i-\mu)^2 = 6.35$, $\alpha = 0.02$ であるから，$\frac{\alpha}{2} = 0.01$, $1-\frac{\alpha}{2} = 0.99$.

したがって，$x_n^2(\frac{\alpha}{2}) = 24.775$, $x_n^2(1-\frac{\alpha}{2}) = 3.053$（付表A.5より），母分散

σ^2 の信頼係数98% の信頼区間は

$$\left[\frac{6.35}{24.775}, \frac{6.35}{3.053}\right] = [0.26, 2.08]$$

である. □

（まとめ）区間推定

区間推定 (interval estimation)：未知母数 θ に対して $\Pr\{a \leq \widehat{\theta} \leq b\} = 1 - \alpha$(信頼係数) となるような区間 $[a, b]$ (信頼区間) を得る方法や式のこと.

信頼係数 (coefficient)：未知母数が信頼区間に含まれる確率のこと. $1-\alpha$ で表す. たとえば信頼係数 0.95 の場合 α は 0.05 である.

α : 外れ値（まれ）となる確率

信頼区間 (confidence interval)：区間推定によって求まる区間 $[a, b]$ のこと

(1) 母分散 σ^2 が既知の正規母集団の母平均 μ の区間推定

$$[\overline{X} - 1.96\sigma/\sqrt{n}, \overline{X} + 1.96\sigma/\sqrt{n}] \quad (\text{信頼係数 } 0.95),$$
$$[\overline{X} - 2.58\sigma/\sqrt{n}, \overline{X} + 2.58\sigma/\sqrt{n}] \quad (\text{信頼係数 } 0.99)$$

(2) 母分散 σ^2 が未知の正規母集団の母平均 μ の区間推定

$$\left[\overline{x} - u\sqrt{\frac{F^1_{n-1}(\alpha)}{n}}, \overline{x} + u\sqrt{\frac{F^1_{n-1}(\alpha)}{n}}\right]$$

(3) 母平均 μ が未知の正規母集団の母分散 σ^2 の区間推定

$$\left[\frac{s}{x^2_{n-1}(\frac{\alpha}{2})}, \frac{s}{x^2_{n-1}(1-\frac{\alpha}{2})}\right]$$

(4) 母平均 μ が既知の正規母集団の母分散 σ^2 の区間推定

$$\left[\frac{\sum_{i=1}^n (x_i - \mu)^2}{x^2_n(\frac{\alpha}{2})}, \frac{\sum_{i=1}^n (x_i - \mu)^2}{x^2_n(1-\frac{\alpha}{2})}\right]$$

問題 5.3. 正規分布 $N(\mu, \sigma^2)$ の母集団の平均 μ が未知のとき，10 個の標本 $X_1, X_2, \ldots, X_{10}$ から μ の信頼度 99% の信頼区間を求める式を以下の手順に従って導出しなさい.

(1) 標本平均 $\overline{X}$ の分散と標準偏差を求めよ.

(2) $\Pr\{|\overline{X}-\mu|/\sigma(\overline{X}) < a\} = 0.99$ となる a の値を求めよ．

(3) μ の信頼度 99% の信頼区間を求めよ．

問題 5.4.　正規分布 $N(\mu, \sigma^2)$ 母集団の平均 μ と分散 σ^2 がともに未知のとき，10 個の標本 $X_1, X_2, \ldots, X_{10}$ から μ の信頼度 99% の信頼区間を求める式を以下の手順に従って導出しなさい．

(1) 母集団の平均 μ と分散 σ^2，それぞれを推定する式を記述せよ．

(2) 標本 X_i の分散の不偏推定量 u^2 を求めよ．

(3) $(\overline{X}-\mu)^2/(u^2/10)$ はどのような分布に従うかを答えよ．

(4) $\Pr\{(\overline{X}-\mu)^2/(u^2/10) < a\} = 0.99$ となる a の値を求めよ．

(5) μ の信頼度 99% の信頼区間を求めよ．

問題 5.5.　平均 μ と分散 σ^2 がともに未知の抵抗の測定値が正規分布 $N(\mu, \sigma^2)$ に従うことがわかっており，10 個の標本の値がそれぞれ

$$100.2, 100.1, 99.8, 100.8, 99.6, 99.8, 100.2, 100.1, 99.8, 100.2 \text{（単位は}\Omega\text{）}$$

であったとする．

(1) 母平均 μ の信頼係数 95% の区間推定を行いなさい．

(2) 母分散 σ^2 の信頼係数 95% の区間推定を行いなさい．

5.4　数値計算による推定

5.4.1　数値微分と数値積分

微分積分を解析的に解くことも有用であるが，式が複雑である場合や明確に定義されていない場合などは解析的に解くことが困難である場合がある．そのような場合は，数値処理による微分，積分が使える．

まずは，簡単な数値微分を試してみることとする．

$$y = f(x)$$

の微分関数を $f'(x)$ とするとき

$$f'(x) = \frac{df(x)}{dx} = \lim_{h\to 0}\frac{f(x+h)-f(x)}{h}$$

であるから十分小さな値 Δx を考えた場合に

$$f'(x) \approx \frac{f(x+\Delta x) - f(x)}{\Delta x}$$

を使って近似する．このような微分計算は画像処理や信号処理，シミュレーションなどのコンピュータを用いた離散型の数値計算ではよく用いられる．

次に，数値積分は例えば以下のように行うことで計算ができる．$f(x)$ の 0 から x の積分 $F(x)$ は

$$F(x) = \int_0^x f(x)dx$$

$F(x)$ の導出は，初期値 $F(0)$ の設定と

$$F(x+\Delta x) = F(x) + f(x)\Delta x$$

の繰り返しによって求めることができる．

【練習課題 5.1】（数値微分と数値積分）．

(1) x を $-2 \sim 4$ まで，$\Delta x = 0.01$ として下記の値をプロットしなさい．

(2) $f(x) = \frac{1}{\sqrt{2\pi}} e^{-\frac{(x_i-1)^2}{2}}$ としなさい．

(3) $\frac{f(x+\Delta x)-f(x)}{\Delta x}$ は，Δx が小さければ近似的に $f(x)$ の微分と等しい．これをプロットし微分の意味を考えなさい．

(4) $F(x+\Delta x) = F(x) + f(x)\Delta x$（累積：ただし，$F(x)$ の初期値 $F(0)$ は 0 とする）は，Δx が小さければ近似的に x の積分と等しい．これをプロットし積分の意味を考えなさい．

（MATLAB プログラム例）　図 5.6 にプログラム例を示す．変数 x の領域を $-2 \leq x \leq 4$，刻み幅を $dx = 0.01$ として x の配列を生成する．x のそれぞれの値に対して $y = f(X)$ の値を定義に基づいて作成する．`sqrt` はルート関数，`pi` $= \pi$ である．次に微分を `yd` に，積分を `yi` にそれぞれ定義に基づいて作成する．`y(2:end)` は配列 `y` の $2 \sim$ end（最大値）を取り出したものである．`subplot(3,1,1)` はプロット図の出力を縦 3 段に分割し，その最上部を表示先として設定する関数である．プロットの最上段に $f(x)$，中段に微分 $f'(x)$，下

```
clc;clear;close all;
dx=0.01;
x = -2:dx:4; %-2 ≦ x<4
y=(1/sqrt(2*pi))*exp(-(x-1).^2/2); %y=f(X)

yd = (y(2:end) - y(1:end-1))/dx; %微分計算
yi(1) = y(1)*dx;
for k = 2:length(y)
    yi(k) = yi(k-1)+y(k)*dx; %積分計算
end

subplot(3,1,1); plot(x,y);
grid on; xlabel('x'); ylabel('f(x)');
subplot(3,1,2);plot(x(1:end-1)+0.01/2,yd); title('微
分');
grid on; xlabel('x'); ylabel('df/dx');
subplot(3,1,3);plot(x,yi); title('積分');
grid on; xlabel('x'); ylabel('F(x)');
```

図 **5.6**：数値微積分のプログラムコード例

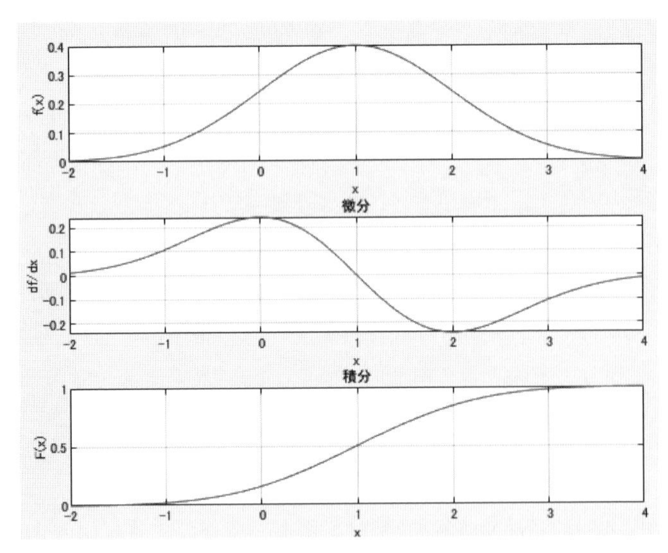

図 **5.7**：数値微積分のプロット結果

段に積分 $F(x)$ を表示する．結果のプロットを図 5.7 に示す．

なお，より詳しい数値微分，数値積分に関しては，オイラー法やルンゲクッタ法などさまざまな有効手法が提案されているので，数値解析に関してより深

く学びたい読者は関連図書を調べられたい.

5.4.2 二項母集団の母集団比率 p の最尤推定

【練習課題 5.2】母集団比率 p の二項母集団から大きさ n の標本のうち，母集団属性 A をもつものが k 個であるとき，母数 p の尤度は次式で与えられる.

$$L(p) = p^k(1-p)^{n-k}$$

このとき，最尤法により $\widehat{p}$ を求めることとする．ただし，n, k が与えられたときに，微分の公式を使わずに以下の手順で近似解を見出しなさい.

(1) p を 0 ～ 1 まで 0.01 刻みで $L(p)$ の値をプロットする.

(2) $L'(\widehat{p}) = (L(p) - L(p-dp))/dp$ で近似できることを利用して $L'(p)$ をプロットする.

(3) 上述の結果から $L'(\widehat{p}) = 0$（または $L(\widehat{p})$ が最大）となる $\widehat{p}$ を見出す.

(4) n, k の値を変化させてみて傾向を見る.

（MATLAB プログラム例） 図 5.8 にプログラム例を示す．変数 p の領域を $0 \leq p \leq 1$，刻み幅を $dp = 0.01$ として p の配列を生成する．定義に基づいて p のそれぞれの値に対して尤度を配列 `Lp` に作成する．また，尤度の微分を配列 `Lpd` に作成する．`max(Lp)` は配列 `Lp` の最大値とその場所を検索する関数である．結果のプロットを図 5.9 に示す.

5.4.3 分散未知の場合の母平均の区間推定

【練習課題 5.3】（分散未知の場合の母平均の区間推定（例 5.4 の計算））.

(1) 分散が未知である正規母集団から大きさ 5 の標本をとって，特性 X の値を調べたところ，次の結果を得た．母平均 μ の信頼係数 95% の信頼区間を求めよ.

2.43　1.89　2.37　2.30　1.74

(2) 同じ問題に対して信頼係数を変えて実行しなさい.

（MATLAB プログラム例） 図 5.10 にプログラム例を示す．配列 x に標本,

```
clc;clear;close all;
n = 20; k = 9; %n,k
pp = 0.1; %p の真値
dp = 0.01;
p = 0:dp:1; %p を 0～1 まで，0.01 刻みで設置
Lp = p.^k.*(1 - p).^(n - k); %尤度関数 Lp
Lpd = (Lp(2:end) - Lp(1:end - 1))/dp; %L'(p) の計算
[Lp_max,im] = max(Lp); %尤度最大値の座標を探す
disp('p^='); disp(p(im)); %最尤推定値の表示

%プロット
subplot(2,1,1)%
plot(p,Lp,[p(im) p(im)],[Lp_max*0.8 Lp_max*1.2]);
xlabel('p'); ylabel('L(p)');
subplot(2,1,2)%
plot(p(2:end),Lpd,[p(im) p(im)],[min(Lpd)*0.4 max(Lpd)]*0.4);
xlabel('p'); ylabel('L'(p)');
```

図 **5.8**：尤度とその微分値を表示するプログラミングコードの例

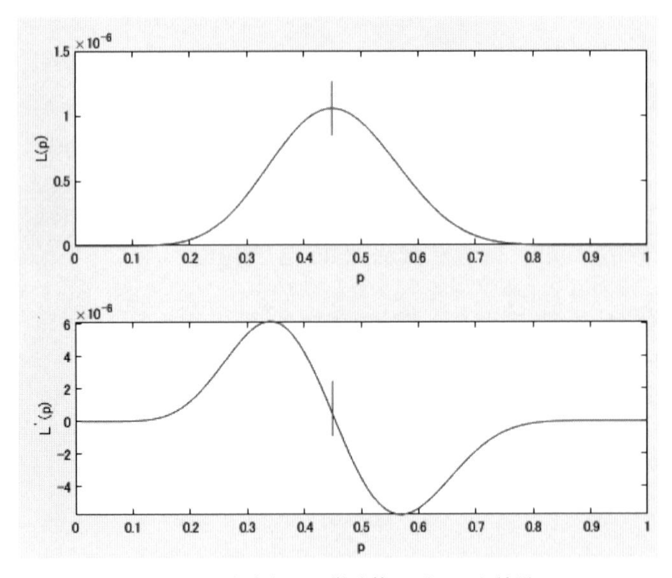

図 **5.9**：尤度とその微分値のプロット結果

```
clc;clear;close all;
x=[2.43 1.89 2.37 2.30 1.74]; %標本
a=0.05; %α
n=length(x); %標本個数
xm=mean(x); %標本平均

Fa=finv(1-a,1,n-1); %F 分布 cdf の逆関数
u2=var(x); %x の不偏分散
u=sqrt(u2); %x の不偏標準偏差
le=xm-u*sqrt(Fa/n); %信頼区間（左）
re=xm+u*sqrt(Fa/n); %信頼区間（右）
disp(le);disp(re); %結果の表示
```

図 **5.10**：例 5.4 の信頼区間を求めるプログラミングコードの例

α を $a = 0.05$，n を標本個数に設定する．標本平均 $\overline{x}$，不偏分散 u^2，不偏標準偏差 u はそれぞれ `xm`, `u2`, `u` に計算結果を入れる．不偏分散は MATLAB 関数 `var()` である．信頼区間を `[le, re]` を

$$\left[\overline{x} - u\sqrt{\frac{F_{n-1}^{1}(\alpha)}{n}}, \overline{x} + u\sqrt{\frac{F_{n-1}^{1}(\alpha)}{n}}\right]$$

に基づいて計算する．$F_{n-1}^{1}(\alpha)$ は F 分布の分布関数値が $1-\alpha$ となるような F 値であるから，分布関数の逆関数の `finv(`$1-\alpha$`, 自由度 1, 自由度 2)` を用いて計算する．実行すると信頼区間 $[1.7608, 2.5312]$ が得られる．

信頼係数を 90%, 98%, 99% に変更するためには，α を $a = 0.10, 0.02, 0.01$ に変えて実行してみるとよい．信頼区間はそれぞれ $[1.8502, 2.4418]$, $[1.6262, 2.6658]$, $[1.5073, 2.7847]$ が得られる．

5.4.4 母平均 μ 既知，母分散 σ^2 の区間推定

【練習課題 5.4】（母平均 μ 既知，母分散 σ^2 の区間推定（例 5.6 の計算））．

(1) ある試料の抵抗値の測定を 11 回行なったところ

28.0　27.7　27.0　27.7　25.7　27.7　28.3　27.8　26.5　26.4　27.1

（いずれも単位は Ω）

であった．この抵抗値の測定結果の母分散 σ^2 の信頼係数 98% の信頼区間を求めよ．ただし，母平均 μ は 27.26 である．

```
clc;clear;close all;
x=[28.0 27.7 27.0 27.7 25.7 27.7 28.3 27.8 26.5 26.4 27.1]; %
標本
a=0.02; %α
n=length(x); %標本個数
m=27.26; %母平均
d2=(x-m); %標本偏差
S=d2*d2'; %標本偏差の2乗和

Kai1=chi2inv(1-a/2,n); %a/2点
Kai2=chi2inv(a/2,n); %(1-a/2)点

le=S/Kai1; %信頼区間（左）
re=S/Kai2; %信頼区間（右）
disp(le);disp(re); %結果の表示
```

図 **5.11**：例 5.6 の信頼区間を求めるプログラミングコードの例

(2) 同じ問題に対して信頼係数を変えて実行しなさい.

（MATLAB プログラム例） 図 5.11 にプログラム例を示す．配列 x に標本，α を $a=0.02$，n を標本個数に設定する．信頼区間を `[le, re]` を

$$\left[\frac{\sum_{i=1}^{n}(x_i-\mu)^2}{x_n^2(\frac{\alpha}{2})}, \frac{\sum_{i=1}^{n}(x_i-\mu)^2}{x_n^2(1-\frac{\alpha}{2})}\right]$$

に基づいて計算する．$x_n^2(\frac{\alpha}{2})$ はカイ二乗分布の分布関数値が $\frac{\alpha}{2}$ となるようなカイ二乗値であるから，分布関数の逆関数の `chi2inv(`$\frac{\alpha}{2}$`, 自由度)` を用いて計算する．実行すると信頼区間 $[0.25662, 2.078]$ が得られる．信頼係数を 90%，95%，99% に変更するためには，α を $a=0.10$，0.05，0.01 に変えて実行してみるとよい．信頼区間はそれぞれ $[0.3225, 1.3871]$，$[0.2895, 1.6630]$，$[0.2372, 2.4376]$ が得られる．

第6章

検定

6.1　統計的仮説検定

検定とは標本調査の結果から，仮説が正しいかどうか統計的に（数学的に確率を用いて）判断するものである．前章までで，確率分布を理解したので，ある実験結果が生じたときに，それがどの程度の確率で起きるかを分析することができるようになった．標本実験の結果が発生する確率が低く，確率的判断として考えにくい（稀な）事象であった場合，実験の仮説のどこかに間違いがあったと考える判定方法である．まずは，例題に基づいて仮説と検定について考える．

6.1.1　事象の確率と統計的仮説検定

例として「正常な硬貨を無作為に10回続けて投げる実験を行なって，表が出た回数が0, 1, 9, 10回のいずれかであった」という実験結果が得られたとしよう．このように無作為標本の前提となる仮説を帰無仮説 (null hypothesis) という．

一般的に確率の問題を定義するときには，「同様に確からしい」「無作為」を前提としていたが，実場面では必ずしもそれらの前提があるわけではない．それらを確認するためには十分な量の実験と確認が必要である．さて，この実験では「正常な硬貨」「無作為に」ということは仮説である．仮説が正しければ，10回の試行のうち，0 ～ 2回表が出る確率は二項分布で計算でき0.022（約2%）である．2%という確率はどちらかというと起きにくいと考えられ，仮説が疑われる．すなわち，硬貨が歪んでいたかもしれない．投げ方に作為があったかもしれない．特別な力を使っていたかもしれない…といった具合である．

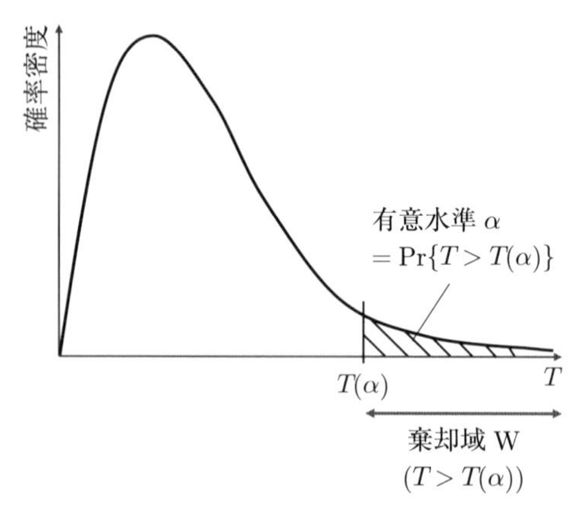

図 **6.1**：有意水準 α と棄却域 $W(T > T(\alpha))$

このような場合に事象の確率に基準を設け，試行結果を受け入れるか，棄却するかの判定を行う操作を**統計的仮説検定** (test of statistical hypothesis) という．確率分布に基づき，出現しにくく仮説を棄却する領域 W を**棄却域** (critical region) という．出現確率により判断して試行結果を棄てる基準を有意水準 (significance level) といい，5%, 1% などが選択される．

統計的仮説検定は次の手順で行う．

(A) 検定する帰無仮説 H_0 をたてる．

(B) つぎに，帰無仮説 H_0 の判定基準となる標本変数 $X_1, X_2, \ldots, X_n$ の関数で与えられる統計量 $T = T(X_1, X_2, \ldots, X_n)$ を選択し，T の確率分布を求める．

(C) 有意水準 α を決め，棄却域 $W(T > T(\alpha))$, $\Pr\{T > T(\alpha)\} = \alpha$ となる $T(\alpha)$ を求める．

(D) 標本実験によって得られる標本値 $x_1, x_2, \ldots, x_n$ に基づき $T(x_1, x_2, \ldots, x_n)$ を T の実現値 T_0 とする．$T_0 > T(\alpha)$ であれば，T_0 は棄却域にあることとなり帰無仮説 H_0 を棄てる．そうでない場合は，帰無仮説 H_0 は棄てられない．

さて，確率により仮説を疑う（棄却）か，認めるかのいずれかの判断を行うときに，仮説が正しいにもかかわらず棄却してしまう場合がある．これを**第1の過誤** (error of the first kind) という．また，逆に仮説が間違っているにも

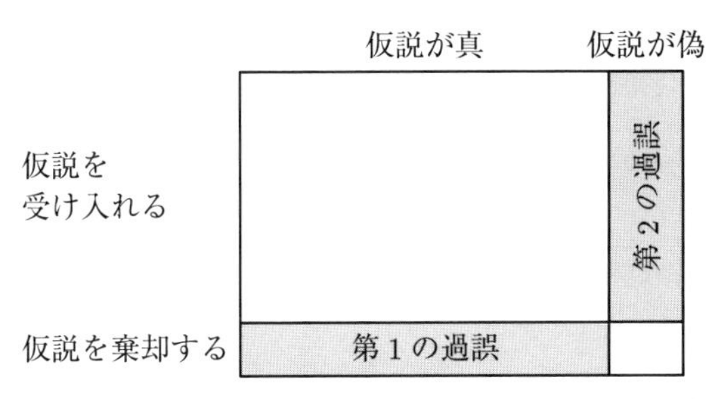

図 **6.2**：検定が間違った答えをだす場合（2種の過誤）

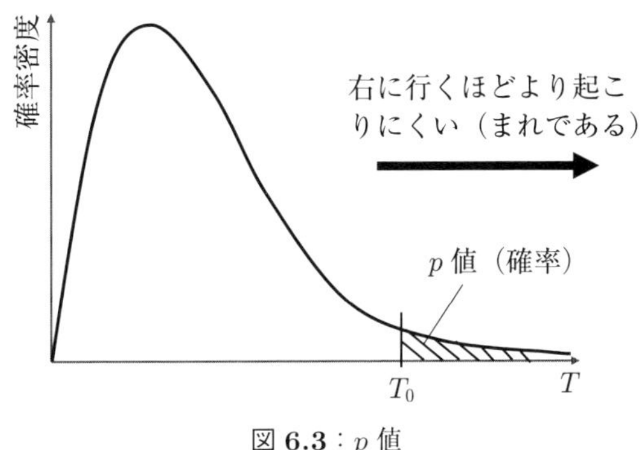

図 **6.3**：p 値

かかわらず棄てないという誤りを**第2の過誤** (error of the second kind) という（図 6.2).

6.1.2　p 値による検定

統計的仮説検定において，$\boldsymbol{p}$ **値** (p-value) が評価指標として用いられる場合がある．p 値とは帰無仮説が正しいと仮定したときに，評価のための統計量 $T = T(X_1, X_2, \ldots, X_n)$ が標本から観察された値よりも稀なことが起きる確率を示している．すなわち，T の実現値を T_0 とするとき，$\Pr\{T > T_0\}$ となる確率が p 値である．p 値が有意水準より小さい場合に帰無仮説は間違っていたと判定することによって検定を行う．実質的には前述した検定の結果と同じになる．ここで，p 値の大小によって，標本の結果がどの程度起こりにくいかの指標を得ることもできる．p 値が小さいということは，標本の結果が起こりにくい（稀である）ことを示す（図 6.3).

（まとめ）統計的仮説検定

帰無仮説 (null hypothesis)：標本実験の前提となる仮説

統計的仮説検定 (test of statistical hypothesis)：標本実験から得られる事象の確率に基準を設け，試行結果を受け入れるか，棄却するかの判定を行う操作のこと

棄却域 (critical region)：確率分布に基づき，出現しにくく仮説を棄却する領域 W.

有意水準 (significance level)：棄却と判断する基準，外れ値となる確率 α.

第1の過誤 (error of the first kind)：仮説が正しいにもかかわらず棄却してしまう誤り.

第2の過誤 (error of the second kind)：仮説が間違っているにもかかわらず棄てないという誤り.

p 値 (p-value)：統計量 $T = T(X_1, X_2, \ldots, X_n)$ が標本から観察された値よりも稀なことが起きる確率．すなわち，T の実現値を T_0 とするとき，$\Pr\{T > T_0\}$ となる確率.

6.2　分布型の適合検定（未知母数を含まない場合）

4章では例を示しながら分布型に従う統計量について述べたが，ここでは，それらの知識に基づき，実測度数と期待度数の関係から統計的仮説検定を行う例を示す．このような分布型に基づく検定を適合度検定 (test of goodness of fit) という.

（復習：実測度数と期待度数の差に関する統計）4.4.3 項より，母集団比率が p である二項母集団から大きさ n の無作為抽出の標本をとるとき，属性の出現する度数を確率変数 X とする．このとき，X は二項分布に従い，その平均と分散はそれぞれ np, npq である．

(1) n が十分大きければ統計量 $(X-np)/\sqrt{npq}$ は正規分布 $N(0,1)$ に近似できる．

(2) また，統計量

$$\chi^2 = \frac{(X-np)^2}{npq}$$

は n が十分大きければ自由度 1 のカイ二乗分布に従う．

例 6.1　人口 200 万人のある都市で通勤を要する人口のうち電車通勤をする人の割合が 70% であるという．このとき，通勤者から無作為に 300 人を選んだときに電車通勤者の数が 240 人であった．この結果は「電車通勤をする人の割合が 70% である」という仮説に従っているか（有意水準は 0.01 とする）．

解．$n=300$，電車通勤の確率は $p=0.7$ である．電車通勤者の度数を確率変数 X とするとき，X は二項分布に従い，その平均と分散はそれぞれ np, npq である．n が十分大きければ統計量 $(X-np)/\sqrt{npq}$ は正規分布 $N(0,1)$ に近似できる．$np = 300 \times 0.7 = 210$, $npq = 300 \times 0.7 \times 0.3 = 63$ なので，

$$T = \frac{X-210}{\sqrt{63}}$$

は正規分布 $N(0,1)$ に従う．有意水準を 0.01 とすると，棄却域は正規分布 $N(0,1)$ の両側の確率 0.005 の領域になる．

$$\Pr\{T < T_1\} = 0.005, \quad \Pr\{T_2 < T\} = 0.005$$

棄却域は，$T < T_1$ または $T_2 < T$

$N(0,1)$ に従う統計量 T の $\Pr\{T < T_1\} = 0.005$ となる T_1 は，付表 A.2 の規準正規分布表で，$\phi(-T_1) = 1 - 0.005$ となる T_1 を探せばよいから，$T_1 =$

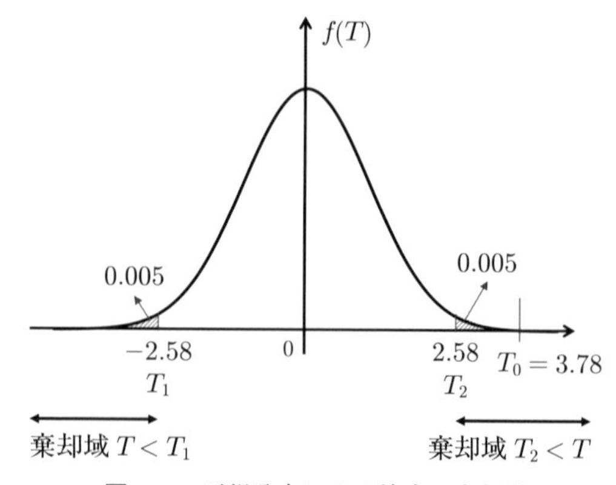

図 **6.4**：正規分布による検定の棄却域

-2.58 が得られる．$\Pr\{T_2 < T\} = 0.005$ となる T_2 は，$\phi(T_2) = 1 - 0.005$ となる T_2 を探せばよいから，$T_2 = 2.58$ である．次に実測値 240 に相当する T_0 の値は

$$T_0 = \frac{240 - 210}{\sqrt{63}} = \frac{30}{\sqrt{63}} = 3.78$$

である．これは棄却域に含まれるので仮説は棄てられる．すなわち，「電車通勤をする人の割合が 70% である」という仮説は否定される．　□

別解．$n = 300$，電車通勤の確率は $p = 0.7$ である．電車通勤者の度数を確率変数 X とするとき，X は二項分布に従い，その平均と分散はそれぞれ np, npq である．n が十分大きければ統計量 $(X - np)/\sqrt{npq}$ は正規分布 $N(0, 1)$ に近似でき，

$$\chi^2 = \frac{(X - np)^2}{npq}$$

は n が十分大きければ自由度 1 のカイ二乗分布に従う．この統計量を使って検定する．$np = 300 \times 0.7 = 210$, $npq = 300 \times 0.7 \times 0.3 = 63$ なので，

$$T = \chi^2 = \frac{(X - 210)^2}{63}$$

は自由度 1 のカイ二乗分布に従う．有意水準を 0.01 とすると，棄却域は自由

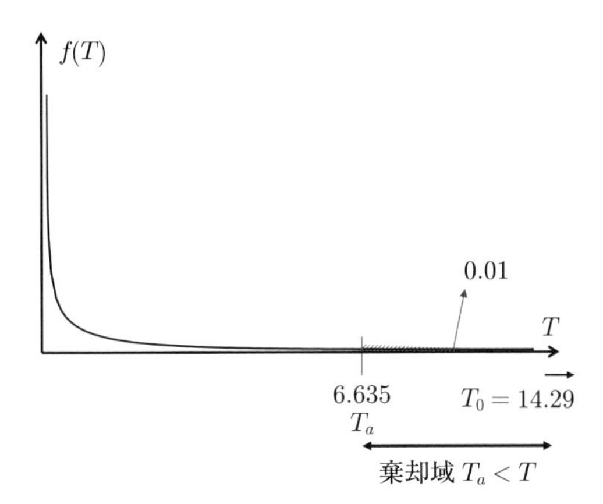

図 **6.5**：カイ二乗分布（自由度 1）による検定の棄却域

度 1 のカイ二乗分布の右側の確率 0.01 の領域になる．

$$\Pr\{T_a < T\} = 0.01$$

において棄却域は $T_a < T$ である．

自由度 1 のカイ二乗分布に従う統計量 T の $\Pr\{T_a < T\} = 0.01$ となる T_a は，付表 A.5 のカイ二乗分布表で，自由度 1，$\alpha = 0.01$ なる T_a を探せばよいから，$T_a = 6.635$ が得られる．次に実測値 240 に相当する T_0 の値は

$$T_0 = \frac{(240 - 210)^2}{63} = 14.29$$

である．これは棄却域に含まれるので仮説は棄てられる． □

（復習：実測度数と期待度数の差に関する統計）定理4.4より，母集団の属性がk個の排反な階級$A_1, A_2, \ldots, A_k$に分かれ，これらの出現確率が$p_1, p_2, \ldots, p_k$（ただし，$p_1 + p_2 + \cdots + p_k = 1$）とする．いま，大きさ$n$の標本をとるとき，$A_1, A_2, \ldots, A_k$の現れる度数を$X_1, X_2, \ldots, X_k$とし，その期待度数を$m_1, m_2, \ldots, m_k$とするとき

$$\chi^2 = \frac{(X_1 - m_1)^2}{m_1} + \frac{(X_2 - m_2)^2}{m_2} + \cdots + \frac{(X_k - m_k)^2}{m_k}$$

は，$n, m_1, m_2, \ldots, m_k$が十分に大きいとき，自由度$k-1$のカイ二乗分布に従う．

例 6.2　人口約50万人のある都市で，野球チームA, B, C, Dに対するファンの割合が下表のとおりである．このとき，無作為に抽出した400人のアンケート調査で得られたファン数が同表のとおりであった．この調査結果は「野球チームA, B, C, Dに対するファンの割合が下表のとおりである」という仮説に従っているか．有意水準は0.01とする．

表 6.1：野球チームA, B, C, Dに対するファン比率と調査結果

	A	B	C	D	合計
ファン比率(%)	35	30	20	15	100
期待度数	140	120	80	60	400
調査結果	165	113	75	47	400

解．野球チームA, B, C, Dのファン数の期待度数は140　120　80　60である．定理4.4から

$$\chi^2 = \sum_{i=1}^{k} \frac{(X_i - m_i)^2}{m_i}$$

は自由度3のカイ二乗分布に従うことがわかる．

有意水準を0.01とすると，棄却域は自由度3のカイ二乗分布の右側の確率

0.01 の領域になる．

$$\Pr\{T_a < T\} = 0.01$$

において棄却域は $T_a < T$ である．

自由度 3 のカイ二乗分布に従う統計量 T の $\Pr\{T_a < T\} = 0.01$ となる T_a は，付表 A.5 のカイ二乗分布表で，自由度 3，$\alpha = 0.01$ なる T_a を探せばよいから，$T_a = 11.345$ が得られる．

次に調査結果（実測値）に対する χ^2 の実現値 χ_0^2 は，

$$\chi_0^2 = \frac{(165-140)^2}{140} + \frac{(113-120)^2}{120} + \frac{(75-80)^2}{80} + \frac{(47-60)^2}{60} = 8.00$$

これは棄却域に含まれないので仮説は棄てられない．　□

なお，例 6.2 において，有意水準を 0.05 とした場合は $T_a = 7.815$ となるので，調査結果は棄却域に含まれることになって，仮説は棄てられる．

例 6.3　メンデル (Mendel) はえんどうの交配実験で，以下の表の結果を得た，度数分布は理論的には 9 : 3 : 3 : 1 の割合になるべきものである．この実験の結果は理論によく適合しているといえるか．有意水準は 0.05 とする．

表 **6.2**：えんどうの交配実験

種の分類	円形黄色	角型黄色	円形緑色	角型緑色	合計
実験結果	315	101	108	32	556

解．実測度数 x_i は実験結果で与えられ，期待度数 m_i は総度数 $n = 556$ に確率（理論値）p_i を乗じて求める．表 6.3 に示すように，各階級 C_i の実測度数 x_i と期待度数 m_i が得られ，

$$\chi^2 = \sum_{i=1}^{k} \frac{(X_i - m_i)^2}{m_i}$$

が自由度 4 − 1 のカイ二乗分布に従う．

表 6.3：表 6.2 の実測度数と期待度数

種の分類	円形黄色	角型黄色	円形緑色	角型緑色	合計
階級	C_1	C_2	C_3	C_4	
実測度数 x_i	315	101	108	32	556
確率 p_i	9/16	3/16	3/16	1/16	1
期待度数 m_i	313	104	104	35	556

有意水準を 0.05 とすると棄却域は自由度 3 のカイ二乗分布の右側の確率 0.05 の領域になる.

$$\Pr\{T_a < T\} = 0.05$$

において棄却域は $T_a < T$ である.

自由度 3 のカイ二乗分布に従う統計量 T の $\Pr\{T_a < T\} = 0.05$ となる T_a は, 付表 A.5 のカイ二乗分布表で, 自由度 3, $\alpha = 0.05$ なる T_a を探せばよいから, $T_a = 7.815$ が得られる. 棄却域は $T = \chi^2 > 7.815$ である.

実験結果から実現値 $x_0^2 = \frac{(315-313)^2}{313} + \frac{(101-104)^2}{104} + \frac{(108-104)^2}{104} + \frac{(35-32)^2}{35} = 0.013 + 0.087 + 0.154 + 0.257 = 0.511$ が得られ, これは棄却域に含まれないことから仮説は棄てられない. この例では, 実現値が棄却域の境界 T_a に対して十分に小さいことから, 実験の結果が理論によく適合していることを示している. □

例 6.4　人口 150 万人のある県で, 子供が 5 人いる 3868 世帯を無作為抽出し, 子供の性別構成について調べたところ, 下表の結果を得た. この県の子供 5 人の家庭での男女の性比は 1 : 1 であるといえるか. 有意水準は 0.05 とする.

表 6.4

構成								計
構成	男	0	1	2	3	4	5	計
構成	女	5	4	3	2	1	0	計
実測度数（家族数）		92	603	1137	1254	657	125	3868

解. 男女の性比が 1 : 1 であるとの仮定のもとで, 各階級 C_i の確率 p_i は二項

表 **6.5**：表 6.2 の実測度数と期待度数

構成	男	0	1	2	3	4	5	計
	女	5	4	3	2	1	0	
階級		C_1	C_2	C_3	C_4	C_5	C_6	
実測度数 x_i		92	603	1137	1254	657	125	3868
確率 p_i		$(\frac{1}{2})^5$	${}_5\mathrm{C}_1(\frac{1}{2})^5$	${}_5\mathrm{C}_2(\frac{1}{2})^5$	${}_5\mathrm{C}_3(\frac{1}{2})^5$	${}_5\mathrm{C}_4(\frac{1}{2})^5$	${}_5\mathrm{C}_5(\frac{1}{2})^5$	1
期待度数 m_i		121	604	1209	1209	604	121	3868

分布で表 6.5 に示すように与えられる．期待度数 m_i は総度数 $n = 3868$ に確率（理論値）p_i を乗じて求める．表 6.5 に示すように，各階級 C_i の実測度数 x_i と期待度数 m_i が得られ，

$$\chi^2 = \sum_{i=1}^{k} \frac{(X_i - m_i)^2}{m_i}$$

が自由度 $6-1$ のカイ二乗分布に従う．

有意水準を 0.05 とすると棄却域は自由度 5 のカイ二乗分布の右側の確率 0.05 の領域になる．

$$\Pr\{T_a < T\} = 0.05$$

において棄却域は $T_a < T$ である．

自由度 5 のカイ二乗分布に従う統計量 T の $\Pr\{T_a < T\} = 0.05$ となる T_a は，付表 A.5 のカイ二乗分布表で，自由度 5，$\alpha = 0.05$ なる T_a を探せばよいから，$T_a = 11.070$ が得られる．棄却域は $T = \chi^2 > 11.070$ である．

実験結果から実現値 $x_0^2 = \frac{(92-121)^2}{121} + \frac{(603-604)^2}{604} + \frac{(1137-1209)^2}{1209} + \frac{(1254-1209)^2}{1209} + \frac{(657-604)^2}{604} + \frac{(125-121)^2}{121} = 17.698$ が得られ，これは棄却域に含まれることから「男女の性比が 1：1 である」との仮説は棄てられる．なお，有意水準を 0.01 とした場合でも，$T_a = 15.086$ となるから仮説は棄てられる．　□

6.3　分布型の適合検定（未知母数を含む場合）

前節では無帰仮説に未知母数を含まない場合の適合度検定について述べたが，ここでは，無帰仮説に未知母数を含む場合について述べる．さて，前節の例6.4では，「男女の性比が1 : 1である」との仮説は統計的仮説検定により棄てられた．そこで，男性比率を未知数pとして検定を試みよう．

仮説のうち，1つの未知母数がθのときに，実測度数から未知母数θの推定を行い，推定値$\widehat{\theta}$を使って，期待度数の推定値を$\widehat{m}_1, \widehat{m}_2, \ldots, \widehat{m}_k$とする．このとき次の定理6.1が成立する．

定理 6.1.　母集団の属性がk個の排反な階級$A_1, A_2, \ldots, A_k$に分かれ，これらの出現確率$p_1, p_2, \ldots, p_k$（ただし，$p_1 + p_2 + \cdots + p_k = 1$）が1つの未知母数$\theta$に基づいて推定され，その推定値を$\widehat{p}_1, \widehat{p}_2, \ldots, \widehat{p}_k$とする．いま，大きさ$n$の標本をとるとき，階級$A_1, A_2, \ldots, A_k$の現れる度数を$X_1, X_2, \ldots, X_k$とし，その期待度数の推定値を$\widehat{m}_1, \widehat{m}_2, \ldots, \widehat{m}_k$とすると，

$$\chi^2 = \frac{(X_1 - \widehat{m}_1)^2}{\widehat{m}_1} + \frac{(X_2 - \widehat{m}_2)^2}{\widehat{m}_2} + \cdots + \frac{(X_k - \widehat{m}_k)^2}{\widehat{m}_k}$$

は$n, \widehat{m}_1, \widehat{m}_2, \ldots, \widehat{m}_k$が十分に大きいとき，自由度$k-2$のカイ二乗分布に従う．

例 6.5　人口150万人のある県で，子供が5人いる3868世帯を無作為抽出して，子供の性別構成について調べたところ，下表の結果を得た．この県の子供5人の家庭で男女の性比が未知とする．男性比率を未知数pとして，確率分布が二項分布に従うという仮説のもとで検定を行う．有意水準は0.01とする．

表 6.6

構成	男	0	1	2	3	4	5	計
	女	5	4	3	2	1	0	
実測度数（家族数）		92	603	1137	1254	657	125	3868

解．男性比率を未知数 p として，確率分布が二項分布に従うという仮説のもとで検定を行う．未知数 p は最尤法を用いて次式で推定する．

$$\widehat{p} = \frac{1 \times 603 + 2 \times 1137 + 3 \times 1254 + 4 \times 657 + 5 \times 125}{5 \times 3868} = 0.5115$$

各階級 C_i の確率の推定値 $\widehat{p}_i$ は二項分布に従うとして，

$$\widehat{p}_1 = {}_5\mathrm{C}_0(1-\widehat{p})^5 = 0.03500, \qquad \widehat{p}_2 = {}_5\mathrm{C}_1(1-\widehat{p})^4\widehat{p} = 0.1672,$$

$$\widehat{p}_3 = {}_5\mathrm{C}_2(1-\widehat{p})^3\widehat{p}^2 = 0.3193, \qquad \widehat{p}_4 = {}_5\mathrm{C}_3(1-\widehat{p})^2\widehat{p}^3 = 0.3050,$$

$$\widehat{p}_5 = {}_5\mathrm{C}_4(1-\widehat{p})\widehat{p}^4 = 0.1457, \qquad \widehat{p}_6 = {}_5\mathrm{C}_5\widehat{p}^5 = 0.0278$$

で与えられる．

期待度数の推定値 $\widehat{m}_i$ は総度数 $n = 3868$ に確率推定値 $\widehat{p}_i$ を乗じて求める．表 6.7 に示すように，各階級 C_i の実測度数 x_i と期待度数推定値 $\widehat{m}_i$ が得られ，

$$\chi^2 = \sum_{i=1}^{k} \frac{(X_i - \widehat{m}_i)^2}{\widehat{m}_i}$$

が自由度 $6 - 2 = 4$ のカイ二乗分布に従う．

有意水準を 0.01 とすると棄却域は自由度 4 のカイ二乗分布の右側の確率 0.01 の領域になる．

$$\Pr\{T_a < T\} = 0.01$$

において棄却域は $T_a < T$ である．

自由度 4 のカイ二乗分布に従う統計量 T の $\Pr\{T_a < T\} = 0.01$ となる T_a は，付表 A.5 のカイ二乗分布表で，自由度 4，$\alpha = 0.01$ なる T_a を探せばよいから，$T_a = 13.277$ が得られる．棄却域は $T = \chi^2 > 13.277$ である．

実験結果から実現値 $x_0^2 = \frac{(92-135)^2}{135} + \frac{(603-647)^2}{647} + \frac{(1137-1235)^2}{1235} + \frac{(1254-1180)^2}{1180} + \frac{(657-563)^2}{563} + \frac{(125-108)^2}{108} = 47.476$ が得られ，これは棄却域に含まれることから「確率分布が二項分布である」との仮説は棄てられる．□

表 **6.7**：表 6.6 の実測度数と期待度数推定値

構成								計
	男	0	1	2	3	4	5	
	女	5	4	3	2	1	0	
階級		C_1	C_2	C_3	C_4	C_5	C_6	
実測度数 x_i		92	603	1137	1254	657	125	3868
確率推定値 $\widehat{p}_i$		0.0350	0.1672	0.3193	0.3050	0.1457	0.0278	1
期待度数推定値 m_i		135	647	1235	1180	563	108	3868

（まとめ）分布型の適合度検定

適合度検定 (test of goodness of fit)：実測度数と期待度数の関係から統計的仮説検定を行う例で，確率分布型に基づく検定の方法．例えば，以下の分布型を使用する例がある．

(1) 母集団比率が p である二項母集団から大きさ n の無作為抽出の標本をとるとき，実測度数 X は二項分布に従い，期待度数 np との関係を示す統計量

$$\chi^2 = \frac{(X - np)^2}{npq}$$

は n が十分大きければ自由度 1 のカイ二乗分布に従う．

(2) 母集団の属性が k 個の排反な階級 $A_1, A_2, \ldots, A_k$ に分かれ，これらの出現確率が $p_1, p_2, \ldots, p_k$（ただし，$p_1 + p_2 + \cdots + p_k = 1$）とする．いま，大きさ n の標本をとるとき，$A_1, A_2, \ldots, A_k$ の現れる度数を X_1, $X_2, \ldots, X_k$ とする．その期待度数を $m_1, m_2, \ldots, m_k$ とするとき，

$$\chi^2 = \frac{(X_1 - m_1)^2}{m_1} + \frac{(X_2 - m_2)^2}{m_2} + \cdots + \frac{(X_k - m_k)^2}{m_k}$$

は $n, m_1, m_2, \ldots, m_k$ が十分に大きいとき，自由度 $k - 1$ のカイ二乗分布に従う．

(3) 母集団の属性が k 個の排反な階級 $A_1, A_2, \ldots, A_k$ に分かれ，これらの出現確率 $p_1, p_2, \ldots, p_k$（ただし，$p_1 + p_2 + \cdots + p_k = 1$）が 1 つの未知母数 θ に基づいて推定され，その推定値を $\widehat{p}_1, \widehat{p}_2, \ldots, \widehat{p}_k$ とする．いま，大きさ n の標本をとるとき，階級 $A_1, A_2, \ldots, A_k$ の現れる度数を $X_1, X_2, \ldots, X_k$ とし，その期待度数の推定値を $\widehat{m}_1, \widehat{m}_2, \ldots, \widehat{m}_k$ とすると，

$$\chi^2 = \frac{(X_1 - \widehat{m}_1)^2}{\widehat{m}_1} + \frac{(X_2 - \widehat{m}_2)^2}{\widehat{m}_2} + \cdots + \frac{(X_k - \widehat{m}_k)^2}{\widehat{m}_k}$$

は $n, \widehat{m}_1, \widehat{m}_2, \ldots, \widehat{m}_k$ が十分に大きいとき，自由度 $k - 2$ のカイ二乗分布に従う．

問題 6.1.　正常な2個のサイコロを同時に投げ，出た目の合計を X とする試行を10000回繰り返した．各小問に答えなさい．なお，表は X が複数の値のいずれかをとる場合を示している．例えば，2,3というのは $X = 2$ または3の場合という意味である．

	2,3	4,5,6	7,8,9	10,11,12	合計
実測回数	800	3366	4250	1584	10000
期待度数	a	b	c	d	10000

(1) 表の期待度数 (a ∼ d) をそれぞれ求めなさい．

(2) この結果はどのような確率分布によって適合度検定をすることができるか．

(3) この結果に対する上記確率分布の実現値を求めなさい．

(4) 有意水準5%，1%の α 点はそれぞれどのような値をとるか．また，検定の結果についても述べよ．

(5) この結果の p 値を求め，p 値に基づき結果を評価しなさい．

問題 6.2.　甲乙の2個のサイコロを同時に投げる試行を繰り返し行なったところ次の結果を得た．サイコロは正常なものといえるか．以下のそれぞれの場合について有意水準5%で検定しなさい．

(1) 甲のサイコロは600回のうち1の目が85回であった

(2) 乙のサイコロは1200回のうち1の目が170回であった

問題 6.3.　正常なサイコロを600回投げたところ，次の結果を得た．この投げ方は無作為といえるか．有意水準5%で検定しなさい．

(結果)1, 2, 3, 4, 5, 6の目がそれぞれ，85回，130回，100回，120回，90回，75回出た

問題 6.4.　1個の変形したコインを3回投げ，表が出た回数を X とする実験を繰り返し行い表の結果を得た．コインが表となる確率 p を最尤推定法により推定しなさい．また，この実験は正しく行われたかどうかを有意水準5%で検定しなさい．

X	0	1	2	3	合計
実測回数	11	31	34	18	94

6.4　独立性の検定

6.4.1　2×2 分割表

5.2.3 項に示した以下の例題を使って独立性の検定をしてみよう．

あるサークルに所属する 50 名の学生の理系か文系かの所属と，留学経験の有無を調査した結果，次表の結果が得られた．所属と留学経験は関係がないという条件のもとで表の各度数に対する期待度数の最尤推定量を求める．

表 **6.8**：実測度数

	理系	文系	計
留学したことがある	19	11	30
留学したことがない	17	3	20
計	36	14	50

5.2.3 項では，所属と留学経験は関係がないこと（独立）を前提としたが，観点を変えて，2×2 分割表の 2 つの属性が独立であることの仮説に対する検定を試みる．有意水準を 0.01 とする．仮説として，「所属と留学経験の 2 つの属性は独立である」として，最尤法を適用すると，5.2.3 項に示したように次表の最尤推定値が得られた．

表 6.8 と表 6.9 は，4 個の独立な階級に対する実測度数と期待度数の推定値である．未知母数は p, p' の 2 個である．さて，仮説のうちに複数の独立な未知母数 $\theta_1, \theta_2, \ldots, \theta_u$ があるときに，実測度数 $X_1, X_2, \ldots, X_k$ と，期待度数の推定値を $\widehat{m}_1, \widehat{m}_2, \ldots, \widehat{m}_k$ に対して次の定理 6.2 が成立する．

表 **6.9**：期待度数の推定値

	理系	文系	計
留学したことがある	21.6	8.4	30
留学したことがない	14.4	5.6	20
計	36	14	50

定理 6.2.　母集団の属性が k 個の排反な階級 $A_1, A_2, \ldots, A_k$ に分かれ，これらの出現確率 $p_1, p_2, \ldots, p_k$（ただし，$p_1 + p_2 + \cdots + p_k = 1$）が u 個の独立な未知母数 $\theta_1, \theta_2, \ldots, \theta_u$ に基づいて推定され，その推定値を $\widehat{p}_1, \widehat{p}_2, \ldots, \widehat{p}_k$ とする．いま，大きさ n の標本をとるとき，階級 A_1, $A_2, \ldots, A_k$ の現れる度数を $X_1, X_2, \ldots, X_k$ とし，その期待度数の推定値を $\widehat{m}_1, \widehat{m}_2, \ldots, \widehat{m}_k$ とするとき

$$\chi^2 = \frac{(X_1 - \widehat{m}_1)^2}{\widehat{m}_1} + \frac{(X_2 - \widehat{m}_2)^2}{\widehat{m}_2} + \cdots + \frac{(X_k - \widehat{m}_k)^2}{\widehat{m}_k}$$

は，$n, \widehat{m}_1, \widehat{m}_2, \ldots, \widehat{m}_k$ が十分に大きいとき，自由度 $k-1-u$ のカイ二乗分布に従う．

定理 6.2 を使って，統計的仮説検定を行う．表 6.8 と表 6.9 は，4 個の独立な階級に対する実測度数を $X_1, X_2, \ldots, X_k$，期待度数の推定値を $\widehat{m}_1$, $\widehat{m}_2, \ldots, \widehat{m}_k$，$k = 4$ として

$$T = \chi^2 = \sum_{i=1}^{k} \frac{(X_i - \widehat{m}_i)^2}{\widehat{m}_i}$$

は，自由度 $4 - 1 - 2 = 1$ のカイ二乗分布に従う．有意水準を 0.01 とすると棄却域は自由度 4 のカイ二乗分布の右側の確率 0.01 の領域になる．

$$\Pr\{T_a < T\} = 0.01$$

において棄却域は $T_a < T$ である．自由度 1 のカイ二乗分布に従う統計量 T の $\Pr\{T_a < T\} = 0.01$ となる T_a は，付表 A.5 のカイ二乗分布表で，自由度 1，$\alpha = 0.01$ なる T_a を探せばよいから，$T_a = 6.635$ が得られる．棄却域は

$T = \chi^2 > 6.635$ である．実験結果から $T = \chi^2$ の実現値は

$$x_0^2 = \frac{(19-21.6)^2}{21.6} + \frac{(11-8.4)^2}{8.4} + \frac{(17-14.4)^2}{14.4} + \frac{(3-5.6)^2}{5.6} = 2.794$$

が得られ，これは棄却域に含まれないことから「所属と留学経験の 2 つの属性は独立である」との仮説は棄てられない．有意水準を 0.05 とした場合でも $T_a = 3.841$ となるので，仮説は棄てられない．

6.4.2　$k \times l$ 分割表

例 6.6　ある学科の同学年の学生 200 人を出席数で分類したグループ G_1, G_2, G_3, G_4 に分け，ある科目の試験の評点が A, B, C どのクラスに入るかを調べた．この結果から所属グループと評点の分布には関係がないといえるか．

表 **6.10**：実測度数

	G_1	G_2	G_3	G_4	計
A	18	12	15	10	55
B	17	18	13	15	63
C	8	22	28	24	82
計	43	52	56	49	200

この問題を考えるために，2×2 分割表を一般化した $k \times l$ 分割表を表 6.11 で定義し，「2 つの属性 B と C について独立である」とする仮説の検定を考える．母集団の 2 つの属性 B および C がそれぞれ排反な k 個の階級 $B_1, B_2, \ldots, B_k$ および l 個の階級 $C_1, C_2, \ldots, C_l$ に分類されており，属性 B と C について独立であることから

$$\Pr\{B_i \cap C_j\} = \Pr\{B_i\}\Pr\{C_j\}$$

が成立する．母集団の分布は $k-1$ 個の独立な確率 $p_i = \Pr\{B_i\}$ $(i = 1, 2, \ldots, k-1)$ と $l-1$ 個の独立な確率 $p'_j = \Pr\{C_j\}$ $(j = 1, 2, \ldots, l-1)$ によって決定される．これらの確率は未知の母数であるから，$(k-1)+(l-1)$ 個の未知母数を含むことになる．

表 6.11：一般化した $k \times l$ 分割表

	C_1	C_2	$\cdots$	C_l	計
B_1	n_{11}	n_{12}	$\cdots$	n_{1l}	$n_{1\cdot}$
B_2	n_{21}	n_{22}	$\cdots$	n_{2l}	$n_{2\cdot}$
$\vdots$					$\vdots$
B_k	n_{k1}	n_{k2}	$\cdots$	n_{kl}	$n_{k\cdot}$
計	$n_{\cdot 1}$	$n_{\cdot 2}$	$\cdots$	$n_{\cdot l}$	n

表 6.11 の $k \times l$ 個の実測度数のうち $kl-1$ 個は独立である．1 個は他の数値によって確定する値である．この結果から未知母数 p_i, p'_j を最尤法で求めると

$$\widehat{p}_i = \frac{n_{i\cdot}}{n},$$
$$\widehat{p'}_j = \frac{n_{\cdot j}}{n}$$

である．したがって実績度数 n_{ij} に対応する期待度数の推定値 $\widehat{m}_{ij}$ は

$$\widehat{m}_{ij} = n\widehat{p}_i\widehat{p'}_j = \frac{n_{i\cdot}n_{\cdot j}}{n}$$

である．このとき統計量 $T = \chi^2$ は実績度数 n_{ij} に対応する確率変数を N_{ij} で表すと

$$T = \chi^2 = \sum_{i=1}^{k}\sum_{j=1}^{l} \frac{(N_{ij} - \widehat{m}_i j)^2}{\widehat{m}_{ij}}$$

は n_{ij} が十分大きければカイ二乗分布に従う．自由度は

$$(kl-1) - \{(k-1)+(l-1)\} = (k-1)(l-1)$$

である．したがって仮説をカイ二乗分布によって検定することができる．

例 6.6 の解．「出席数と，試験の評点に関係がない」とする仮説を検定する．有意水準は 0.05 とする．期待度数の推定値 $\widehat{m}_{ij}$ は表 6.12 のように求められる．

この結果から統計量 T の実現値

表 **6.12**：期待度数の推定値 $\widehat{m}_{ij}$

	G_1	G_2	G_3	G_4	計	$\widehat{p}_i$
A	11.8	14.3	15.4	13.5	55	0.275
B	13.5	16.4	17.6	15.4	63	0.315
C	17.6	21.3	23.0	20.1	82	0.41
計	43	52	56	49	200	
$\widehat{p'}_j$	0.215	0.26	0.28	0.245		

$$T_0 = x_0^2 = \sum_{i=1}^{k}\sum_{j=1}^{l}\frac{(n_ij - \widehat{m}_ij)^2}{\widehat{m}_{ij}}$$

を求めると $T_0 = 13.925$ となった．統計量 T は自由度 $(k-1)(l-1) = 6$ のカイ二乗分布に従うので有意水準 0.05 に対応する棄却域は

$$\Pr\{T_a < T\} = 0.05$$

を満たす $T_a < T$ である．自由度 6 のカイ二乗分布に従う統計量 T の $\Pr\{T_a < T\} = 0.06$ となる T_a は，付表 A.5 のカイ二乗分布表で探して $T_a = 12.592$ が得られる．したがって T_0 は棄却域に含まれるので「出席数と，試験の評点に関係がない」とする仮説は棄てられる． □

6.5 平均値の検定

6.5.1 母分散が既知の場合の検定

例 6.7 製品仕様が平均値 100 Ω，標準偏差 1 Ω の電気抵抗器を 10 万個仕入れて，その中から大きさ 100 の標本を任意抽出して平均値を調べたところ 99.5 Ω であった．この製品仕様（仮説）は正しいといえるか．

問題を一般化すると，正規母集団 $N(\mu, \sigma^2)$ から任意抽出により大きさ n の標本の平均値 $\overline{x}$ を得たときに，その値から「母集団が正規分布 $N(\mu, \sigma^2)$ に従

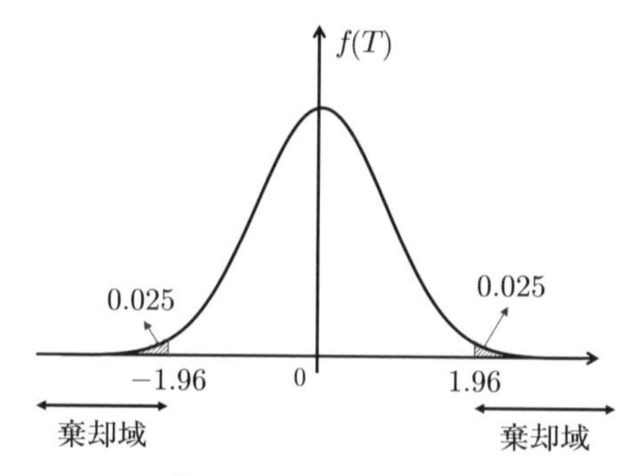

図 **6.6**：平均値の棄却域

う」という仮説を検定する．

標本平均 $\overline{X}$ の分布は $N(\mu, \sigma^2/n)$ であるから，統計量 $T = (\overline{X} - \mu)/\sqrt{\sigma^2/n}$ の分布が正規分布 $N(0,1)$ であることを用いて検定を行う．有意水準を 0.05 とした場合，

$$\Pr\{T_a < |T|\} = 0.05$$

を満たす棄却域 $T_a < |T|$ で定義される．棄却域は図 6.6 に示すように分布の両側でそれぞれの確率が $0.05/2 = 0.025$ となる領域である．付表 A.2 の正規分布表から求めると $T_a = 1.96$ となるので図 6.6 に示す斜線領域が棄却域になる．

例 6.7 の解．統計量 $T = (\overline{X} - \mu)/\sqrt{\sigma^2/n}$ の実現値は

$$T_0 = \frac{99.5 - 100}{\sqrt{1/100}} = -5.0$$

となり棄却域に含まれるので仮説は棄てられる．□

6.5.2　母分散が未知の場合の検定

分散が未知の場合は標本から得られる不偏分散推定量 u^2 を用いて，統計量

$$T = t = \frac{\overline{X} - \mu}{\sqrt{u^2/n}}$$

の分布が自由度 $n-1$ の t 分布に従うことを用いて検定を行う．あるいは，統計量

$$T = F = \frac{(\overline{X}-\mu)^2}{u^2/n}$$

の分布が自由度対 $[1, n-1]$ の F 分布に従うことを用いて検定を行う．

6.6　平均値の差の検定

2 つの正規母集団 $N(\mu_1, \sigma_1^2)$，$N(\mu_2, \sigma_2^2)$ から大きさがそれぞれ n_1, n_2 の独立な標本 O_1, O_2 をとり，$\mu_1 = \mu_2$ となるか否かの検定を行う．

6.6.1　標本 O_1, O_2 が独立でそれぞれの母分散 σ_1^2, σ_2^2 がわかっている場合

標本 O_1，O_2 それぞれの標本平均 $\overline{X}_1$，$\overline{X}_2$ の分布は $N(\mu_1, \sigma_1^2/n_1)$，$N(\mu_2, \sigma_2^2/n_2)$ であり，$X = \overline{X}_1 - \overline{X}_2$ の分布は，正規分布の再生性から $N(\mu_1 - \mu_2, \sigma_1^2/n_1 + \sigma_2^2/n_2)$ となることから，仮説「$\mu_1 = \mu_2$」が成り立つとすると $\mu_1 - \mu_2 = 0$ である．したがって統計量

$$T = \frac{\overline{X}_1 - \overline{X}_2}{\sqrt{(\sigma_1^2/n_1 + \sigma_2^2/n_2)}}$$

が正規分布 $N(0, 1)$ に従うことを用いて検定を行う．

6.6.2　標本 O_1, O_2 が独立で，それぞれの標本の母分散が等しいことはわかっているがその値が未知の場合

標本 O_1, O_2 それぞれの不偏分散を u_1^2, u_2^2 とするとき，

$$u^2 = \frac{(n_1-1)u_1^2 + (n_2-1)u_2^2}{n_1+n_2-2}$$

は

$$E(u^2) = \sigma^2$$

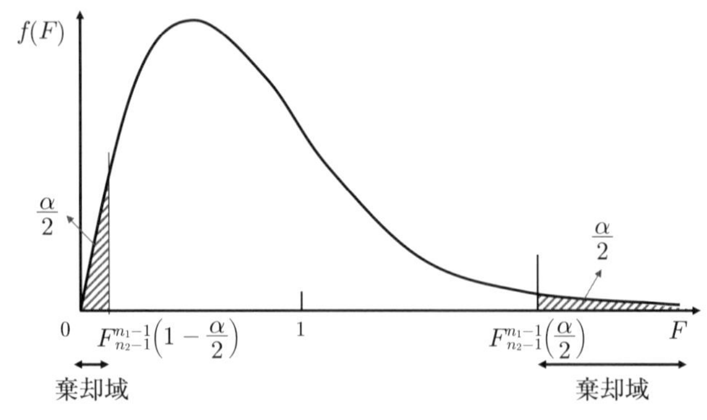

図 **6.7**：分散比検定の棄却域

が成立するので共通の不偏分散である．このとき統計量

$$T = t = \frac{\overline{X}_1 - \overline{X}_2}{u\sqrt{\frac{1}{n_1} + \frac{1}{n_2}}}$$

が自由度 $n_1 + n_2 - 2$ の t 分布に従うことを用いて検定を行う．

あるいは，統計量

$$T = F = \frac{(\overline{X} - \mu)^2}{u^2} \frac{n_1 n_2}{n_1 + n_2}$$

の分布が自由度対 $[1, n_1 + n_2 - 2]$ の F 分布に従うことを用いて検定を行う．

6.7　分散の検定

2つの正規母集団 $N(\mu_1, \sigma_1^2), N(\mu_2, \sigma_2^2)$ から大きさがそれぞれ n_1, n_2 の独立な標本 O_1, O_2 をとり，$\sigma_1^2 = \sigma_2^2$ となるか否かの検定を行う．$\sigma_1^2 = \sigma_2^2$ を調べるためには，それぞれの標本に対する不偏分散 u_1^2, u_2^2 をとり，分散比

$$F = \frac{u_1^2}{u_2^2}$$

が自由度対 $[n_1 - 1, n_2 - 1]$ の F に従うことを使う．F の値が1よりも小さい方，あるいは大きい方に著しく偏っているときに棄却する．図6.7に F 分布と棄却域のとり方を示す．α は有意水準である．

6.8　数値計算による検定処理

【**練習課題 6.1**】あるデバイスの測定を行なっていたところ，標本の測定値が

4.5　4.3　4.4　4.3　4.5

であった．母集団は正規分布で，母平均 μ と母分散 σ^2 はあらかじめわかっているものとして，測定結果が正常かどうかを検定しなさい．ただし，母平均を 4.3，母分散 $(0.1)^2$ とする．

標本個数を n，標本平均を $\overline{X}$ とすると，統計量 $T = (\overline{X} - \mu)/\sqrt{\sigma^2/n}$ が正規分布 $N(0,1)$ であることを用いて検定を行う．有意水準を 0.05 とした場合，

$$\Pr\{T_a < |T|\} = 0.05$$

を満たす棄却域 $T_a < |T|$ で定義される．棄却域は図 6.5 に示すように分布の両側でそれぞれの確率が $0.05/2 = 0.025$ となる領域である．MATLAB の `norminv` 関数を使って求めると $T_a = 1.96$ となる．検定のプログラムを図 6.8 に示す．

この図 6.8 のプログラムに対して有意水準 `sl` を 0.02, 0.01 に変えて実行してみるとよい．有意水準を 0.01 とした場合は棄却されない（図 6.9）．

6.8.1　MATLAB を使った正規分布型の検定

MATLAB 関数の `normplot(x)` は，x 内のデータの分布を正規分布と比較する正規確率プロットを作成する．正規確率プロットはデータの分布が正規分布に近いかどうかを判断するためのプロットであり，"+" で示された点がデータ，縦軸は分布関数の値を示している．データが正規分布に従えば直線状に基準線に沿ってデータがプロットされる．正規分布ではない場合はプロットが曲がる．このプロットは，データが概ね正規分布に従っていることを示している．正規分布型の適合度検定の手段として用いられる．この例で，`a` は有意水準，`p` は p 値（それ以上極端なデータが存在する確率）を意味する．

また，正規分布の検定に歪度 (skewness) と尖度 (kurtosis) が用いられる場

```
clc;clear;close all;
x = [4.5, 4.3, 4.4, 4.3, 4.5]; %標本
n = length(x); %標本の大きさ
xm = mean(x); %標本平均

um = 4.3; %母平均
usd = 0.1; %母標準偏差
sl = 0.05; %有意水準

T = (xm - um)/(usd/sqrt(n)); %実現値
Ta = norminv(1-sl/2, 0, 1); %棄却域境界（右）

if abs(T) > Ta %棄却判断
    jdge = '棄却される';
else
    jdge = '棄却されない';
end
str_disp = sprintf('Ta = %f',Ta); %表示
disp(str_disp);
str_disp = sprintf('|T| = %f%s',T,jdge); %表示
disp(str_disp);
```

図 **6.8**：平均の検定プログラミングコード例

```
Ta = 1.959964
|T| = 2.236068 棄却される
```

図 **6.9**：結果出力

合がある．歪度は，$E\{(X - E(X))^3\}/\sigma^3(X)$ で定義される．正規分布のような左右対称の分布の歪度は0であるが，データが左に偏っている場合は歪度が正の値，右に偏っている場合は歪度が負の値をとる．尖度は，$E\{(X - E(X))^4\}/\sigma^4(X)$ で定義される．尖度はデータの分布の尖り具合を示し，正規分布の尖度は3である．データが上に尖る場合は尖度が3より大きい値をとり，データが扁平の場合は尖度が3より小さい値をとる．系列 X の歪度，尖度を計算するMATLAB関数は `skewness(x)`，`kurtosis(x)` である．2個のデータに対して正規確率プロットと α，p 値，検定結果，歪度，尖度を表示するプログラム例を図6.10に，結果の出力を図6.11に示す．

歪度と尖度は3.2.3項の3次モーメントと4次モーメントをそれぞれ $\sigma^3(X)$, $\sigma^4(X)$ で割り算して標準化したものである．

この結果からは，分布は一応正規分布であるとみなしてよいことを示している．ただし，十分に正規分布に近似されているかという観点からは p 値により判断するとよい．p 値が小さいことから近似度合いは低いともいえる．このことは，ヒストグラムの形からもうかがえる．歪度が正の値なので，データが左に偏っていることを示している．尖度は約 2.1 なので，正規分布よりは尖りが少ないと判定できる．

また，別の例を図 6.12, 6.13 に示す．この例は，正規分布に近いデータを示している．p 値が大きいことから近似度合いは高いといえる．同様のことは，ヒストグラムの形や歪度，尖度の値からもうかがえる．

統計的仮説検定の MATLAB 関数を表 6.13 にまとめる．

```
clc;clear;close all;
x = [4.5, 4.3, 4.4, 4.1, 4.5, 3.2, 2.9,...
    3.2, 4.1, 3.1, 3.8, 4.9, 4.7, 4.3,...
    5.0, 5.3, 3.4, 3.7, 3.8, 4.8, 3.9,...
    4.2, 5.1, 3.1, 3.8, 3.9, 4.7, 4.3,...
    5.0, 5.3, 3.4, 3.7, 4.8, 4.8, 3.9,...
    5.2, 4.1, 3.1, 3.8, 3.9, 3.7, 4.3,...
    4.0, 5.3, 3.4, 3.7, 3.8, 4.8, 3.9,...
    5.2, 3.1, 3.1, 3.8, 4.9, 4.7, 4.3,...
    5.0, 4.3, 3.4, 3.7, 3.8, 3.8, 3.9,...
    ];
figure(1);
normplot(x);
figure(2);
histogram(x,10);
a = 0.05;
[h,p] = chi2gof(x,'Alpha',a);
if h == 1 %棄却判断
    jdge = '棄却';
else
    jdge = '棄却しない';
end
str_disp = sprintf('α = %f',a); %表示
disp(str_disp);
str_disp = sprintf('p = %f%s',p,jdge); %表示
disp(str_disp);
str_disp = sprintf('歪度%f',skewness(x));
disp(str_disp);
str_disp = sprintf('尖度%f',kurtosis(x));
disp(str_disp);
```

図 **6.10**：正規確率プロットを使ったコード例 (1)

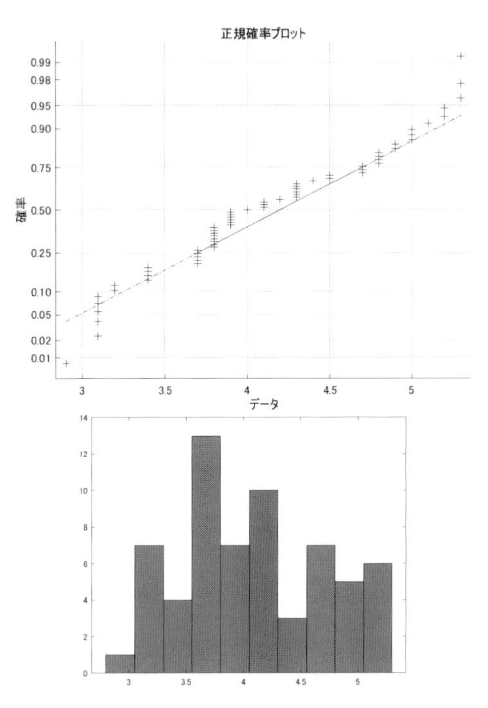


```
α = 0.050000
p = 0.134510 棄却しない
歪度 0.118763
尖度 2.053681
```

図 **6.11**：結果出力 (1)

```
clc;clear;close all;
x = [4.6, 2.6, 4.4, 2.1, 3.5, 3.2, 2.9,...
     3.2, 4.1, 3.1, 3.8, 3.5, 2.7, 4.3,...
     3.0, 3.3, 3.4, 3.7, 3.8, 3.8, 3.9,...
     4.2, 5.1, 3.1, 3.8, 2.9, 2.7, 4.3,...
     4.6, 3.3, 4.4, 3.7, 2.8, 4.8, 3.9,...
     2.5, 4.1, 4.1, 3.4, 3.4, 3.7, 2.3,...
     4.0, 3.3, 3.4, 3.7, 3.9, 3.6, 3.9,...
     2.6, 3.1, 3.1, 2.8, 3.5, 4.7, 4.3,...
     3.3, 4.3, 3.4, 3.7, 3.8, 3.8, 3.9,...
     ];
figure(1);
normplot(x);
figure(2);
histogram(x,10);
a = 0.05;
[h,p] = chi2gof(x,'Alpha', a);
if h == 1 %棄却判断
    jdge = '棄却';
else
    jdge = '棄却しない';
end
str_disp = sprintf('α = %f',a); %表示
disp(str_disp);
str_disp = sprintf('p = %f %s',p,jdge); %表示
disp(str_disp);
str_disp = sprintf('歪度%f',skewness(x));
disp(str_disp);
str_disp = sprintf('尖度%f',kurtosis(x));
disp(str_disp);
```

図 **6.12**：正規確率プロットを使ったコード例 (2)

表 **6.13**：確率分布計算の MATLAB 関数

コマンド名／関数名	処理内容	使用例
normplot	正規確率プロット	normplot(x)
chi2gof	カイ二乗適合度検定	chi2gof(x,'Alpha',a)
skewness	分布の歪度を求める	skewness(x)
kurtosis	分布の尖度を求める	kurtosis(x)

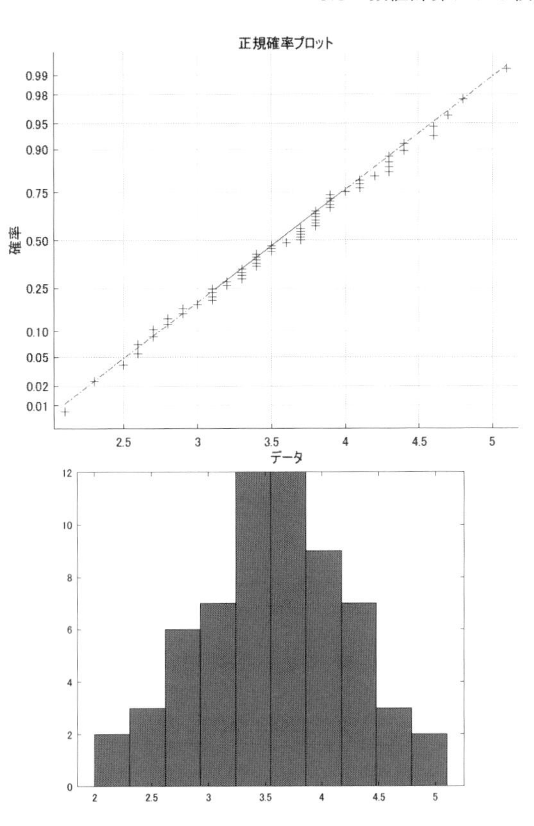


```
α = 0.050000
p = 0.721822 棄却しない
歪度 -0.033698
尖度 2.646872
```

図 **6.13**：結果出力 (2)

付録 A

付録

A.1　ポアソン分布表

表 **A.1**：$x, m \to \Pr\{X = x\}$

x	m = 0.1	0.2	0.5	1	1.5	2	3	4	5	10
0	0.90484	0.81873	0.60653	0.36788	0.22313	0.13534	0.04979	0.01832	0.00674	0.00005
1	0.09048	0.16375	0.30327	0.36788	0.33470	0.27067	0.14936	0.07326	0.03369	0.00045
2	0.00452	0.01637	0.07582	0.18394	0.25102	0.27067	0.22404	0.14653	0.08422	0.00227
3	0.00015	0.00109	0.01264	0.06131	0.12551	0.18045	0.22404	0.19537	0.14037	0.00757
4	0.00000	0.00005	0.00158	0.01533	0.04707	0.09022	0.16803	0.19537	0.17547	0.01892
5	0.00000	0.00000	0.00016	0.00307	0.01412	0.03609	0.10082	0.15629	0.17547	0.03783
6	0.00000	0.00000	0.00001	0.00051	0.00353	0.01203	0.05041	0.10420	0.14622	0.06306
7	0.00000	0.00000	0.00000	0.00007	0.00076	0.00344	0.02160	0.05954	0.10444	0.09008
8	0.00000	0.00000	0.00000	0.00001	0.00014	0.00086	0.00810	0.02977	0.06528	0.11260
9	0.00000	0.00000	0.00000	0.00000	0.00002	0.00019	0.00270	0.01323	0.03627	0.12511
10	0.00000	0.00000	0.00000	0.00000	0.00000	0.00004	0.00081	0.00529	0.01813	0.12511
11	0.00000	0.00000	0.00000	0.00000	0.00000	0.00001	0.00022	0.00192	0.00824	0.11374
12	0.00000	0.00000	0.00000	0.00000	0.00000	0.00000	0.00006	0.00064	0.00343	0.09478
13	0.00000	0.00000	0.00000	0.00000	0.00000	0.00000	0.00001	0.00020	0.00132	0.07291
14	0.00000	0.00000	0.00000	0.00000	0.00000	0.00000	0.00000	0.00006	0.00047	0.05208
15	0.00000	0.00000	0.00000	0.00000	0.00000	0.00000	0.00000	0.00002	0.00016	0.03472
16	0.00000	0.00000	0.00000	0.00000	0.00000	0.00000	0.00000	0.00000	0.00005	0.02170
17	0.00000	0.00000	0.00000	0.00000	0.00000	0.00000	0.00000	0.00000	0.00001	0.01276
18	0.00000	0.00000	0.00000	0.00000	0.00000	0.00000	0.00000	0.00000	0.00000	0.00709
19	0.00000	0.00000	0.00000	0.00000	0.00000	0.00000	0.00000	0.00000	0.00000	0.00373
20	0.00000	0.00000	0.00000	0.00000	0.00000	0.00000	0.00000	0.00000	0.00000	0.00187
21	0.00000	0.00000	0.00000	0.00000	0.00000	0.00000	0.00000	0.00000	0.00000	0.00089
22	0.00000	0.00000	0.00000	0.00000	0.00000	0.00000	0.00000	0.00000	0.00000	0.00040
23	0.00000	0.00000	0.00000	0.00000	0.00000	0.00000	0.00000	0.00000	0.00000	0.00018
24	0.00000	0.00000	0.00000	0.00000	0.00000	0.00000	0.00000	0.00000	0.00000	0.00007
25	0.00000	0.00000	0.00000	0.00000	0.00000	0.00000	0.00000	0.00000	0.00000	0.00003

A.2 規準型正規分布関数表

表 **A.2**：$X \to \phi(X)$，$X < 0$ の場合は $-X \to 1 - \phi(-X)$ $(X < 0)$

X	$\phi(X)$	X	$\phi(X)$	X	$\phi(X)$	X	$\phi(X)$	X	$\phi(X)$
0.00	0.5000	0.72	0.7642	1.44	0.9251	2.16	0.9846	2.88	0.9980
0.02	0.5080	0.74	0.7704	1.46	0.9279	2.18	0.9854	2.90	0.9981
0.04	0.5160	0.76	0.7764	1.48	0.9306	2.20	0.9861	2.92	0.9982
0.06	0.5239	0.78	0.7823	1.50	0.9332	2.22	0.9868	2.94	0.9984
0.08	0.5319	0.80	0.7881	1.52	0.9357	2.24	0.9875	2.96	0.9985
0.10	0.5398	0.82	0.7939	1.54	0.9382	2.26	0.9881	2.98	0.9986
0.12	0.5478	0.84	0.7995	1.56	0.9406	2.28	0.9887	3.00	0.9987
0.14	0.5557	0.86	0.8051	1.58	0.9429	2.30	0.9893	3.02	0.9987
0.16	0.5636	0.88	0.8106	1.60	0.9452	2.32	0.9898	3.04	0.9988
0.18	0.5714	0.90	0.8159	1.62	0.9474	2.34	0.9904	3.06	0.9989
0.20	0.5793	0.92	0.8212	1.64	0.9495	2.36	0.9909	3.08	0.9990
0.22	0.5871	0.94	0.8264	1.66	0.9515	2.38	0.9913	3.10	0.9990
0.24	0.5948	0.96	0.8315	1.68	0.9535	2.40	0.9918	3.12	0.9991
0.26	0.6026	0.98	0.8365	1.70	0.9554	2.42	0.9922	3.14	0.9992
0.28	0.6103	1.00	0.8413	1.72	0.9573	2.44	0.9927	3.16	0.9992
0.30	0.6179	1.02	0.8461	1.74	0.9591	2.46	0.9931	3.20	0.9993
0.32	0.6255	1.04	0.8508	1.76	0.9608	2.48	0.9934	3.24	0.9994
0.34	0.6331	1.06	0.8554	1.78	0.9625	2.50	0.9938	3.28	0.9995
0.36	0.6406	1.08	0.8599	1.80	0.9641	2.52	0.9941	3.32	0.9995
0.38	0.6480	1.10	0.8643	1.82	0.9656	2.54	0.9945	3.36	0.9996
0.40	0.6554	1.12	0.8686	1.84	0.9671	2.56	0.9948	3.40	0.9997
0.42	0.6628	1.14	0.8729	1.86	0.9686	2.58	0.9951	3.44	0.9997
0.44	0.6700	1.16	0.8770	1.88	0.9699	2.60	0.9953	3.48	0.9997
0.46	0.6772	1.18	0.8810	1.90	0.9713	2.62	0.9956	3.52	0.9998
0.48	0.6844	1.20	0.8849	1.92	0.9726	2.64	0.9959	3.56	0.9998
0.50	0.6915	1.22	0.8888	1.94	0.9738	2.66	0.9961	3.60	0.9998
0.52	0.6985	1.24	0.8925	1.96	0.9750	2.68	0.9963	3.64	0.9999
0.54	0.7054	1.26	0.8962	1.98	0.9761	2.70	0.9965	3.68	0.9999
0.56	0.7123	1.28	0.8997	2.00	0.9772	2.72	0.9967	3.72	0.9999
0.58	0.7190	1.30	0.9032	2.02	0.9783	2.74	0.9969	3.76	0.9999
0.60	0.7257	1.32	0.9066	2.04	0.9793	2.76	0.9971	3.80	0.9999
0.62	0.7324	1.34	0.9099	2.06	0.9803	2.78	0.9973	3.84	0.9999
0.64	0.7389	1.36	0.9131	2.08	0.9812	2.80	0.9974	3.88	0.9999
0.66	0.7454	1.38	0.9162	2.10	0.9821	2.82	0.9976	3.92	1.0000
0.68	0.7517	1.40	0.9192	2.12	0.9830	2.84	0.9977	3.96	1.0000
0.70	0.7580	1.42	0.9222	2.14	0.9838	2.86	0.9979	4.00	1.0000

A.3　規準型正規分布 α 点

表 **A.3**：$\Pr\{|x| \geq x(\alpha)\} = \alpha \to x(\alpha)$

α	0.5	0.4	0.3	0.2	0.1	0.08	0.06
$x(\alpha)$	0.674	0.842	1.036	1.282	1.645	1.751	1.881
α	0.05	0.04	0.03	0.02	0.01	0.005	
$x(\alpha)$	1.960	2.054	2.170	2.326	2.576	2.807	

A.4　カイ二乗分布関数表

表 **A.4**：$\chi_n^2 \to \Pr\{\chi^2 \leq \chi_n^2\}$

χ^2	自由度 n 1	2	3	4	5	6	7	8	9	10	11	12
0.0	0.000	0.000	0.000	0.000	0.000	0.000	0.000	0.000	0.000	0.000	0.000	0.000
0.1	0.248	0.049	0.008	0.001	0.000	0.000	0.000	0.000	0.000	0.000	0.000	0.000
0.2	0.345	0.095	0.022	0.005	0.001	0.000	0.000	0.000	0.000	0.000	0.000	0.000
0.3	0.416	0.139	0.040	0.010	0.002	0.001	0.000	0.000	0.000	0.000	0.000	0.000
0.4	0.473	0.181	0.060	0.018	0.005	0.001	0.000	0.000	0.000	0.000	0.000	0.000
0.5	0.520	0.221	0.081	0.026	0.008	0.002	0.001	0.000	0.000	0.000	0.000	0.000
0.6	0.561	0.259	0.104	0.037	0.012	0.004	0.001	0.000	0.000	0.000	0.000	0.000
0.7	0.597	0.295	0.127	0.049	0.017	0.006	0.002	0.000	0.000	0.000	0.000	0.000
0.8	0.629	0.330	0.151	0.062	0.023	0.008	0.003	0.001	0.000	0.000	0.000	0.000
0.9	0.657	0.362	0.175	0.075	0.030	0.011	0.004	0.001	0.000	0.000	0.000	0.000
1.0	0.683	0.393	0.199	0.090	0.037	0.014	0.005	0.002	0.001	0.000	0.000	0.000
1.2	0.727	0.451	0.247	0.122	0.055	0.023	0.009	0.003	0.001	0.000	0.000	0.000
1.4	0.763	0.503	0.294	0.156	0.076	0.034	0.014	0.006	0.002	0.001	0.000	0.000
1.6	0.794	0.551	0.341	0.191	0.099	0.047	0.021	0.009	0.004	0.001	0.001	0.000
1.8	0.820	0.593	0.385	0.228	0.124	0.063	0.030	0.013	0.006	0.002	0.001	0.000
2.0	0.843	0.632	0.428	0.264	0.151	0.080	0.040	0.019	0.009	0.004	0.002	0.001
2.5	0.886	0.713	0.525	0.355	0.224	0.132	0.073	0.038	0.019	0.009	0.004	0.002
3.0	0.917	0.777	0.608	0.442	0.300	0.191	0.115	0.066	0.036	0.019	0.009	0.004
3.5	0.939	0.826	0.679	0.522	0.377	0.256	0.165	0.101	0.059	0.033	0.018	0.009
4.0	0.954	0.865	0.739	0.594	0.451	0.323	0.220	0.143	0.089	0.053	0.030	0.017
4.5	0.966	0.895	0.788	0.657	0.520	0.391	0.279	0.191	0.124	0.078	0.047	0.027
5.0	0.975	0.918	0.828	0.713	0.584	0.456	0.340	0.242	0.166	0.109	0.069	0.042
6.0	0.986	0.950	0.888	0.801	0.694	0.577	0.460	0.353	0.260	0.185	0.127	0.084
7.0	0.992	0.970	0.928	0.864	0.779	0.679	0.571	0.463	0.363	0.275	0.201	0.142
8.0	0.995	0.982	0.954	0.908	0.844	0.762	0.667	0.567	0.466	0.371	0.287	0.215
9.0	0.997	0.989	0.971	0.939	0.891	0.826	0.747	0.658	0.563	0.468	0.378	0.297
10.0	0.998	0.993	0.981	0.960	0.925	0.875	0.811	0.735	0.650	0.560	0.470	0.384
11.0	0.999	0.996	0.988	0.973	0.949	0.912	0.861	0.798	0.724	0.642	0.557	0.471
12.0	0.999	0.998	0.993	0.983	0.965	0.938	0.899	0.849	0.787	0.715	0.636	0.554
13.0	1.000	0.998	0.995	0.989	0.977	0.957	0.928	0.888	0.837	0.776	0.707	0.631
14.0	1.000	0.999	0.997	0.993	0.984	0.970	0.949	0.918	0.878	0.827	0.767	0.699
15.0	1.000	0.999	0.998	0.995	0.990	0.980	0.964	0.941	0.909	0.868	0.818	0.759
16.0	1.000	1.000	0.999	0.997	0.993	0.986	0.975	0.958	0.933	0.900	0.859	0.809
17.0	1.000	1.000	0.999	0.998	0.996	0.991	0.983	0.970	0.951	0.926	0.892	0.850
18.0	1.000	1.000	1.000	0.999	0.997	0.994	0.988	0.979	0.965	0.945	0.918	0.884
19.0	1.000	1.000	1.000	0.999	0.998	0.996	0.992	0.985	0.975	0.960	0.939	0.911
20.0	1.000	1.000	1.000	1.000	0.999	0.997	0.994	0.990	0.982	0.971	0.955	0.933

A.5 カイ二乗分布 α 点

表 **A.5**：$\Pr\{\chi^2 \geq \chi_n^2(\alpha)\} = \alpha \to \chi_n^2(\alpha)$

	α									
自由度	0.995	0.99	0.98	0.975	0.95	0.9	0.8	0.7	0.6	0.5
1	0.000	0.000	0.001	0.001	0.004	0.016	0.064	0.148	0.275	0.455
2	0.010	0.020	0.040	0.051	0.103	0.211	0.446	0.713	1.022	1.386
3	0.072	0.115	0.185	0.216	0.352	0.584	1.005	1.424	1.869	2.366
4	0.207	0.297	0.429	0.484	0.711	1.064	1.649	2.195	2.753	3.357
5	0.412	0.554	0.752	0.831	1.145	1.610	2.343	3.000	3.655	4.351
6	0.676	0.872	1.134	1.237	1.635	2.204	3.070	3.828	4.570	5.348
7	0.989	1.239	1.564	1.690	2.167	2.833	3.822	4.671	5.493	6.346
8	1.344	1.646	2.032	2.180	2.733	3.490	4.594	5.527	6.423	7.344
9	1.735	2.088	2.532	2.700	3.325	4.168	5.380	6.393	7.357	8.343
10	2.156	2.558	3.059	3.247	3.940	4.865	6.179	7.267	8.295	9.342
11	2.603	3.053	3.609	3.816	4.575	5.578	6.989	8.148	9.237	10.341
12	3.074	3.571	4.178	4.404	5.226	6.304	7.807	9.034	10.182	11.340
13	3.565	4.107	4.765	5.009	5.892	7.042	8.634	9.926	11.129	12.340
14	4.075	4.660	5.368	5.629	6.571	7.790	9.467	10.821	12.078	13.339
15	4.601	5.229	5.985	6.262	7.261	8.547	10.307	11.721	13.030	14.339

	α									
自由度	0.4	0.3	0.2	0.1	0.05	0.025	0.02	0.015	0.01	0.005
1	0.708	1.074	1.642	2.706	3.841	5.024	5.412	5.916	6.635	7.879
2	1.833	2.408	3.219	4.605	5.991	7.378	7.824	8.399	9.210	10.597
3	2.946	3.665	4.642	6.251	7.815	9.348	9.837	10.465	11.345	12.838
4	4.045	4.878	5.989	7.779	9.488	11.143	11.668	12.339	13.277	14.860
5	5.132	6.064	7.289	9.236	11.070	12.833	13.388	14.098	15.086	16.750
6	6.211	7.231	8.558	10.645	12.592	14.449	15.033	15.777	16.812	18.548
7	7.283	8.383	9.803	12.017	14.067	16.013	16.622	17.398	18.475	20.278
8	8.351	9.524	11.030	13.362	15.507	17.535	18.168	18.974	20.090	21.955
9	9.414	10.656	12.242	14.684	16.919	19.023	19.679	20.513	21.666	23.589
10	10.473	11.781	13.442	15.987	18.307	20.483	21.161	22.021	23.209	25.188
11	11.530	12.899	14.631	17.275	19.675	21.920	22.618	23.503	24.725	26.757
12	12.584	14.011	15.812	18.549	21.026	23.337	24.054	24.963	26.217	28.300
13	13.636	15.119	16.985	19.812	22.362	24.736	25.472	26.403	27.688	29.819
14	14.685	16.222	18.151	21.064	23.685	26.119	26.873	27.827	29.141	31.319
15	15.733	17.322	19.311	22.307	24.996	27.488	28.259	29.235	30.578	32.801

A.6　$\boldsymbol{F}$ 分布関数表

A.6.1　自由度対 $[\mathbf{1}, \boldsymbol{n}]$

表 **A.6**：$F^{n1}_{n2} \to \Pr\{F \leq F^{n1}_{n2}\}$

	n											
F	1	2	3	4	5	6	7	8	9	10	11	12
0.0	0.000	0.000	0.000	0.000	0.000	0.000	0.000	0.000	0.000	0.000	0.000	0.000
0.1	0.195	0.218	0.227	0.232	0.235	0.237	0.239	0.240	0.241	0.242	0.242	0.243
0.2	0.268	0.302	0.315	0.322	0.327	0.330	0.332	0.333	0.335	0.336	0.337	0.337
0.3	0.319	0.361	0.378	0.387	0.393	0.396	0.399	0.401	0.403	0.404	0.405	0.406
0.4	0.359	0.408	0.428	0.439	0.445	0.450	0.453	0.455	0.457	0.459	0.460	0.461
0.5	0.392	0.447	0.470	0.481	0.489	0.494	0.498	0.500	0.503	0.504	0.506	0.507
0.6	0.420	0.480	0.505	0.518	0.526	0.532	0.536	0.539	0.542	0.543	0.545	0.546
0.7	0.444	0.509	0.536	0.550	0.559	0.565	0.570	0.573	0.576	0.578	0.579	0.581
0.8	0.465	0.535	0.563	0.578	0.588	0.594	0.599	0.603	0.606	0.608	0.610	0.611
0.9	0.483	0.557	0.587	0.603	0.614	0.621	0.626	0.629	0.632	0.635	0.637	0.639
1.0	0.500	0.577	0.609	0.626	0.637	0.644	0.649	0.653	0.657	0.659	0.661	0.663
1.2	0.529	0.612	0.647	0.665	0.677	0.685	0.690	0.695	0.698	0.701	0.703	0.705
1.4	0.553	0.642	0.678	0.698	0.710	0.719	0.725	0.729	0.733	0.736	0.738	0.740
1.6	0.574	0.667	0.705	0.725	0.738	0.747	0.754	0.758	0.762	0.765	0.768	0.770
1.8	0.592	0.688	0.728	0.749	0.763	0.772	0.778	0.783	0.787	0.791	0.793	0.795
2.0	0.608	0.707	0.748	0.770	0.784	0.793	0.800	0.805	0.809	0.812	0.815	0.817
2.5	0.641	0.745	0.788	0.811	0.825	0.835	0.842	0.847	0.852	0.855	0.858	0.860
3.0	0.667	0.775	0.818	0.842	0.856	0.866	0.873	0.878	0.883	0.886	0.889	0.891
3.5	0.687	0.798	0.842	0.865	0.880	0.889	0.896	0.902	0.906	0.909	0.912	0.914
4.0	0.705	0.816	0.861	0.884	0.898	0.908	0.914	0.919	0.923	0.927	0.929	0.931
4.5	0.720	0.832	0.876	0.899	0.913	0.922	0.928	0.933	0.937	0.940	0.943	0.945
5.0	0.732	0.845	0.889	0.911	0.924	0.933	0.940	0.944	0.948	0.951	0.953	0.955
6.0	0.753	0.866	0.908	0.930	0.942	0.950	0.956	0.960	0.963	0.966	0.968	0.969
7.0	0.770	0.882	0.923	0.943	0.954	0.962	0.967	0.971	0.973	0.976	0.977	0.979
8.0	0.784	0.894	0.934	0.953	0.963	0.970	0.975	0.978	0.980	0.982	0.984	0.985
9.0	0.795	0.905	0.942	0.960	0.970	0.976	0.980	0.983	0.985	0.987	0.988	0.989
10.0	0.805	0.913	0.949	0.966	0.975	0.980	0.984	0.987	0.988	0.990	0.991	0.992
11.0	0.814	0.920	0.955	0.971	0.979	0.984	0.987	0.989	0.991	0.992	0.993	0.994
12.0	0.821	0.926	0.959	0.974	0.982	0.987	0.990	0.991	0.993	0.994	0.995	0.995
13.0	0.828	0.931	0.963	0.977	0.985	0.989	0.991	0.993	0.994	0.995	0.996	0.996
14.0	0.834	0.935	0.967	0.980	0.987	0.990	0.993	0.994	0.995	0.996	0.997	0.997
15.0	0.839	0.939	0.970	0.982	0.988	0.992	0.994	0.995	0.996	0.997	0.997	0.998
16.0	0.844	0.943	0.972	0.984	0.990	0.993	0.995	0.996	0.997	0.997	0.998	0.998
17.0	0.849	0.946	0.974	0.985	0.991	0.994	0.996	0.997	0.997	0.998	0.998	0.999
18.0	0.853	0.949	0.976	0.987	0.992	0.995	0.996	0.997	0.998	0.998	0.999	0.999
19.0	0.856	0.951	0.978	0.988	0.993	0.995	0.997	0.998	0.998	0.999	0.999	0.999
20.0	0.860	0.953	0.979	0.989	0.993	0.996	0.997	0.998	0.998	0.999	0.999	0.999

A.6.2　自由度対 $[2, n]$

表 **A.7**：$F_{n2}^{n1} \to \Pr\{F \leq F_{n2}^{n1}\}$

F	n = 1	2	3	4	5	6	7	8	9	10	11	12
0.0	0.000	0.000	0.000	0.000	0.000	0.000	0.000	0.000	0.000	0.000	0.000	0.000
0.1	0.087	0.091	0.092	0.093	0.093	0.094	0.094	0.094	0.094	0.094	0.094	0.094
0.2	0.155	0.167	0.171	0.174	0.175	0.176	0.177	0.177	0.178	0.178	0.178	0.179
0.3	0.209	0.231	0.239	0.244	0.247	0.249	0.250	0.251	0.252	0.253	0.253	0.254
0.4	0.255	0.286	0.299	0.306	0.310	0.313	0.315	0.317	0.318	0.319	0.320	0.321
0.5	0.293	0.333	0.350	0.360	0.366	0.370	0.373	0.376	0.378	0.379	0.380	0.381
0.6	0.326	0.375	0.396	0.408	0.416	0.421	0.425	0.428	0.431	0.433	0.434	0.436
0.7	0.355	0.412	0.437	0.451	0.461	0.467	0.472	0.475	0.478	0.481	0.483	0.484
0.8	0.380	0.444	0.473	0.490	0.500	0.508	0.513	0.518	0.521	0.524	0.526	0.528
0.9	0.402	0.474	0.506	0.524	0.536	0.545	0.551	0.556	0.560	0.563	0.565	0.568
1.0	0.423	0.500	0.535	0.556	0.569	0.578	0.585	0.590	0.595	0.598	0.601	0.603
1.2	0.458	0.545	0.586	0.609	0.625	0.636	0.644	0.650	0.655	0.659	0.662	0.665
1.4	0.487	0.583	0.628	0.654	0.671	0.683	0.692	0.699	0.704	0.709	0.713	0.716
1.6	0.512	0.615	0.663	0.691	0.710	0.723	0.732	0.740	0.746	0.750	0.754	0.758
1.8	0.534	0.643	0.694	0.723	0.742	0.756	0.766	0.774	0.780	0.785	0.789	0.793
2.0	0.553	0.667	0.719	0.750	0.770	0.784	0.794	0.802	0.809	0.814	0.818	0.822
2.5	0.592	0.714	0.770	0.802	0.823	0.838	0.848	0.857	0.863	0.868	0.873	0.876
3.0	0.622	0.750	0.808	0.840	0.861	0.875	0.885	0.893	0.900	0.905	0.909	0.912
3.5	0.646	0.778	0.836	0.868	0.888	0.902	0.912	0.919	0.925	0.930	0.933	0.937
4.0	0.667	0.800	0.858	0.889	0.908	0.921	0.931	0.938	0.943	0.947	0.951	0.953
4.5	0.684	0.818	0.875	0.905	0.924	0.936	0.945	0.951	0.956	0.960	0.963	0.965
5.0	0.698	0.833	0.889	0.918	0.936	0.947	0.955	0.961	0.965	0.969	0.971	0.974
6.0	0.723	0.857	0.911	0.938	0.953	0.963	0.970	0.974	0.978	0.981	0.983	0.984
7.0	0.742	0.875	0.926	0.951	0.964	0.973	0.979	0.983	0.985	0.987	0.989	0.990
8.0	0.757	0.889	0.937	0.960	0.972	0.980	0.984	0.988	0.990	0.992	0.993	0.994
9.0	0.771	0.900	0.946	0.967	0.978	0.984	0.988	0.991	0.993	0.994	0.995	0.996
10.0	0.782	0.909	0.953	0.972	0.982	0.988	0.991	0.993	0.995	0.996	0.997	0.997
11.0	0.791	0.917	0.958	0.976	0.985	0.990	0.993	0.995	0.996	0.997	0.998	0.998
12.0	0.800	0.923	0.963	0.980	0.988	0.992	0.995	0.996	0.997	0.998	0.998	0.999
13.0	0.808	0.929	0.967	0.982	0.990	0.993	0.996	0.997	0.998	0.998	0.999	0.999
14.0	0.814	0.933	0.970	0.984	0.991	0.995	0.996	0.998	0.998	0.999	0.999	0.999
15.0	0.820	0.938	0.973	0.986	0.992	0.995	0.997	0.998	0.999	0.999	0.999	0.999
16.0	0.826	0.941	0.975	0.988	0.993	0.996	0.998	0.998	0.999	0.999	0.999	1.000
17.0	0.831	0.944	0.977	0.989	0.994	0.997	0.998	0.999	0.999	0.999	1.000	1.000
18.0	0.836	0.947	0.979	0.990	0.995	0.997	0.998	0.999	0.999	1.000	1.000	1.000
19.0	0.840	0.950	0.980	0.991	0.995	0.997	0.999	0.999	0.999	1.000	1.000	1.000
20.0	0.844	0.952	0.982	0.992	0.996	0.998	0.999	0.999	1.000	1.000	1.000	1.000

A.6.3　自由度対 $[3, n]$

表 A.8：$F^{n1}_{n2} \to \Pr\{F \le F^{n1}_{n2}\}$

F	n = 1	2	3	4	5	6	7	8	9	10	11	12
0.0	0.000	0.000	0.000	0.000	0.000	0.000	0.000	0.000	0.000	0.000	0.000	0.000
0.1	0.051	0.047	0.045	0.044	0.043	0.043	0.043	0.042	0.042	0.042	0.042	0.042
0.2	0.111	0.111	0.110	0.109	0.108	0.107	0.107	0.106	0.106	0.106	0.106	0.106
0.3	0.165	0.173	0.175	0.175	0.175	0.175	0.175	0.175	0.175	0.175	0.175	0.175
0.4	0.212	0.230	0.236	0.239	0.241	0.242	0.242	0.243	0.244	0.244	0.244	0.244
0.5	0.252	0.281	0.292	0.298	0.302	0.304	0.306	0.307	0.308	0.309	0.310	0.311
0.6	0.287	0.326	0.343	0.352	0.358	0.362	0.365	0.367	0.369	0.370	0.372	0.373
0.7	0.318	0.367	0.388	0.401	0.409	0.414	0.419	0.422	0.425	0.427	0.429	0.430
0.8	0.345	0.403	0.429	0.445	0.455	0.462	0.468	0.472	0.476	0.478	0.481	0.483
0.9	0.369	0.435	0.467	0.485	0.497	0.506	0.513	0.518	0.522	0.525	0.528	0.530
1.0	0.391	0.465	0.500	0.521	0.535	0.545	0.553	0.559	0.564	0.568	0.571	0.574
1.2	0.429	0.515	0.558	0.583	0.601	0.613	0.623	0.630	0.636	0.641	0.645	0.648
1.4	0.460	0.558	0.606	0.635	0.655	0.669	0.680	0.688	0.695	0.701	0.705	0.709
1.6	0.487	0.593	0.646	0.678	0.699	0.715	0.726	0.736	0.743	0.749	0.755	0.759
1.8	0.510	0.623	0.679	0.713	0.736	0.753	0.765	0.775	0.783	0.789	0.795	0.799
2.0	0.530	0.650	0.708	0.744	0.767	0.784	0.797	0.807	0.815	0.822	0.828	0.832
2.5	0.572	0.701	0.764	0.801	0.826	0.844	0.856	0.867	0.874	0.881	0.886	0.891
3.0	0.604	0.740	0.804	0.842	0.866	0.883	0.895	0.905	0.912	0.918	0.923	0.927
3.5	0.630	0.770	0.835	0.871	0.894	0.910	0.922	0.931	0.937	0.942	0.947	0.950
4.0	0.651	0.794	0.858	0.893	0.915	0.930	0.940	0.948	0.954	0.959	0.962	0.965
4.5	0.670	0.813	0.876	0.910	0.931	0.944	0.954	0.961	0.966	0.970	0.973	0.975
5.0	0.685	0.829	0.890	0.923	0.942	0.955	0.963	0.969	0.974	0.977	0.980	0.982
6.0	0.710	0.854	0.912	0.942	0.959	0.969	0.976	0.981	0.984	0.987	0.989	0.990
7.0	0.731	0.872	0.928	0.955	0.969	0.978	0.984	0.987	0.990	0.992	0.993	0.994
8.0	0.747	0.887	0.939	0.964	0.976	0.984	0.988	0.991	0.993	0.995	0.996	0.997
9.0	0.761	0.898	0.948	0.970	0.981	0.988	0.992	0.994	0.995	0.997	0.997	0.998
10.0	0.773	0.908	0.955	0.975	0.985	0.991	0.994	0.996	0.997	0.998	0.998	0.999
11.0	0.783	0.916	0.960	0.979	0.988	0.993	0.995	0.997	0.998	0.998	0.999	0.999
12.0	0.792	0.922	0.965	0.982	0.990	0.994	0.996	0.998	0.998	0.999	0.999	0.999
13.0	0.800	0.928	0.968	0.984	0.992	0.995	0.997	0.998	0.999	0.999	0.999	1.000
14.0	0.807	0.933	0.971	0.986	0.993	0.996	0.998	0.998	0.999	0.999	1.000	1.000
15.0	0.813	0.937	0.974	0.988	0.994	0.997	0.998	0.999	0.999	1.000	1.000	1.000
16.0	0.819	0.941	0.976	0.989	0.995	0.997	0.998	0.999	0.999	1.000	1.000	1.000
17.0	0.824	0.944	0.978	0.990	0.995	0.998	0.999	0.999	1.000	1.000	1.000	1.000
18.0	0.829	0.947	0.980	0.991	0.996	0.998	0.999	0.999	1.000	1.000	1.000	1.000
19.0	0.833	0.950	0.981	0.992	0.996	0.998	0.999	0.999	1.000	1.000	1.000	1.000
20.0	0.837	0.952	0.983	0.993	0.997	0.998	0.999	1.000	1.000	1.000	1.000	1.000

A.7　F 分布 α 点（自由度対 $[n_1, n_2]$）

A.7.1　$\alpha = 0.01$

表 **A.9**：$\Pr\{F \geq F(\alpha)\} = \alpha \to F(\alpha)$　$(\alpha = 0.01)$

	n_2											
n_1	1	2	3	4	5	6	7	8	9	10	11	12
1	4052.2	98.50	34.12	21.20	16.26	13.75	12.25	11.26	10.56	10.04	9.65	9.33
2	4999.5	99.00	30.82	18.00	13.27	10.92	9.55	8.65	8.02	7.56	7.21	6.93
3	5403.4	99.17	29.46	16.69	12.06	9.78	8.45	7.59	6.99	6.55	6.22	5.95
4	5624.6	99.25	28.71	15.98	11.39	9.15	7.85	7.01	6.42	5.99	5.67	5.41
5	5763.6	99.30	28.24	15.52	10.97	8.75	7.46	6.63	6.06	5.64	5.32	5.06
6	5859.0	99.33	27.91	15.21	10.67	8.47	7.19	6.37	5.80	5.39	5.07	4.82
7	5928.4	99.36	27.67	14.98	10.46	8.26	6.99	6.18	5.61	5.20	4.89	4.64
8	5981.1	99.37	27.49	14.80	10.29	8.10	6.84	6.03	5.47	5.06	4.74	4.50
9	6022.5	99.39	27.35	14.66	10.16	7.98	6.72	5.91	5.35	4.94	4.63	4.39
10	6055.8	99.40	27.23	14.55	10.05	7.87	6.62	5.81	5.26	4.85	4.54	4.30
11	6083.3	99.41	27.13	14.45	9.96	7.79	6.54	5.73	5.18	4.77	4.46	4.22
12	6106.3	99.42	27.05	14.37	9.89	7.72	6.47	5.67	5.11	4.71	4.40	4.16
13	6125.9	99.42	26.98	14.31	9.82	7.66	6.41	5.61	5.05	4.65	4.34	4.10
14	6142.7	99.43	26.92	14.25	9.77	7.60	6.36	5.56	5.01	4.60	4.29	4.05
15	6157.3	99.43	26.87	14.20	9.72	7.56	6.31	5.52	4.96	4.56	4.25	4.01
16	6170.1	99.44	26.83	14.15	9.68	7.52	6.28	5.48	4.92	4.52	4.21	3.97
17	6181.4	99.44	26.79	14.11	9.64	7.48	6.24	5.44	4.89	4.49	4.18	3.94
18	6191.5	99.44	26.75	14.08	9.61	7.45	6.21	5.41	4.86	4.46	4.15	3.91
19	6200.6	99.45	26.72	14.05	9.58	7.42	6.18	5.38	4.83	4.43	4.12	3.88
20	6208.7	99.45	26.69	14.02	9.55	7.40	6.16	5.36	4.81	4.41	4.10	3.86

A.7.2　$\alpha = 0.02$

表 **A.10**：$\Pr\{F \geq F(\alpha)\} = \alpha \to F(\alpha)$　$(\alpha = 0.02)$

	n_2											
n_1	1	2	3	4	5	6	7	8	9	10	11	12
1	1012.5	48.51	20.62	14.04	11.32	9.88	8.99	8.39	7.96	7.64	7.39	7.19
2	1249.5	49.00	18.86	12.14	9.45	8.05	7.20	6.64	6.23	5.93	5.70	5.52
3	1350.5	49.17	18.11	11.34	8.67	7.29	6.45	5.90	5.51	5.22	4.99	4.81
4	1405.8	49.25	17.69	10.90	8.23	6.86	6.03	5.49	5.10	4.82	4.59	4.42
5	1440.6	49.30	17.43	10.62	7.95	6.58	5.76	5.22	4.84	4.55	4.34	4.16
6	1464.5	49.33	17.25	10.42	7.76	6.39	5.58	5.04	4.65	4.37	4.15	3.98
7	1481.8	49.36	17.11	10.27	7.61	6.25	5.44	4.90	4.52	4.23	4.02	3.85
8	1495.0	49.37	17.01	10.16	7.50	6.14	5.33	4.79	4.41	4.13	3.91	3.74
9	1505.3	49.39	16.93	10.07	7.42	6.05	5.24	4.70	4.33	4.04	3.83	3.66
10	1513.7	49.40	16.86	10.00	7.34	5.98	5.17	4.63	4.26	3.97	3.76	3.59
11	1520.6	49.41	16.81	9.94	7.28	5.93	5.11	4.58	4.20	3.92	3.70	3.53
12	1526.3	49.42	16.76	9.89	7.23	5.88	5.06	4.53	4.15	3.87	3.65	3.48
13	1531.2	49.42	16.72	9.85	7.19	5.83	5.02	4.49	4.11	3.83	3.61	3.44
14	1535.4	49.43	16.69	9.81	7.16	5.80	4.98	4.45	4.07	3.79	3.57	3.40
15	1539.1	49.43	16.66	9.78	7.12	5.76	4.95	4.42	4.04	3.76	3.54	3.37
16	1542.3	49.44	16.63	9.75	7.10	5.74	4.92	4.39	4.01	3.73	3.51	3.34
17	1545.1	49.44	16.61	9.73	7.07	5.71	4.90	4.36	3.99	3.70	3.49	3.32
18	1547.6	49.44	16.59	9.71	7.05	5.69	4.88	4.34	3.96	3.68	3.47	3.29
19	1549.9	49.45	16.57	9.69	7.03	5.67	4.86	4.32	3.94	3.66	3.45	3.27
20	1551.9	49.45	16.55	9.67	7.01	5.65	4.84	4.30	3.92	3.64	3.43	3.25

A.7.3　$\alpha = 0.05$

表 **A.11**：$\Pr\{F \geq F(\alpha)\} = \alpha \rightarrow F(\alpha)$　$(\alpha = 0.05)$

n_1	n_2 1	2	3	4	5	6	7	8	9	10	11	12
1	161.45	18.51	10.13	7.71	6.61	5.99	5.59	5.32	5.12	4.96	4.84	4.75
2	199.50	19.00	9.55	6.94	5.79	5.14	4.74	4.46	4.26	4.10	3.98	3.89
3	215.71	19.16	9.28	6.59	5.41	4.76	4.35	4.07	3.86	3.71	3.59	3.49
4	224.58	19.25	9.12	6.39	5.19	4.53	4.12	3.84	3.63	3.48	3.36	3.26
5	230.16	19.30	9.01	6.26	5.05	4.39	3.97	3.69	3.48	3.33	3.20	3.11
6	233.99	19.33	8.94	6.16	4.95	4.28	3.87	3.58	3.37	3.22	3.09	3.00
7	236.77	19.35	8.89	6.09	4.88	4.21	3.79	3.50	3.29	3.14	3.01	2.91
8	238.88	19.37	8.85	6.04	4.82	4.15	3.73	3.44	3.23	3.07	2.95	2.85
9	240.54	19.38	8.81	6.00	4.77	4.10	3.68	3.39	3.18	3.02	2.90	2.80
10	241.88	19.40	8.79	5.96	4.74	4.06	3.64	3.35	3.14	2.98	2.85	2.75
11	242.98	19.40	8.76	5.94	4.70	4.03	3.60	3.31	3.10	2.94	2.82	2.72
12	243.91	19.41	8.74	5.91	4.68	4.00	3.57	3.28	3.07	2.91	2.79	2.69
13	244.69	19.42	8.73	5.89	4.66	3.98	3.55	3.26	3.05	2.89	2.76	2.66
14	245.36	19.42	8.71	5.87	4.64	3.96	3.53	3.24	3.03	2.86	2.74	2.64
15	245.95	19.43	8.70	5.86	4.62	3.94	3.51	3.22	3.01	2.85	2.72	2.62
16	246.46	19.43	8.69	5.84	4.60	3.92	3.49	3.20	2.99	2.83	2.70	2.60
17	246.92	19.44	8.68	5.83	4.59	3.91	3.48	3.19	2.97	2.81	2.69	2.58
18	247.32	19.44	8.67	5.82	4.58	3.90	3.47	3.17	2.96	2.80	2.67	2.57
19	247.69	19.44	8.67	5.81	4.57	3.88	3.46	3.16	2.95	2.79	2.66	2.56
20	248.01	19.45	8.66	5.80	4.56	3.87	3.44	3.15	2.94	2.77	2.65	2.54

A.7.4　$\alpha = 0.10$

表 **A.12**：$\Pr\{F \geq F(\alpha)\} = \alpha \rightarrow F(\alpha) \quad (\alpha = 0.10)$

	n_2											
n_1	1	2	3	4	5	6	7	8	9	10	11	12
1	39.86	8.53	5.54	4.54	4.06	3.78	3.59	3.46	3.36	3.29	3.23	3.18
2	49.50	9.00	5.46	4.32	3.78	3.46	3.26	3.11	3.01	2.92	2.86	2.81
3	53.59	9.16	5.39	4.19	3.62	3.29	3.07	2.92	2.81	2.73	2.66	2.61
4	55.83	9.24	5.34	4.11	3.52	3.18	2.96	2.81	2.69	2.61	2.54	2.48
5	57.24	9.29	5.31	4.05	3.45	3.11	2.88	2.73	2.61	2.52	2.45	2.39
6	58.20	9.33	5.28	4.01	3.40	3.05	2.83	2.67	2.55	2.46	2.39	2.33
7	58.91	9.35	5.27	3.98	3.37	3.01	2.78	2.62	2.51	2.41	2.34	2.28
8	59.44	9.37	5.25	3.95	3.34	2.98	2.75	2.59	2.47	2.38	2.30	2.24
9	59.86	9.38	5.24	3.94	3.32	2.96	2.72	2.56	2.44	2.35	2.27	2.21
10	60.19	9.39	5.23	3.92	3.30	2.94	2.70	2.54	2.42	2.32	2.25	2.19
11	60.47	9.40	5.22	3.91	3.28	2.92	2.68	2.52	2.40	2.30	2.23	2.17
12	60.71	9.41	5.22	3.90	3.27	2.90	2.67	2.50	2.38	2.28	2.21	2.15
13	60.90	9.41	5.21	3.89	3.26	2.89	2.65	2.49	2.36	2.27	2.19	2.13
14	61.07	9.42	5.20	3.88	3.25	2.88	2.64	2.48	2.35	2.26	2.18	2.12
15	61.22	9.42	5.20	3.87	3.24	2.87	2.63	2.46	2.34	2.24	2.17	2.10
16	61.35	9.43	5.20	3.86	3.23	2.86	2.62	2.45	2.33	2.23	2.16	2.09
17	61.46	9.43	5.19	3.86	3.22	2.85	2.61	2.45	2.32	2.22	2.15	2.08
18	61.57	9.44	5.19	3.85	3.22	2.85	2.61	2.44	2.31	2.22	2.14	2.08
19	61.66	9.44	5.19	3.85	3.21	2.84	2.60	2.43	2.30	2.21	2.13	2.07
20	61.74	9.44	5.18	3.84	3.21	2.84	2.59	2.42	2.30	2.20	2.12	2.06

A.8 t 分布関数表

表 **A.13**：$t_n \to \Pr\{t \le t_n\}$

	自由度 n											
t	1	2	3	4	5	6	7	8	9	10	11	12
−6.0	0.053	0.013	0.005	0.002	0.001	0.000	0.000	0.000	0.000	0.000	0.000	0.000
−5.0	0.063	0.019	0.008	0.004	0.002	0.001	0.001	0.001	0.000	0.000	0.000	0.000
−4.0	0.078	0.029	0.014	0.008	0.005	0.004	0.003	0.002	0.002	0.001	0.001	0.001
−3.5	0.089	0.036	0.020	0.012	0.009	0.006	0.005	0.004	0.003	0.003	0.002	0.002
−3.0	0.102	0.048	0.029	0.020	0.015	0.012	0.010	0.009	0.007	0.007	0.006	0.006
−2.5	0.121	0.065	0.044	0.033	0.027	0.023	0.020	0.018	0.017	0.016	0.015	0.014
−2.0	0.148	0.092	0.070	0.058	0.051	0.046	0.043	0.040	0.038	0.037	0.035	0.034
−1.8	0.161	0.107	0.085	0.073	0.066	0.061	0.057	0.055	0.053	0.051	0.050	0.049
−1.6	0.178	0.125	0.104	0.092	0.085	0.080	0.077	0.074	0.072	0.070	0.069	0.068
−1.4	0.197	0.148	0.128	0.117	0.110	0.106	0.102	0.100	0.098	0.096	0.095	0.093
−1.2	0.221	0.177	0.158	0.148	0.142	0.138	0.135	0.132	0.130	0.129	0.128	0.127
−1.0	0.250	0.211	0.196	0.187	0.182	0.178	0.175	0.173	0.172	0.170	0.169	0.169
−0.8	0.285	0.254	0.241	0.234	0.230	0.227	0.225	0.223	0.222	0.221	0.220	0.220
−0.6	0.328	0.305	0.295	0.290	0.287	0.285	0.284	0.283	0.282	0.281	0.280	0.280
−0.4	0.379	0.364	0.358	0.355	0.353	0.352	0.351	0.350	0.349	0.349	0.348	0.348
−0.3	0.407	0.396	0.392	0.390	0.388	0.387	0.386	0.386	0.385	0.385	0.385	0.385
−0.2	0.437	0.430	0.427	0.426	0.425	0.424	0.424	0.423	0.423	0.423	0.423	0.422
−0.1	0.468	0.465	0.463	0.463	0.462	0.462	0.462	0.461	0.461	0.461	0.461	0.461
0.0	0.500	0.500	0.500	0.500	0.500	0.500	0.500	0.500	0.500	0.500	0.500	0.500
0.1	0.532	0.535	0.537	0.537	0.538	0.538	0.538	0.539	0.539	0.539	0.539	0.539
0.2	0.563	0.570	0.573	0.574	0.575	0.576	0.576	0.577	0.577	0.577	0.577	0.578
0.3	0.593	0.604	0.608	0.610	0.612	0.613	0.614	0.614	0.615	0.615	0.615	0.615
0.4	0.621	0.636	0.642	0.645	0.647	0.648	0.649	0.650	0.651	0.651	0.652	0.652
0.6	0.672	0.695	0.705	0.710	0.713	0.715	0.716	0.717	0.718	0.719	0.720	0.720
0.8	0.715	0.746	0.759	0.766	0.770	0.773	0.775	0.777	0.778	0.779	0.780	0.780
1.0	0.750	0.789	0.804	0.813	0.818	0.822	0.825	0.827	0.828	0.830	0.831	0.831
1.2	0.779	0.823	0.842	0.852	0.858	0.862	0.865	0.868	0.870	0.871	0.872	0.873
1.4	0.803	0.852	0.872	0.883	0.890	0.894	0.898	0.900	0.902	0.904	0.905	0.907
1.6	0.822	0.875	0.896	0.908	0.915	0.920	0.923	0.926	0.928	0.930	0.931	0.932
1.8	0.839	0.893	0.915	0.927	0.934	0.939	0.943	0.945	0.947	0.949	0.950	0.951
2.0	0.852	0.908	0.930	0.942	0.949	0.954	0.957	0.960	0.962	0.963	0.965	0.966
2.5	0.879	0.935	0.956	0.967	0.973	0.977	0.980	0.982	0.983	0.984	0.985	0.986
3.0	0.898	0.952	0.971	0.980	0.985	0.988	0.990	0.991	0.993	0.993	0.994	0.994
3.5	0.911	0.964	0.980	0.988	0.991	0.994	0.995	0.996	0.997	0.997	0.998	0.998
4.0	0.922	0.971	0.986	0.992	0.995	0.996	0.997	0.998	0.998	0.999	0.999	0.999
5.0	0.937	0.981	0.992	0.996	0.998	0.999	0.999	0.999	1.000	1.000	1.000	1.000
6.0	0.947	0.987	0.995	0.998	0.999	1.000	1.000	1.000	1.000	1.000	1.000	1.000

A.9　t 分布 α 点

表 **A.14**：$\Pr\{|t| \geq t_n(\alpha)\} = \alpha \rightarrow t_n(\alpha)$

	α												
自由度	0.5	0.4	0.3	0.2	0.1	0.08	0.07	0.05	0.04	0.03	0.02	0.01	0.005
1	1.000	1.376	1.963	3.078	6.314	7.916	9.058	12.706	15.895	21.205	31.821	63.657	127.32
2	0.816	1.061	1.386	1.886	2.920	3.320	3.578	4.303	4.849	5.643	6.965	9.925	14.089
3	0.765	0.978	1.250	1.638	2.353	2.605	2.763	3.182	3.482	3.896	4.541	5.841	7.453
4	0.741	0.941	1.190	1.533	2.132	2.333	2.456	2.776	2.999	3.298	3.747	4.604	5.598
5	0.727	0.920	1.156	1.476	2.015	2.191	2.297	2.571	2.757	3.003	3.365	4.032	4.773
6	0.718	0.906	1.134	1.440	1.943	2.104	2.201	2.447	2.612	2.829	3.143	3.707	4.317
7	0.711	0.896	1.119	1.415	1.895	2.046	2.136	2.365	2.517	2.715	2.998	3.499	4.029
8	0.706	0.889	1.108	1.397	1.860	2.004	2.090	2.306	2.449	2.634	2.896	3.355	3.833
9	0.703	0.883	1.100	1.383	1.833	1.973	2.055	2.262	2.398	2.574	2.821	3.250	3.690
10	0.700	0.879	1.093	1.372	1.812	1.948	2.028	2.228	2.359	2.527	2.764	3.169	3.581
11	0.697	0.876	1.088	1.363	1.796	1.928	2.007	2.201	2.328	2.491	2.718	3.106	3.497
12	0.695	0.873	1.083	1.356	1.782	1.912	1.989	2.179	2.303	2.461	2.681	3.055	3.428
13	0.694	0.870	1.079	1.350	1.771	1.899	1.974	2.160	2.282	2.436	2.650	3.012	3.372
14	0.692	0.868	1.076	1.345	1.761	1.887	1.962	2.145	2.264	2.415	2.624	2.977	3.326
15	0.691	0.866	1.074	1.341	1.753	1.878	1.951	2.131	2.249	2.397	2.602	2.947	3.286
16	0.690	0.865	1.071	1.337	1.746	1.869	1.942	2.120	2.235	2.382	2.583	2.921	3.252
17	0.689	0.863	1.069	1.333	1.740	1.862	1.934	2.110	2.224	2.368	2.567	2.898	3.222
18	0.688	0.862	1.067	1.330	1.734	1.855	1.926	2.101	2.214	2.356	2.552	2.878	3.197
19	0.688	0.861	1.066	1.328	1.729	1.850	1.920	2.093	2.205	2.346	2.539	2.861	3.174
20	0.687	0.860	1.064	1.325	1.725	1.844	1.914	2.086	2.197	2.336	2.528	2.845	3.153

付録B

MATLABとExcel, Pythonの基本操作

コンピュータを使って確率統計計算を効率的，かつ，わかりやすく行う開発環境は多く存在するが，そのなかでMATLABとExcel，Pythonに関して基本的な使い方を整理する．

B.1 MATLAB準備とコマンド操作

MATLABはMathworks社が開発している科学技術計算向けの開発環境であり，m言語を使って数学，グラフィクス，プログラミングの機能をそなえている．同社の開発するブロック線図ベースの開発環境SIMULINKとの連携も可能である．

MATLABシステムを起動すると図B.1のような操作画面が表示される．現在の作業フォルダのディレクトリを示すのが左側のウインドウでデータやプログラム，説明用のドキュメントなどを作業フォルダに集めておくと一連の処理がしやすい．MATLABの使い方は本文中でも示しているように，**(1)** コマンド操作：関数電卓のようにコマンドを順に操作する方法と，**(2) MATLAB** プログラミング：エディタを使って一連のコマンド（関数）をまとめて処理するスクリプト（MATLABプログラミングコード）を作成し実行する，の2通りがある．

簡単な内容であれば，コマンドの実行を繰り返して答えを得る手段が有効である．真ん中にコマンドウインドウがあり，コマンド操作の履歴はコマンドウインドウに残る．コマンド処理に使われた変数の値をワークデータとよび，右側のウインドウのワークスペースに整理されて蓄積される．ワークデータは随時グラフ化して全体イメージをつかむ機能もある．前述でコマンド操作を「関

図 **B.1**：操作画面の例

数電卓のような」と記述したが，データを扱うための便利な関数が多数準備されており，実際には関数電卓よりはるかに使い勝手が良い．ただし，初学者にとっては多くの機能がありすぎて困惑するかもしれない．そのような場合には，MATLAB は Excel や Word と同じように最初からすべての機能を把握する必要はなく，目的に対して必要最小限の項目のみを身につけておけばよいのだと考えればよい．本書は確率統計を理解し運用するために必要最小限の項目をまとめる．

B.1.1　基本操作，初期化

簡単な操作をしながら，基本操作と初期化コマンドを説明する．まずコマンドウインドウで `clc`（clear commands の意味）を実行するとコマンドウインドウの履歴が消去され初期状態に戻る．同時に `clear`（clear all memories の意味）を実行するとワークスペースが初期化される（図 B.2）．

MATLAB で扱う変数の型（タイプ）は，数値（整数，浮動小数，固定小数），文字列，ベクトル，行列などである．以下では，入力とシステムの反応を記述しながら説明する．`>>`をプロンプトといい，ユーザが入力可能である

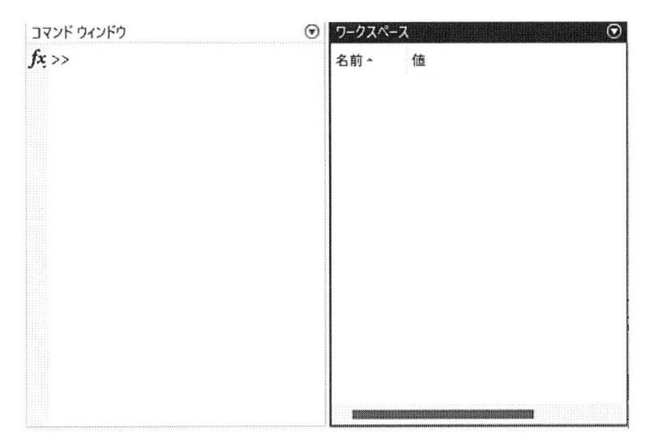

図 **B.2**：初期状態のコマンドウインドウとワークスペース

ことを示す．たとえば X=1,a=[1 2 3],b=[1;2;3] と入力すると，次の結果が得られる．

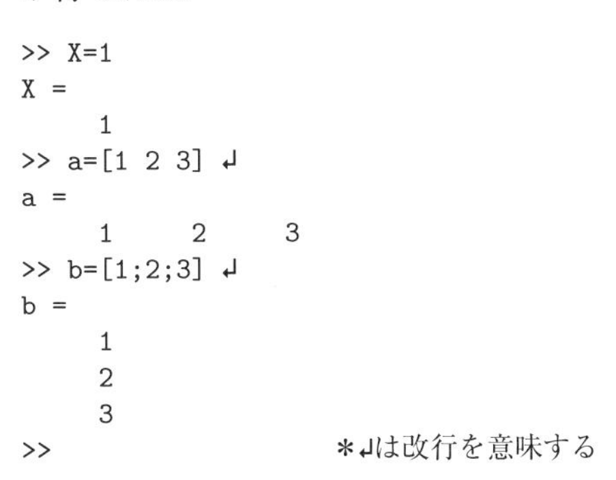

```
>> X=1
X =
     1
>> a=[1 2 3] ↲
a =
     1     2     3
>> b=[1;2;3] ↲
b =
     1
     2
     3
>>                          *↲は改行を意味する
```

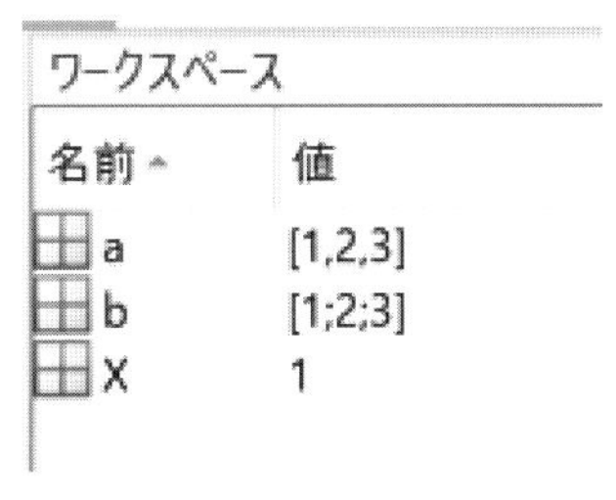

図 **B.3**：変数入力後のワークスペース

X は整数のスカラー，a は 1 行 3 列のベクトル（配列），b は 3 行 1 列のベクトル（配列）としてメモリ上に登録される．メモリ上のワークデータの状態はワークスペースに反映される．確率統計ではベクトル（配列）を使う場合が多い．

例えば X の要素が $X_1, X_2, \ldots, X_5$ でそれぞれの値が $1.2, 1.3, 1.6, 1.1, 1.2$ の場合 $X = [1.2, 1.3, 1.6, 1.1, 1.2]$ によってベクトル（配列）で表現する．その平均と分散は mean(X), var(X,1) で次のようにコマンド操作で算出できる．

```
>> X=[1.2 1.3 1.6 1.1 1.2] ↲
X =
  1 列から 3 列
    1.2000    1.3000    1.6000
  4 列から 5 列
    1.1000    1.2000
>> mean(X) ↲
ans =
    1.2800
>> var(X,1) ↲
ans =
    0.0296
>>
```

B.2　MATLAB プログラミングの基本操作

MATLAB プログラミングは複数のコマンド操作をまとめて行う場合に有効である．論理の流れを追従しやすいので他の人に技術内容を伝える場合や間違いを少なくするために有効である．まずは前節の内容をまとめることから説明する．プログラム操作の基本操作は以下の手順 (1)-(4) に従う．

(1) エディタを起動しプログラムコードの作成準備を行う．画面左上で新規スクリプトを選択し，エディタ画面を立ち上げる（図 B.4）．

(2) エディタ画面に 'untitled' の未記入のスクリプトが表示される．この場所に図 B.5 に示すようにプログラムを記入する．

(3) その後，実行ボタン ▶ をクリックすると，プログラムをセーブするモードになるので，プログラム名を入力し「保存」する．プログラム名はわかりやすい名であれば何でもよいが，すでにコマンドで使われているワード（たとえば mean）は使用禁止なので実行できない．仮に test1 と入力すると．test1.m と名のついたプログラムファイル（m コード）が生成される．

(4) 再度，実行ボタン ▶ をクリックすると test1.m に書かれたスクリプトの内容が実行される．同じことはコマンド画面で test1 と入力することでも実行される．実行結果はワークスペースに表示されるので確認ができ

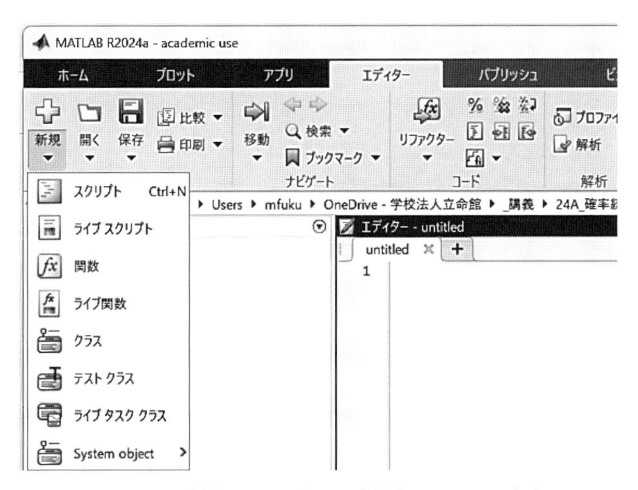

図 B.4：新規スクリプトの選択とエディタ画面

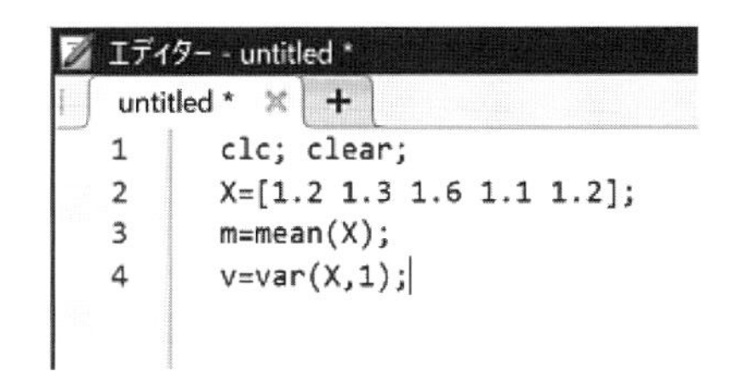

図 B.5：プログラムコード入力例

図 B.6：実行ボタン

る．

プログラムコードは前節のコマンドで示したものと同じであるが，各コマンドの後にセミコロン (;) を記入する．この記号は改行を意味する．また，プログラムに説明やメモを記入しておくと，処理の内容がわかりやすくなり，信頼性の向上につながる．そのため，% 記号のあとにコメント（プログラムでは実行されない文章）を記入する．コメントを追加した例を次に示す．

```
clc; clear; %初期化
X=[1.2 1.3 1.6 1.1 1.2]; %データ
m=mean(X); %平均
v=var(X,1); %分散
```

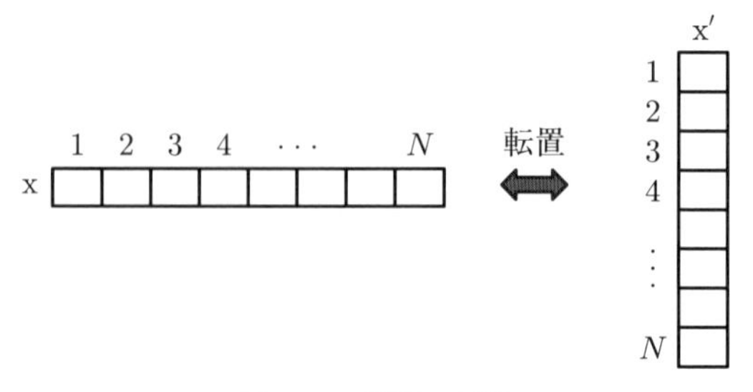

図 **B.7**：配列の転置

B.3　知っておくと便利なコマンドとプログラム例

確率統計を扱う場合に知っておくと便利なコマンドとプログラム例について説明する．

B.3.1　ベクトル（配列），行列の基本計算

ベクトル（配列），行列の基本計算として，転置，積算，積和，2 乗和，各要素の 2 乗を求めることが多い．これらの演算は for ループで構成すれば実現できるが，MATLAB は行列計算で行うほうが高速で，かつ，式も簡便である．

配列 $x = \{x_1, x_2, \ldots, x_n\}$ は MATLAB では 1 行 n 列，あるいは n 行 1 列の配列をして実装される．したがって，転置の操作が必要となる場合が多い．

(a) 転置

転置は配列 x に対して x' で実行される．記号' が転置操作を意味する．

(b) 積算

たとえば配列 $x = \{x_1, x_2, x_3, \ldots, x_n\}$ の要素の平均は

$$\frac{1}{n}\sum_{i=1}^{n} x_i$$

で計算するが，この式のなかで配列 x の要素の積算

$$\sum_{i=1}^{n} x_i$$

を求める処理が含まれる．積算は，行列計算で次の方法で計算できる．n 行 1 列で，値がすべて 1 の配列は MATLAB では ones(n,1) で与えられるので，配列 x の要素の積算 sum は配列 x と ones(n,1) の行列積で計算できる．

$$\sum_{i=1}^{n} x_i = (x_1, x_2, x_3, \ldots, x_n) \times \begin{pmatrix} 1 \\ 1 \\ 1 \\ \vdots \\ 1 \end{pmatrix}$$

すなわち，MATLAB では

```
sum =x*ones(n,1);
```

で計算できる．

(c) 積和

2 個の配列 $x = \{x_1, x_2, \ldots, x_n\}$ と $y = \{y_1, y_2, \ldots, y_n\}$ に対して積和は

$$\sum_{i=1}^{n} x_i y_i = (x_1, x_2, x_3, \ldots, x_n) \times \begin{pmatrix} y_1 \\ y_2 \\ y_3 \\ \vdots \\ y_n \end{pmatrix}$$

を求める処理である．配列 x と配列 y がそれぞれ 1 行 n 列である場合は MATLAB では積和 xy は，配列 x と配列 y の転置との積で求まるので

```
xy =x*y';
```

で計算できる.

(d) 2 乗和

配列 $x = \{x_1, x_2, x_3, \ldots, x_n\}$ の 2 乗和は

$$\sum_{i=1}^{n} x_i^2$$

で計算する．積和の例を参考にして，配列 x と配列 x の転置との積で求まるので

```
xx =x*x';
```

で計算できる.

(e) 各要素の 2 乗

各要素が 2 乗となる配列を計算する方法は (d) とは異なり，配列 $x = \{x_1, x_2, x_3, \ldots, x_n\}$ の各要素を 2 乗する操作である.

$$x^2 = \{x_1^2, x_2^2, \ldots, x_n^2\}$$

この処理は MATLAB では次式で行われる.

```
x2=x.^2;
```

^2 は 2 乗を求める計算であるが，x の各要素に対して計算操作^2 を行う場合は，操作の前に . 記号を入れる．. 記号を入れなければ x^2 は行列積（次式）

$$xx = \sum_{i=1}^{n} x_i x_i' = (x_1, x_2, x_3, \ldots, x_n) \times \begin{pmatrix} x_1 \\ x_2 \\ x_3 \\ \vdots \\ x_n \end{pmatrix}$$

となるので意味が異なる（2 乗和を求める式となる).

```
clc; clear; close all; %初期化
X=[1 2 3 4 5 1 2 2 3 1]; %データ X
Y=[5 8 6 9 6 5 6 8 7 4]; %データ Y

n=length(X); %X の配列の大きさ
X2 = X.^2; %X の各要素の 2 乗
X_SUM = X*ones(n,1); %X の要素の積算
XX = X*X'; %X の 2 乗和
XY = X*Y'; %X,Y の積和
```

図 **B.8**：配列の基本計算プログラム例

ワークスペース

名前 ▲	値
n	10
X	[1,2,3,4,5,1,2,2,3,1]
X2	[1,4,9,16,25,1,4,4,9,1]
X_SUM	24
XX	74
XY	163
Y	[5,8,6,9,6,5,6,8,7,4]

図 **B.9**：実行結果のワークスペースの状況

以上述べた配列の基本計算のプログラム例と実行結果のワークスペースの状況を図 B.8, B.9 に示すので参考にされたい.

B.3.2 統計処理，確率分布関数

配列の平均，分散，標準偏差，相関係数の計算など，統計処理のためのコマンド・関数が準備されている．表 B.1 に関数名と使い方の説明を記載する．さらに，配列 `X`, `Y` に対して平均分散などの統計基本情報を計算するプログラム例を図 B.10 に，結果の表示を図 B.11 に示す．`X` と `Y` の系列を配列データで準備し，それぞれの平均，分散，標準偏差と，`X`, `Y` の相関係数を MATLAB 関数の `mean`, `var`, `std`, `coor2` を使って計算しコマンドウインドウに表示し，さらに散布図と X,Y それぞれのヒストグラムを表示するものである．

また，一様分布，正規分布，カイ二乗分布，F 分布，t 分布のそれぞれ確率変数に関して，確率密度関数 `pdf`，分布関数 `cdf`，分布関数の逆関数が準備さ

表 **B.1**：基本的な統計処理の MATLAB 関数

MATLAB 関数の使用例	処理内容の説明
mean(A)	配列 A の平均値の計算
var(A,1)	配列 A の分散の計算
std(A,1)	配列の標準偏差の計算
corr2(A,B)	配列 A, B の相関係数の計算
histogram(A)	配列 A のヒストグラムの表示
scatter(A,B)	配列 A, B の散布図の表示

```
clc; clear; close all; %初期化
X=[1.21 1.32 1.64 1.10 1.22 1.96 2.00 2.16 2.43 1.32]; %
データ X
Y=[1.13 1.45 1.44 1.18 1.24 1.99 2.34 2.28 2.39 1.64]; %
データ Y
mx=mean(X); vx=var(X,1); sx=std(X,1);
my=mean(Y); vy=var(Y,1); sy=std(Y,1);
fprintf('X:'); fprintf('平均 %5.3f',mx);
fprintf('分散 %5.3f',vx); fprintf('標準偏差 %5.3f',sx);
fprintf('\n');
fprintf('Y:'); fprintf('平均%5.3f',my);
fprintf('分散 %5.3f', vy); fprintf('標準偏差 %5.3f',sy);
fprintf('\n');
fprintf('相関係数 %5.3f\n',corr2(X,Y));
subplot(1,3,1); scatter(X,Y);
subplot(1,3,2); histogram(X,10);
subplot(1,3,3); histogram(Y,10);
```

図 **B.10**：配列の統計情報計算プログラム例

れている．表 B.2 に代表的な関数名と使い方の説明を記載する．

これらの関数の使用したプログラムの例を図 B.12 に示す．最初に 0 から 10 までの範囲で刻み幅 0.1 の数列を配列 X にセットする．その後，配列 X の各値に対して fpdf, fcdf を使って自由度対 [8 10] の F 分布の分布関数 (cdf) と確率密度関数 (pdf) の値を算出する．その後 subplot と plot 関数を使ってそれぞれのグラフを横並びに表示する．subplot 関数は領域の分割を指定し，plot 関数はグラフを表示する．プログラム実行によって得られた pdf, cdf の結果表示を図 B.13 に示す．

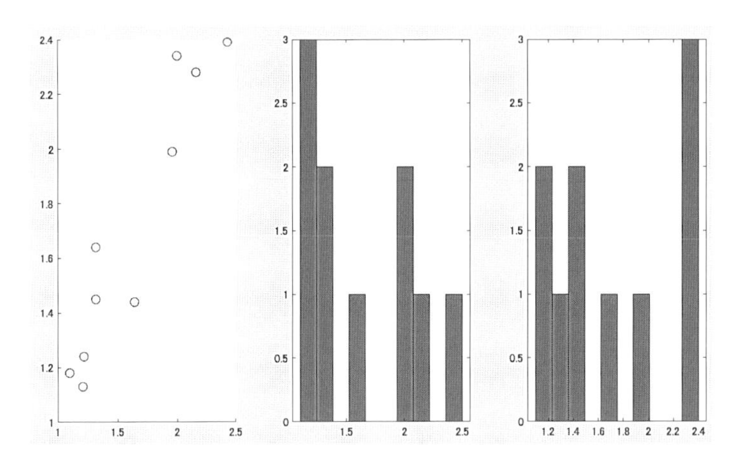


```
X: 平均 1.636 分散 0.198 標準偏差 0.445
Y: 平均 1.708 分散 0.225 標準偏差 0.474
相関係数 0.942
>>%
```

図 **B.11**：実行結果のワークスペースの状況

```
clc; clear; close all; %初期化
X=0:0.1:10;
n1 = 8; n2 = 10; %自由度対
a = 0.05; %有意水準 α

Fp= fpdf(X,n1,n2); %F 分布の pdf
Fc= fcdf(X,n1,n2); %F 分布の cdf
subplot(1,2,1); plot(X,Fp);
subplot(1,2,2); plot(X,Fc);
```

図 **B.12**：確率分布関数を使ったプログラム例

B.3.3 2次元グラフの表示

2次元グラフの表示は基本的には x 軸と y 軸の配列データを準備し，`figure` コマンドで図形ウインドウを作成，`plot` コマンドでグラフの描画を行う．一例として，平均と分散の異なる3種類の正規分布の確率密度関数と分布関数の表示プログラムの例を図 B.14 に示す．

表 **B.2**：基本的な確率分布の MATLAB 関数

MATLAB 関数の使用例	処理内容の説明
`normcdf(x,m,s)`	確率変数 x，平均 m，標準偏差 s の正規分布関数値の計算
`normpdf(x,m,s)`	確率変数 x，平均 m，標準偏差 s の正規分布確率密度関数の計算
`norminv(p,m,s)`	平均 m，標準偏差 s の正規分布関数値 $p = \Pr\{X < x\}$ →確率変数値 x
`chi2cdf(x,n)`	確率変数 x，自由度 n のカイ二乗分布関数値の計算
`chi2pdf(x,n)`	確率変数 x，自由度 n のカイ二乗確率密度関数値の計算
`chi2inv(p,n)`	自由度 n のカイ二乗分布関数値 $p = \Pr\{X < x\}$ →確率変数 x
`fcdf(F,n1,n2)`	自由度対 `[n1,n2]` の F 分布の分布関数値の計算
`fpdf(F,n1,n2)`	自由度対 `[n1,n2]` の F 分布の確率密度関数値の計算
`finv(p,n1,n2)`	自由度対 `[n1,n2]` の F 分布の分布関数値 $p = \Pr\{X < x\}$ →確率変数値 x
`tcdf(t,n)`	自由度 n の t 分布の分布関数値の計算
`tpdf(t,n)`	自由度 n の t 分布の確率密度関数値の計算
`tinv(p,n)`	自由度 n の t 分布の分布関数値 $p = \Pr\{X < x\}$ →確率変数値 x

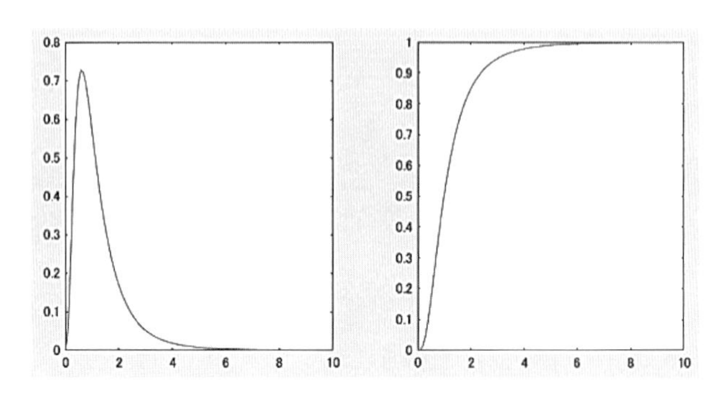

図 **B.13**：確率分布関数の表示例

見やすいグラフを作成するためにいくつかのコマンド・関数が準備されており，その代表的なものを表 B.3 に示す．`xlim`, `ylim` は x 軸と y 軸の表示領域を指定する．指定しない場合は最大値と最小値が設定される．`legend` は複数のグラフを描画する場合に各々の凡例を表示する．`xlabel`, `ylabel` は x 軸と y 軸のラベル名の指定を行う．この例では x 軸を‘`X`’，y 軸をそれぞれ‘`pdf`’,

```
clc; clear; close all;  %初期化
X=-5:0.1:10;
m1=3; s1=1;
m2=1; s2=0.5;
m3=2; s3=2;

figure(1);
pdf1=normpdf(X,m1,s1);
pdf2=normpdf(X,m2,s2);
pdf3=normpdf(X,m3,s3);
cdf1=normcdf(X,m1,s1);
cdf2=normcdf(X,m2,s2);
cdf3=normcdf(X,m3,s3);

subplot(2,1,1);
plot(X,pdf1,X,pdf2,'--', X,pdf3,'-.');
xlim([-4 8]);
legend('N(3,1^2)','N(1,0.5^2)','N(2,2^2)');
xlabel('X'); ylabel('pdf');
title('normal distribution');
grid on;

subplot(2,1,2);
plot(X,cdf1,X,cdf2,'--', X,cdf3,'-.');
xlim([-4 8]);
legend('N(3,1^2)','N(1,0.5^2)','N(2,2^2)');
xlabel('X'); ylabel('cdf');
title('normal distribution');
grid on;
```

図 **B.14**：グラフ表示のプログラム例

'cdf' としている．title はグラフのタイトルを指定する．この例では 'normal distribution' としている．grid on はグリッドの表示をオンにする．

B.4 Excel 基本操作

Excel はマイクロソフト社が開発・販売している表計算ソフトウェアで，各セルに数値あるいは計算式を記述する．計算式は '=' で始まる文字列で表記する．計算式を記述したセルはその計算結果が表示される．計算式はそのセルをクリックしたときに数式が fx 欄に表示される．

表 **B.3**：基本的なグラフ表示の MATLAB 関数

MATLAB 関数の使用例	処理内容の説明
`figure`	図形表示ウインドウの立ち上げ
`figure(n)`	n で指定した番号の図形表示ウインドウを立ち上げる
`subplot(n,m,k)`	表示ウインドウを横 n 分割，縦 m 分割とし，左上から k 番目の位置を指定する
`plot(x,y)`	配列 x, y を使って，横軸を x，縦軸を y としたグラフを描画する．
`plot(x,y1,x,y2)`	複数グラフの描画を行う．線種や点のマークも指定することが可能である．例えば '--' は破線，'-.' は一点鎖線，無指定の場合は実線となる．マークは 'o' が○，'x' が × などがある．
`axis([xmin xmax ymin ymax])`	横軸 x，縦軸 y の表示領域を一度に指定する．
`xlim([xmin xmax])`	横軸 x の表示領域を [xmin xmax] に指定する．
`ylim([ymin ymax])`	縦軸 y の表示領域を [ymin ymax] に指定する．
`title('tt')`	グラフのタイトル（文字列）を指定する
`xlabel('xt')`	x 軸と y 軸のラベル名（文字列）の指定を行う
`ylabel('yt')`	x 軸と y 軸のラベル名（文字列）の指定を行う
`legend`	凡例の指定
`grid on`	グラフにグリッドを表示させる

セルは横方向に A, B, C, ..., 縦方向に 1, 2, 3, ... と縦横位置指定がされており，両方の記号の組合せでセルの場所を指定する．例えば図 B.16 で'X'と書かれたセルは B2 である．セル I2 に数式が書かれており，図 B.16 はそのセル I2 をクリックした状態を示しており，数式=SUM(C2:H2) が fx 欄に表示されている．これは，横方向にセル C2 から H2 までの領域の合計計算をすることを指示しており，同セルにはその計算結果が 19.6 と表示されている．

Excel を使った基本的な操作はこのように，データの書き込み，数式による計算の組合せで行われる．領域の指定は C2:H2 のように両端をコロン記号で挟んだ文字列で表現される．文字列 C2:H2 を直接打ち込んでもよいが，一般的には関数=SUM() の () 内をクリックし対象となるセルの領域をマウスのドラッグ操作で指定することで簡便に選択が行える（図 B.17）．

ベクトル（配列）の基本計算として，積算，積和，2 乗和，各要素の 2 乗を

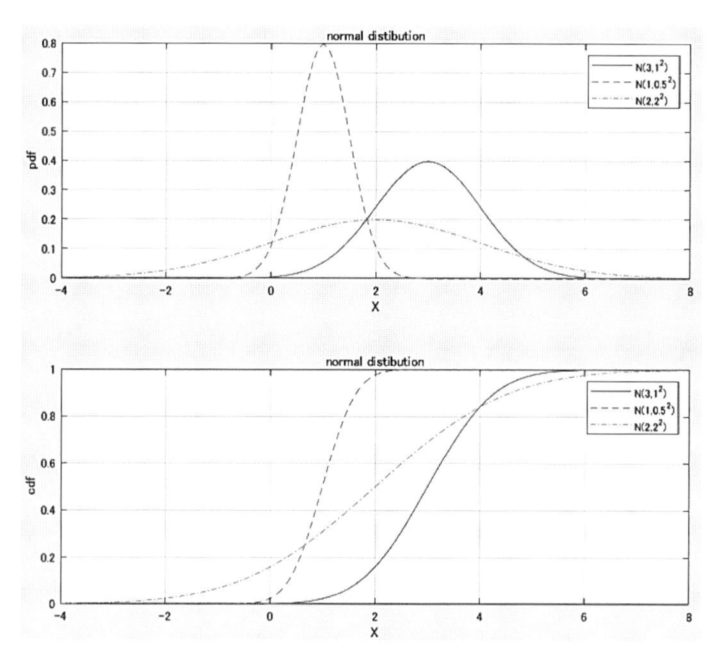

図 **B.15**：グラフ表示の表示例

I2　=SUM(C2:H2)

	A	B	C	D	E	F	G	H	I
1									合計
2		X	1.2	2.1	3.2	4.3	5.2	3.6	19.6

図 **B.16**：Excel の基礎的な使用例 1

CORREL　=SUM(C2:H2)

	A	B	C	D	E	F	G	H	I	J	K
1									合計		
2		X	1.2	2.1	3.2	4.3	5.2	3.6	=SUM(C2:H2)		
3									SUM(数値1, [数値2], ...)		

図 **B.17**：Excel の基礎的な使用例 2

Excel を使って求めることが多いので，基本操作としてまずこれらの例を説明する．

B.4.1　積算

配列 $x = \{x_1, x_2, x_3, \ldots, x_n\}$ の要素の積算

$$\sum_{i=1}^{n} x_i$$

は前述の図 B.16, B.17 の操作で行う．まずデータ $x = \{x_1, x_2, x_3, \ldots, x_n\}$ をセルの領域に書き込み，その後，積算（合計）を計算するセルの場所を決めて，その場所に数式`=SUM(領域)`を書き込む．図 B.16, B.17 では横方向にデータを書き込む場合を示したが，縦方向でも同様の操作が可能である．

B.4.2　積和

2 個の配列 $x = \{x_1, x_2, \ldots, x_n\}$ と $y = \{y_1, y_2, \ldots, y_n\}$ の積和は次式の計算を行う．

$$\sum_{i=1}^{n} x_i y_i = x_1 y_1 + x_2 y_2 + x_3 y_3 + \cdots + x_n y_n$$

まず，データ $x = \{x_1, x_2, x_3, \ldots, x_n\}$ と $y = \{y_1, y_2, \ldots, y_n\}$ をセルの領域に書き込み，次に，i 番目の要素を乗算し $xy = \{x_1y_1, x_2y_2, x_3y_3, \ldots, x_ny_n\}$ の配列を得る操作を図 B.18 で示す手順に従って行う．図 B.18(a) は，データ x の第 1 要素 x_1（セル `C2`）とデータ y の第 1 要素 y_1（セル `C3`）の積 x_1y_1 を，セル `C4` に計算式`=C2*C3`を書き込み計算する．つぎにセル `C4` を指定，セル `D4` から `H4` にオートフィルを行う（図 B.18(b)）．この操作により，セルに記入された計算式が相対的に反映される．相対的とはセル `D4` から `H4` に，計算式`=D2*D3`, `=E2*E3`, ..., `=H2*H3` のように，非計算セルが規則的にシフトしていくことである．その結果，セル `D4` から `H4` に $x_2y_2, x_3y_3, \ldots, x_6y_6$ の計算結果が格納される．その後，積算の場合と同様に，セル `I4` に数式`=SUM(領域)`を書き込み，積和結果を得る．

C4 | =C2*C3

	A	B	C	D	E	F	G	H	I
1									合計
2		X	1.2	2.1	3.2	4.3	5.2	3.6	19.6
3		Y	-1.6	0.6	2.4	5	7.3	3.8	17.5
4		XY	-1.92						

(a)

D4 | =D2*D3

	A	B	C	D	E	F	G	H	I
1									合計
2		X	1.2	2.1	3.2	4.3	5.2	3.6	19.6
3		Y	-1.6	0.6	2.4	5	7.3	3.8	17.5
4		XY	-1.92	1.26	7.68	21.5	37.96	13.68	

(b)

図 **B.18**：Excel の基礎的な使用例（積和計算）

B.4.3　各要素の 2 乗と 2 乗和

各要素の 2 乗，および 2 乗和を求める手順は積和と同様に行える．図 B.19 (a) は，データ x の第 1 要素 x_1（セル C2）の 2 乗 x_1^2 をセル C5 に計算式=C2^2 を書き込み計算する．^2 は 2 乗計算を意味する．つぎにセル C5 を指定，セル D5 から H5 にオートフィルを行う（図 B.19(b)）．さらに，積算の場合と同様に，セル I5 に数式=SUM(領域) を書き込み，2 乗和結果を得る．

B.4.4　各配列の平均，分散，標準偏差

平均，分散，標準偏差はそれぞれ Excel の関数 AVERAGE()，VAR.P()，STDEV.P() を使って計算が行われる．X の平均は図 B.20 に示すように =AVERAGE(C2:H2) によって計算される．同様に分散，標準偏差の計算も行われる．この例では，J2 から L2 の計算式を入力すれば，その下 (Y,XY,X^2) はオートフィルで実行できる．表 B.4 に基本的な統計処理の Excel 関数を示す．

B.4.5　確率分布の計算とグラフの作成

規準型正規分布 $N(0,1)$ の確率密度関数 pdf と分布関数 cdf を計算し，それ

C5　=C2^2

	A	B	C	D	E	F	G	H	I
1									合計
2		X	1.2	2.1	3.2	4.3	5.2	3.6	19.6
3		Y	-1.6	0.6	2.4	5	7.3	3.8	17.5
4		XY	-1.92	1.26	7.68	21.5	37.96	13.68	80.16
5		X^2	1.44						

(a)

I5　=SUM(C5:H5)

	A	B	C	D	E	F	G	H	I
1									合計
2		X	1.2	2.1	3.2	4.3	5.2	3.6	19.6
3		Y	-1.6	0.6	2.4	5	7.3	3.8	17.5
4		XY	-1.92	1.26	7.68	21.5	37.96	13.68	80.16
5		X^2	1.44	4.41	10.24	18.49	27.04	12.96	74.58

(b)

図 **B.19**：Excel の基礎的な使用例（2 乗和計算）

J2　=AVERAGE(C2:H2)

	A	B	C	D	E	F	G	H	I	J	K	L
1									合計	平均	分散	標準偏差
2		X	1.2	2.1	3.2	4.3	5.2	3.6	19.6	3.27	1.76	1.33
3		Y	-1.6	0.6	2.4	5	7.3	3.8	17.5	2.92	8.39	2.90
4		XY	-1.92	1.26	7.68	21.5	37.96	13.68	80.16	13.36	180.61	13.44
5		X^2	1.44	4.41	10.24	18.49	27.04	12.96	74.58	12.43	73.39	8.57

図 **B.20**：Excel の基礎的な使用例（平均，分散，標準偏差）

ぞれのグラフを描画する手段を説明する．確率変数 X とするときに，$N(0,1)$ の確率密度はほとんどが $-4 \sim 4$ の間に存在するので，X の領域を $[-4,4]$ として，その領域内の $X=x$ に対して確率密度関数 $f(x)$ と分布関数 $F(x)$ を求める．まず，X の系列を作成する．図 B.21(a) に示すようにセル B3 に X の最小値 -4 を記入し，その下のセル B4 に計算式 =B3+0.5 を記入する．これは，1 つ上のセルの値に 0.5 をプラスすることを意味する．この計算式をセル B5 から B19 にコピーすることで図 B.21(b) のように $-4 \sim 4$ の間で，間隔 0.5 刻みの数列が得られる．

表 **B.4**：基本的な統計処理の Excel 関数

関数の使用例	処理内容
=AVERAGE(C2:L2)	指定領域 C2:L2 の平均値の計算
=VAR.P(C2:L2)	指定領域 C2:L2 の分散の計算
=VAR(C2:L2)	指定領域 C2:L2 の不偏分散の計算
=STDEV.P(C2:L2)	指定領域 C2:L2 の標準偏差の計算
=STDEV(C2:L2)	指定領域 C2:L2 の不偏標準偏差の計算
=CORREL(C2:L2,C3:L3)	複数配列 C2:L2 と C3:L3 の相関係数の計算
=COVAR(C2:L2,C3:L3)	複数配列 C2:L2 と C3:L3 の共分散の計算

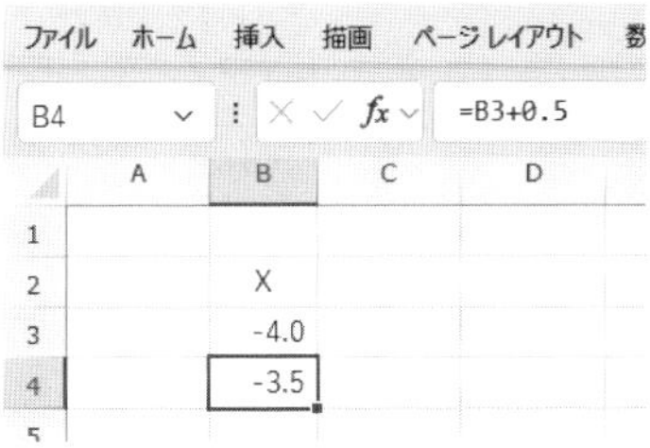

(a)

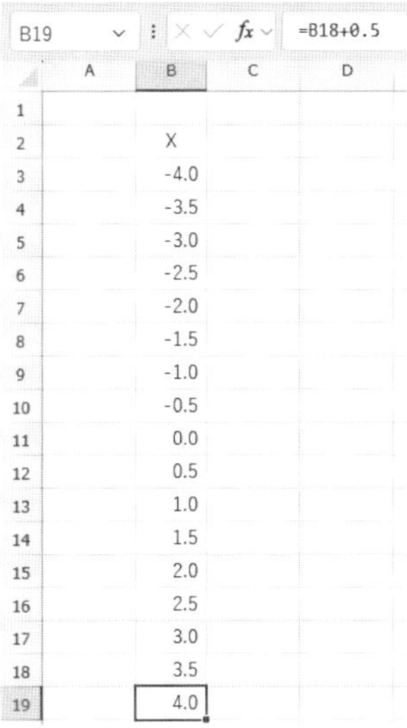

(b)

図 **B.21**：Excel の基礎的な使用例（X の領域と点列の設定）

つぎにそれぞれの X の値に対して，確率密度関数 $f(x)$ と分布関数 $F(x)$ を計算する．計算式は =NORM.DIST(x,m,s,FALSE) と =NORM.DIST(x,m,s,TRUE) が使われる．m と s はそれぞれ正規分布の平均と標準偏差である．規準型正規分布の場合は m=0，s=1 である．FALSE はこの関数が確率密度関数であることを示している．TRUE は分布関数を示す．図 B.22 に示すように，まずはセル C3 に計算式 =NORM.DIST(B3,0,1,FALSE)，セル D3 に計算式 =NORM.DIST(B3,

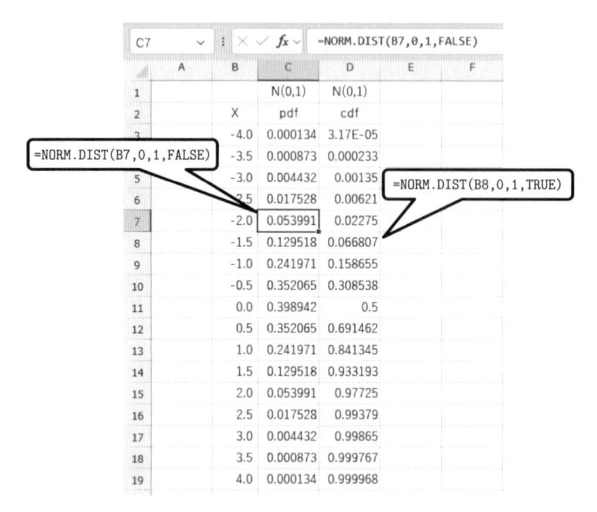

	A	B	C	D	E	F
1			N(0,1)	N(0,1)		
2		X	pdf	cdf		
3		-4.0	0.000134	3.17E-05		
4		-3.5	0.000873	0.000233		
5		-3.0	0.004432	0.00135		
6		-2.5	0.017528	0.00621		
7		-2.0	0.053991	0.02275		
8		-1.5	0.129518	0.066807		
9		-1.0	0.241971	0.158655		
10		-0.5	0.352065	0.308538		
11		0.0	0.398942	0.5		
12		0.5	0.352065	0.691462		
13		1.0	0.241971	0.841345		
14		1.5	0.129518	0.933193		
15		2.0	0.053991	0.97725		
16		2.5	0.017528	0.99379		
17		3.0	0.004432	0.99865		
18		3.5	0.000873	0.999767		
19		4.0	0.000134	0.999968		

図 **B.22**：Excel の基礎的な使用例（確率密度関数と分布関数）

0,1,TRUE) を記入．その後，この行のセル C3, B3 をクリックし，行 19 までオートフィルする．例として，セル C7 に計算式 =NORM.DIST(B7,0,1,FALSE)，セル D8 に計算式 =NORM.DIST(B8,0,1,TRUE) が設定され計算結果が表示される．

つぎに，グラフの作成を行う．グラフの作成は X と pdf を含む 2 列の領域 B2:C19 を選択する．その後，上部のツールバーから「挿入」を選択すると図 B.23 のように複数の挿入オプションが表示されるので，この中からグラフ（散布図）の直線表示を選択する．散布図は X, Y の点列をグラフ化する場合に使われる．その結果，図 B.24 のような確率密度関数のグラフを得ることができる．

上記の例を少し応用して，一般的な正規分布 $N(m, s)$ の確率密度関数と分布関数を計算する方法を図 B.25 を用いて説明する．まず表の上部に平均 m，標準偏差 s の具体的数値をセル B2 とセル C2 に記入する．これらの数値は後で変更可能なように，全ての計算式において平均 m，標準偏差 s はこれらの値を参照するように構成する．X の最小値 xmin を m-3s，最大値 xmax を m+3s とし，その間を 30 分割するように X の刻み幅 dx を（xmax-xmin)/30 とするように各セルの計算式を設定する（Excel の計算式は図中参照）．

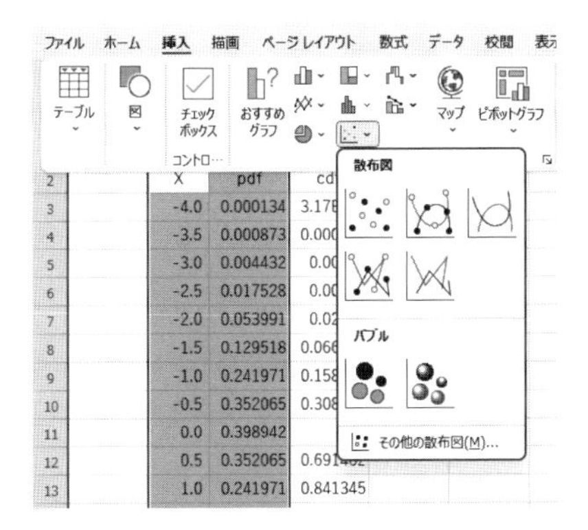

図 **B.23**：Excel の基礎的な使用例（グラフ選択）

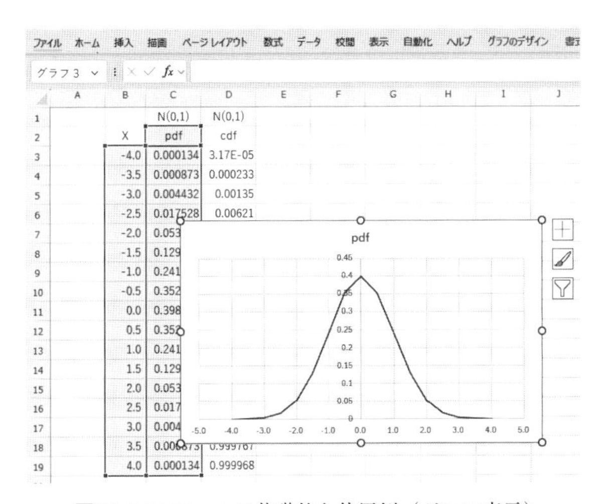

図 **B.24**：Excel の基礎的な使用例（グラフ表示）

つぎに，X の系列を最小値 `xmin` から刻み幅 dx で増加するようにセル `B6` には計算式 `=E3` とし，それより下のセルに対しては (1 つ上のセルの値) $+\ dx$ とする．この例では，セルをオートフィルすると数式の参照先は相対的に移動するが，刻み幅 dx は常に固定セル `G2` を参照するようにしたい．オートフィルしても相対的に変更をしないように固定する記号として`$`を用いる．計算式にセル`$G$2` を使うとオートフィルを行なっても常に同じセル `G2` を参照する．

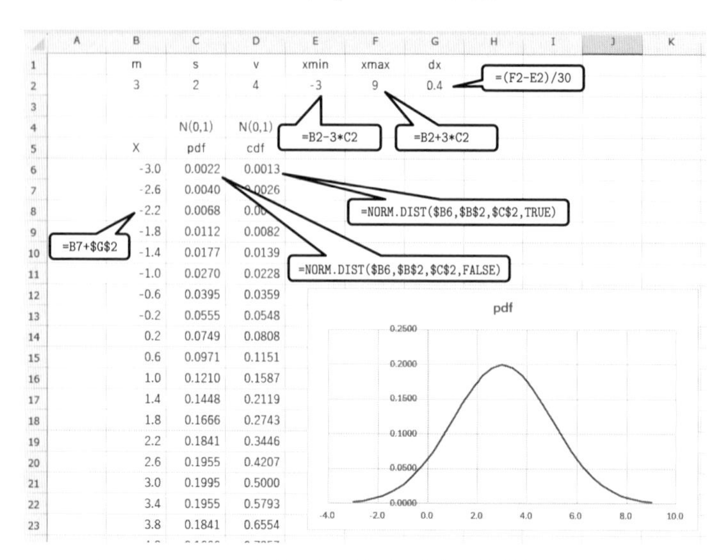

	A	B	C	D	E	F	G
1		m	s	v	xmin	xmax	dx
2		3	2	4	-3	9	0.4
3							
4			N(0,1)	N(0,1)			
5		X	pdf	cdf			
6		-3.0	0.0022	0.0013			
7		-2.6	0.0040	0.0026			
8		-2.2	0.0068	[illegible]			
9		-1.8	0.0112	0.0082			
10		-1.4	0.0177	0.0139			
11		-1.0	0.0270	0.0228			
12		-0.6	0.0395	0.0359			
13		-0.2	0.0555	0.0548			
14		0.2	0.0749	0.0808			
15		0.6	0.0971	0.1151			
16		1.0	0.1210	0.1587			
17		1.4	0.1448	0.2119			
18		1.8	0.1666	0.2743			
19		2.2	0.1841	0.3446			
20		2.6	0.1955	0.4207			
21		3.0	0.1995	0.5000			
22		3.4	0.1955	0.5793			
23		3.8	0.1841	0.6554			

図 **B.25**：Excel を使った一般正規分布の計算とグラフ表示

例えばセル B8 に対しては計算式=E7+G2 とする．

つぎに確率密度はセル C6 に計算式=NORM.DIST($B6,$B$2,$C$2,FALSE) を設定する．ここでも平均 m と標準偏差 s の参照先を固定し，B2, C2 を使う．確率変数値 x は$B6 を使い，縦方向は相対参照，横方向は絶対参照（固定）とする．分布関数はセル D6 に=NORM.DIST($B6,$B$2,$C$2,TRUE) を設定する．その後，セル C6, D6 をクリックし，下のセルにオートフィルする．グラフの表示は図 B.23, B.24 と同様に行う．

正規分布以外に，カイ二乗分布，F 分布，t 分布のそれぞれ確率変数に関して，確率密度関数 pdf，分布関数 cdf，分布関数の逆関数が準備されている．表 B.5 に代表的な関数名と使い方の説明を記載する．

B.5　Python 基本操作

Python は非営利団体である Python ソフトウェア財団が開発しているオープンソースのプログラム言語である．変数の型宣言が不要でプログラムが書きやすい，インタプリタ上での開発を基本とする，また適切なライブラリを選

表 **B.5**：基本的な確率分布の Excel 関数

関数の使用例	処理内容
=NORM.DIST(x,m,s,TRUE)	確率変数 x，平均 m，標準偏差 s の正規分布関数値の計算
=NORM.DIST(x,m,s,FALSE)	確率変数 x，平均 m，標準偏差 s の正規分布確率密度関数の計算
=NORM.INV(p,m,s)	平均 m，標準偏差 s の正規分布関数値 $p = \Pr\{X < x\}$ →確率変数値 x
=CHISQ.DIST(x,n,TRUE)	確率変数 x，自由度 n のカイ二乗分布関数値の計算
=CHISQ.DIST(x,n,FALSE)	確率変数 x，自由度 n のカイ二乗確率密度関数値の計算
=CHISQ.INV(p,n)	自由度 n のカイ二乗分布関数値 $p = \Pr\{X < x\}$ →確率変数 x
=F.DIST(F,n1,n2,TRUE)	自由度対 [n1,n2] の F 分布の分布関数値の計算
=F.DIST(F,n1,n2,FALSE)	自由度対 [n1,n2] の F 分布の確率密度関数値の計算
=F.INV(p,n1,n2)	自由度対 [n1,n2] の F 分布の分布関数値 $p = \Pr\{X < x\}$ →確率変数値 x
=T.DIST(t, 自由度,TRUE)	自由度 n の t 分布の分布関数値の計算
=T.DIST(t, 自由度,FALSE)	自由度 n の t 分布の確率密度関数値の計算
=T.INV(p, 自由度)	自由度 n の t 分布の分布関数値 $p = \Pr\{X < x\}$ →確率変数値 x

ぶことで配列や行列計算を高速に行うことができるなどの点で，MATLAB の m 言語と似た高水準の汎用開発言語である．また，Anaconda は Python インタプリタを含む統合的な開発プラットフォームであり，Python を活用するためのいくつかのツールを含む．Python のインタラクティブ開発およびドキュメンテーションシステムとしての Jupiter Notebook，MATLAB と同じようなシンタックスチェック機能や変数の確認ができるビューをそなえたインタラクティブ統合プログラミング環境の Spyder を含む．本書では主に Anaconda Windows 版に実装されている Jupiter Notebook に基づいて説明する．

B.5.1 開発環境のインストールと簡単なプログラム操作

最初に統合開発プラットフォームの Anaconda Windows 版のインストールを行う．Anaconda は公式ホームページ

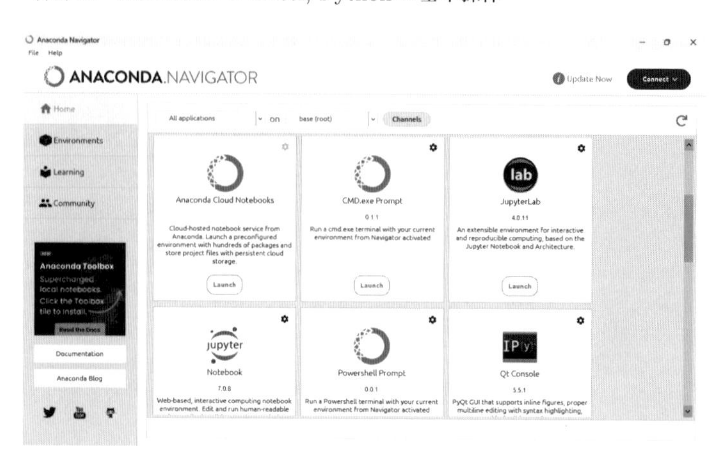

図 **B.26**：Anaconda navigator の立ち上げ画面

`https://www.anaconda.com/`

の「Download」から入手する．パソコンの OS は Windows, Mac, Linux から選択できる．Windows 版を選択しダウンロードおよびインストールを完了すると，Anaconda のアプリケーションがインストールされ，Anaconda Navigator を立ち上げると Jupiter Notebook, Spider などの開発ツール群が表示される（図 B.26）．

そこで必要なツールを立ち上げる (Launch)．本書では，Jupiter Notebook に基づいて説明するので，Jupiter Notebook を立ち上げ，File → New から Notebook を選択し立ち上げる（図 B.27）．そうすると図 B.28 の初期画面が表示される．Python は MATLAB と同様にインタプリタであるので使い方は比較的容易である．

初期画面の `[ ]:`の右側にコマンドあるいはプログラム（複数行のコマンド）を入力して実行する手順の繰り返しとなる．簡単なプログラムの例を図 B.29 に示す．変数 `a`, `b`, `c` に値を入力し，その合計を変数 `SUM` に入れ，結果を `print` コマンドによって表示するプログラムである．実行はメニューの ▶ ボタンを押して行う．結果は下の行に‘`SUM=6`’の形式で表示される．

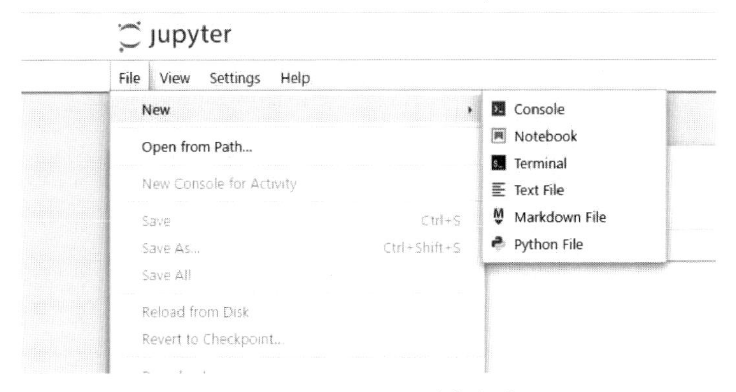

図 **B.27**：Jupiter notebook の立ち上げ (Launch)

図 **B.28**：Jupiter notebook の初期画面

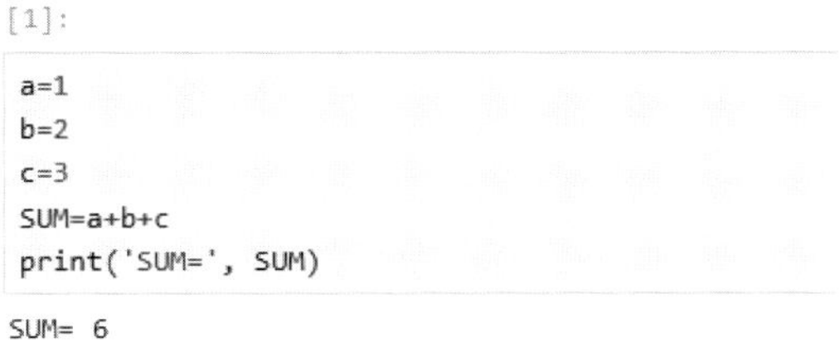

```
[1]:
a=1
b=2
c=3
SUM=a+b+c
print('SUM=', SUM)

SUM= 6
```

図 **B.29**：Jupiter notebook を使った簡単な計算

B.5.2　ライブラリの活用

簡単な計算は，さきの図 B.29 に示したような手順で実行できるが，数学で用いる関数，行列やベクトルを用いた計算や確率分布や統計処理，グラフ表示などを行うためにはライブラリの活用を行う．ライブラリには python に標準実装されているなどの標準ライブラリと外部からインストールが必要な外部ライブラリがある．なお，Anaconda は Python でプログラミングを行う際によく用いられるライブラリを一緒にインストールされるので，ライブラリインストールの煩雑な作業は必要としない．

標準ライブラリの例として，math（数学の関数を扱う），random（乱数を扱う）などが含まれる．外部ライブラリの例としては，numpy（行列計算を容易に記述できる），pandas（表形式のデータ分析を簡単に行う），matplotlib（グラフやプロット図を作成する），scipy（積分や行列演算など高度な処理を行う），scipy.stats（多くの統計分布計算を含む）などが統計処理用としては有用である．

ライブラリを使った計算の例として，x, y データの散布図とヒストグラムを並べて表示するプログラムの例を図 B.30 に示す．プログラムの最初の行の

```
import numpy as np
```

は，numpy ライブラリを np という名前でインポート（取り込み）することを意味し，3 行目の np.array() は同ライブラリの array 関数を実行することを意味する．2 行目の matplotlib.pyplot は matplot ライブラリのサブセットのライブラリである．

B.5.3　ベクトル（配列），行列の基本計算

ベクトル（配列），行列の基本計算として，転置，積算，積和，2 乗和，各要素の 2 乗を求めることが多い．これらの演算は numpy ライブラリを使って MATLAB と同様に行列計算で高速に行うことができる．積和計算の例を図 B.31 に示す．また，図 B.32 に，配列データの要素の 2 乗，平均，分散，不偏分散の計算例を示す．

B.5.4　確率分布の計算

図 B.33 に確率分布計算の一例を示す．3 行目の

```
from scipy.stats import norm
```

は，scipy.stats ライブラリからオブジェクト norm をインポートし，同オブジェクトを norm という名前で使用することを意味する．

```
[4]: import numpy as np
     import matplotlib.pyplot as plt

     x = np.array([1.21, 1.32, 1.64, 1.10, 1.22, 1.96, 2.00, 2.16, 2.43, 1.32])
     y = np.array([1.13, 1.45, 1.44, 1.18, 1.24, 1.99, 2.34, 2.28, 2.39, 1.64])
     plt.subplots_adjust(wspace=0.4,hspace=0.2)
     plt.subplot(121)
     plt.scatter(x, y)
     plt.title("scatter")
     plt.xlabel("X")
     plt.ylabel("Y")
     plt.subplot(122)
     plt.hist(x)
     plt.title("histogram")
     plt.xlabel("X")
     plt.ylabel("Freq.")
     plt.show()
```

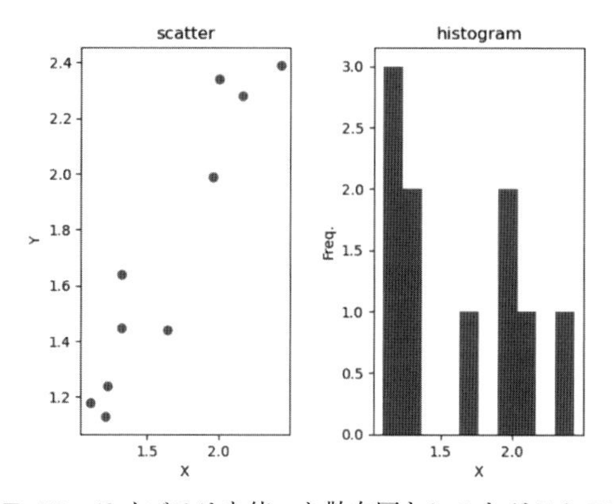

図 **B.30**：ライブラリを使った散布図とヒストグラムの表示

```
[1]:
import numpy as np

A=np.array([1,2,3,4])
B=np.array([1,2,2,1])
C=A@B
print(C)

15
```

図 **B.31**：配列を使った積和計算の例

```
[1]:
import numpy as np

[2]:
data = np.array([1, 2, 3, 4, 5])

# 要素の2乗を計算
squared_data = np.square(data)

# 平均を計算
mean = np.mean(data)

# 分散を計算
variance = np.var(data)

# 不偏分散を計算
u_variance = np.var(data, ddof=1)

# 結果の表示
print("Original data: ", data)
print("Squared data: ", squared_data)
print("Mean: ", mean)
print("Variance: ", variance)
print("Unbaiased Variance: ", u_variance)

Original data:  [1 2 3 4 5]
Squared data:  [ 1  4  9 16 25]
Mean:  3.0
Variance:  2.0
Unbaiased Variance:  2.5
```

図 **B.32**：numpy ライブラリを使った統計量の計算

```
pdf =norm.pdf(x,mu,sigma)
```

はオブジェクト `norm` に対してメソッド `pdf(x,mu,sigma)` を適用することを意味する．( ) 内はメソッド `pdf` の引数である．平均 `mu`，標準偏差 `sigma` の確率変数 `x` に対応した確率密度関数 `pdf(x)` を計算し結果を `pdf` に格納する．統計分布計算のための `scipy.stats` ライブラリに，一様分布，正規分布，カイ二乗分布，F 分布，t 分布のそれぞれ確率変数のオブジェクトとそれぞれのオブジェクトに対するメソッド（確率密度関数 pdf，分布関数 cdf，分布関数の逆関数など）が準備されている．表 B.6 に代表的なオブジェクト名を記載する．

[1]:

```
import numpy as np
import matplotlib.pyplot as plt
from scipy.stats import norm
```

[2]:

```
mu = 0  # 平均
sigma = 1  # 標準偏差
x = np.linspace(mu - 4*sigma, mu + 4*sigma, 1000)
pdf = norm.pdf(x, mu, sigma)
cdf = norm.cdf(x, mu, sigma)
plt.figure(figsize=(10, 6))

plt.subplot(2, 1, 1)
plt.plot(x, pdf, 'b', label='PDF')
plt.title('Normal Distribution - PDF and CDF')
plt.xlabel('x')
plt.ylabel('Density')
plt.legend()

plt.subplot(2, 1, 2)
plt.plot(x, cdf, 'r', label='CDF')
plt.xlabel('x')
plt.ylabel('Cumulative Probability')
plt.legend()

plt.tight_layout()
plt.show()
```

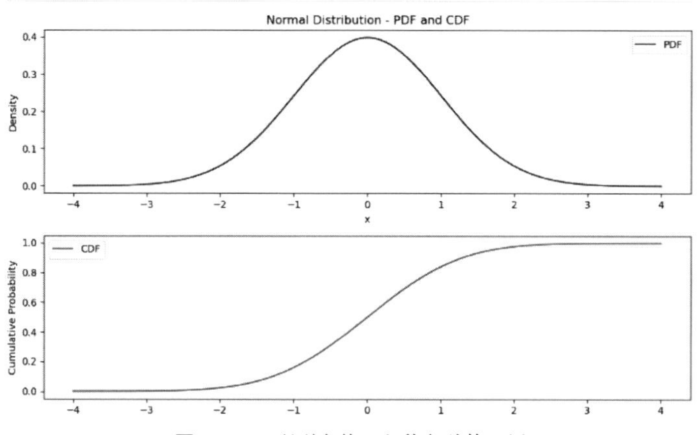

図 **B.33**：配列を使った積和計算の例

表 **B.6**：確率分布ライブラリ scipy.stats のオブジェクト

確率分布	オブジェクト
ベルヌーイ分布	`scipy.stats.bernoulli`
二項分布	`scipy.stats.binom`
ポアソン分布	`scipy.stats.poisson`
一様分布	`scipy.stats.uniform`
正規分布	`scipy.stats.norm`
カイ二乗分布	`scipy.stats.chi2`
F 分布	`scipy.stats.f`
t 分布	`scipy.stats.t`

問題解答

1章

問題 1.1 表 1.3 の累積度数分布表を用いて 80 点までの度数階級が 82，40 点までの度数階級が 8 であることがわかるので，40 点から 80 点の間に含まれる度数は $82 - 8 = 76$ である．

問題 1.2（数学）　平均：2.45　分散：2.05　標準偏差：1.43

（英語）　平均：3.10　分散：1.19　標準偏差：1.09

問題 1.3 変量 x が 20 倍になると，平均は 20 倍，分散は 202 倍，標準偏差は 20 倍になるので

（数学）　平均： 49.00　分散： 819.00　標準偏差： 28.62

（英語）　平均： 62.00　分散： 476.00　標準偏差： 21.82

問題 1.4（数学）　平均：3.60　分散：4.64　標準偏差：2.15

（英語）　平均：3.80　分散：5.76　標準偏差：2.40

相関係数：0.64

問題 1.5 $y = 0.72x + 1.22$, $R^2 = 0.41$

2章

問題 2.1

(1)（ア）$35/120 = 0.29$　（イ）$80/120 = 0.67$　（ウ）$|A \cap B|/|A| = 15/35 = 0.43$　（エ）$(80 - 15)/(120 - 35) = 0.76$

(2) 独立ではない

(3) 排反ではない

問題 2.2 選択を継続した場合の確率が 1/3，選択しなおした場合の確率が 2/3 なので，選択しなおしたほうが良い．

（直感的には，司会者が外れの 1 枚のドアを開けた時点で 2 択となるので確率は選択を継続しても選択しなおしても 1/2 で変わらないと思われがちであるが，実際には選択を継続した場合に 1/3（最初に選択したときの確率と同じ），選択しなおした場合の確率が 2/3（最初に選択なかった複数枚の確率が 2/3 で変わらない）である．

モンティホール問題は有名なので，書籍やネットでも解説が見つかるので興味のある人は調べられると良い．答えを得ることより，答えを得るプロセス=考え方が重要であることが認識させられる良問である．）

問題 2.3 100 人が一列に並ぶ場所が 100 個あり，そのなかで甲乙の場所 2 個の選び方は ${}_{100}\mathrm{C}_2 = 4950$ である．甲乙の間に 10 人だけ入るように考えた場合の甲乙の配置場所の選び方は $100 - 12 + 1 = 89$ 通り．したがって確率は $89/4950 = 0.018$.

問題 2.4

(1) $20 = 22 \times 5$ なので，$3 \times 2 - 1 = 5$ 個

(2) $80 = 24 \times 5$ なので，$5 \times 2 - 1 = 9$ 個

(3) $600 = 23 \times 3 \times 52$ なので，$4 \times 2 \times 3 - 1 = 23$ 個

問題 2.5 10 人が 1 列に並ぶ場所が 10 個あり，山田君と鈴木君の場所の選び方の組合せは ${}_{10}\mathrm{C}_2 = 45$ である．山田君と鈴木君が隣どうしになる場所の取り方は 9 通りなので，隣どうしにならない場所の取り方は $45 - 9 = 36$ 通り．その各々に対して並び方は ${}_2\mathrm{P}_2 \times {}_8\mathrm{P}_8 = 80640$. したがって $36 \times 80640 = 2903040$ 通り．

問題 2.6 1 の目が k 個である確率は ${}_6\mathrm{C}_k(\frac{1}{6})^k(\frac{5}{6})^{6-k}$ であるから，求める答えは

$$\sum_{k=3}^{6} {}_6\mathrm{C}_k \left(\frac{1}{6}\right)^k \left(\frac{5}{6}\right)^{6-k} = 0.062.$$

問題 2.7 6 個のサイコロの目の出方は 66 通り，そのうちすべてが奇数になる出方は 36 通り．したがって求める確率は $36/66 = 0.0156$.

問題 2.8　$\frac{10!}{2!2!6!} = 1260$

問題 2.9 二項展開式

$$(a+b)^n = a^n + {}_n\mathrm{C}_1 a^{n-1}b + {}_n\mathrm{C}_2 a^{n-2}b^2 + \cdots + {}_n\mathrm{C}_r a^{n-r}b^r + \cdots + {}_n\mathrm{C}_{n-1} ab^{n-1} + b^n$$

に $a = b = 1$ を代入すると

$$2^n = 1 + {}_n\mathrm{C}_1 + {}_n\mathrm{C}_2 + \cdots + {}_n\mathrm{C}_r + \cdots + {}_n\mathrm{C}_{n-1} + {}_n\mathrm{C}_n$$

したがって，${}_n\mathrm{C}_1 + {}_n\mathrm{C}_2 + \cdots + {}_n\mathrm{C}_n = 2^n - 1$.

3 章

問題 3.1 1 の目が k 個である確率は ${}_6\mathrm{C}_k(\frac{1}{6})^k(\frac{5}{6})^{6-k}$ であるから，求める答えは

1 の目が 3 個である確率は 0.05358,

1 の目が 4 個である確率は 0.00804,

1 の目が 5 個である確率は 0.00064,

1 の目が 6 個である確率は 0.00002.

問題 3.2 二項分布の平均は $np = 9.9$, $n = 20$ であることから，

$$np = 20p = 9.9.$$

したがって，

$$p = \frac{9.9}{20} = 0.495,$$

$$\sigma = \sqrt{npq} = \sqrt{20 \times 0.495 \times (1 - 0.495)} = 2.236$$

問題 3.3 X 個の部品が故障する確率は，$n = 600$, $p = 1/1000$, $m = np = 0.6$ のポアソン分布に従う．正常に動作する確率は $X = 0$ の確率なので，

$$\Pr\{X = 0\} = \frac{m^x}{x!}e^{-m} = \frac{1^0}{0!}e^{-0.6} = 0.549$$

問題 3.4　平均：$E(Y) = \frac{3E(X)-E(X)}{\sigma(X)} = \frac{2E(X)}{\sigma(X)}$，分散：$\sigma^2(Y) = \frac{9\sigma^2(X)}{\sigma^2(X)} = 9$

問題 3.5　サイコロの目の数を X としたときに

$$
平均：E(X) = \frac{1}{6}\sum_{x=1}^{6} x = 3.5
$$
$$
分散：\sigma^2(X) = \frac{1}{6}\sum_{x=1}^{6}(x - E(X))^2 = 2.92
$$

問題 3.6　3 個のサイコロの目の数を X, Y, Z としたときに問題 3.5 の解より $E(X) = E(Y) = E(Z) = 3.5$, $\sigma^2(X) = \sigma^2(Y) = \sigma^2(Z) = 2.92$ である．したがって，

$$
E(X + Y + Z) = E(X) + E(Y) + E(Z) = 10.50.
$$

X, Y, Z は互いに独立なので $\sigma^2(X+Y+Z) = \sigma^2(X)+\sigma^2(Y)+\sigma^2(Z) = 8.75$.

問題 3.7　2 個のサイコロの目の数を X, Y としたときに問題 3.5 の解より $E(X) = E(Y) = 3.5$, $\sigma^2(X) = \sigma^2(Y) = 2.92$ である．また，$E(X^2) = E(Y^2) = \frac{1}{6}\sum_{x=1}^{6} x^2 = 15.17$ である．X, Y は互いに独立なので $E(XY) = E(X)E(Y) = 12.25$, $\sigma^2(XY) = E(X^2Y^2) - E(XY)^2 = E(X^2)E(Y^2) - E(XY)^2 = 15.17^2 - 12.25^2 = 79.97$.

問題 3.8　前問の答えより $E(X) = E(Y) = 3.5$, $\sigma^2(X) = \sigma^2(Y) = 2.92$ である．また，$E(X^2) = E(Y^2) = \frac{1}{6}\sum_{x=1}^{6} x^2 = 15.17$ である．したがって，$E(X^2 + Y^2) = E(X^2) + E(Y^2) = 30.33$, $\sigma^2(X^2) = E(X^2) - E(X)^2 = 15.17 - 3.5^2 = 149.14$. $\sigma^2(Y^2)$ も同様に 149.14. X^2, Y^2 は互いに独立なので $\sigma^2(X^2 + Y^2) = \sigma^2(X^2) + \sigma^2(Y^2) = 298.28$.

問題 3.9　$E(Z) = E(2X - 3Y) = 2E(X) - 3E(Y)$，$X, Y$ は互いに独立なので

$$
\sigma^2(Z) = \sigma^2(2X - 3Y) = \sigma^2(2X) + \sigma^2(3Y) = 4\sigma^2(X) + 9\sigma^2(Y)
$$

問題 3.10　$\Pr\{a \leq |X|\} = \Pr\{X \leq -a, a \leq X\} = F(-a) + (1 - F(a)) =$

$1+F(-a)-F(a)$, $\Pr\{|X|\le b\}=\Pr\{-b\le X\le b\}=F(b)-F(-b))$.

問題 3.11　$E(Y)=E(\frac{3X-2E(X)}{\sigma(X)})=\frac{3E(X)-2E(X)}{\sigma(X)}=\frac{E(X)}{\sigma(X)}$, $\sigma^2(Y)=\sigma^2(\frac{3X-2E(X)}{\sigma(X)})=\frac{9\sigma^2(X)}{\sigma^2(X)}=9$.

問題 3.12　(1) 4.00　(2) 1.44　(3) 3.29

問題 3.13　(1) 0.12　(2) 0.52　(3) 0.69　(4) 0.91

問題 3.14 分布は $n=1000$, $p=2/6$ の二項分布に従う．n が大きいときは正規分布 $N(np,npq)$ で近似される．

$\mu=np=333.33,\quad \sigma^2=npq=222.22,$

$\Pr\{300\le X\le 350\}=F(350)-F(300)=0.87-0.01=0.86.$

$\Pr\{|X-\mu|\ge 15\}=1-(F(348.33)-F(318.33))=1-(0.84-0.16)=0.31.$

問題 3.15　$X-Y$ の分布は $N(-3.0,5.0^2+6.2^2)$

(1) $\Pr\{|X-Y|\ge 10.0\}=0.24$　(2) $\Pr\{X-Y\ge 0\}=0.35$

4章

問題 4.1 $[0,1]$ の一様乱数列を発生し，各乱数値が $[0,1/8]$，$[1/8,3/8]$，$[3/8,5/8]$，$[5/8,1]$ の値をとるとき，それぞれに対して A, B, C, D を発生させるとよい．

問題 4.2 $X+Y$ は中心極限定理により正規分布に近づくので一様分布ではない．したがって一様乱数とはいえない．

問題 4.3 正規分布の再生性により $X+Y$ は正規分布である．したがって正規乱数といえる．

問題 4.4 (1) 平均 170.0，分散 0.42　(2) 0.06

問題 4.5 (1) 平均 1，分散 1 の一様分布　(2) 中心極限定理により平均 1，分散 0.1 の正規分布　(3) 平均 1，分散 0.4 の正規分布

問題 4.6　1 枚の硬貨を 2000 回投げ X 回表が出る確率は，二項分布 $(n=2000,\ p=0.5)$ に従う．n が十分大きいのでこの確率分布は正規分布 $N(np,npq)=N(1000,500)$ で近似できる．

(1) 表の出る枚数の総和の期待度数 $E(X_1+X_2+X_3+X_4+X_5)=$

$5 \times 1000 = 5000$.

(2) $\overline{X} = \frac{X_1+X_2+X_3+X_4+X_5}{5}$ は，正規分布 $N(np, npq/5) = N(1000, 100)$ に従う．このとき，$\chi^2 = (\overline{X} - 1000)^2/100$ は自由度 1 のカイ二乗分布に従う．表の出る枚数の総和が平均から 60 以上ずれる確率は $\Pr\{|\sum X_i - 5000| \geq 60\} = \Pr\{|5\overline{X} - 5000| \geq 60\} = \Pr\{|\overline{X} - 1000| \geq 12\} = \Pr\{(\overline{X} - 1000)^2/100 \geq 12^2/100\} = \Pr\{\chi^2 \geq 1.44\}$. 付表 A.5 より $\Pr\{\chi^2 \leq 1.44\} = 0.77$ なので，$\Pr\{\chi^2 \geq 1.44\} = 0.23$.

問題 4.7　（省略）

問題 4.8　自由度 1 のカイ二乗分布の平均が 1 と分散が 2 であることから，独立な確率変数 $X_1, X_2, \ldots, X_n$ がそれぞれ自由度 1 のカイ二乗分布に従うとき $\sum X_i$ もカイ二乗分布に従いその自由度は n に等しい．その平均は $E(\sum X_i) = \sum E(X_1) = n$，分散は $\sigma^2(\sum X_i) = \sum \sigma^2(X_1) = 2n$ が得られる．

問題 4.9　カイ二乗分布の再生性により，n 個の標本変数 $X_1, X_2, \ldots, X_n$ がそれぞれ自由度 1 のカイ二乗分布に従うとき $\sum X_i$ もカイ二乗分布に従いその自由度は n に等しい．中心極限定理により標本平均 $\frac{1}{N}\sum X_i$ は正規分布に近似されることから，$\sum X_i$ も正規分布に近似される．

問題 4.10

(1) $\overline{x} = (24.3 + 18.9 + 22.7 + 21.5 + 16.2 + 23.5)/6 = 21.18$, $u^2 = \{(24.3-21.18)^2+(18.9-21.18)^2+(22.7-21.18)^2+(21.5-21.18)^2+(16.2 - 21.18)^2 + (23.5 - 21.18)^2\}/(6 - 1) = 9.51$

(2) $F_0 = (21.18 - 17.5)^2/(9.51/6) = 8.56$, $\Pr\{F > F_0\} = 0.0326$

問題 4.11　(1) $F_0 = 0.299$　　(2) $F = 0.042$

5 章

問題 5.1　尤度は

$$L(p) = (p^0(1-p)^3)^{35} \cdot (p^1(1-p)^2)^{120} \cdot (p^2(1-p)^1)^{112} \cdot (p^3(1-p)^0)^{30}$$
$$= p^{434}(1-p)^{466}$$
$$L'(p) = 434p^{433}(1-p)^{466} - 466p^{434}(1-p)^{465}$$
$$= (434 - 900p)p^{433}(1-p)^{465}$$

$L(p)$ の最大化条件は $L'(p) = 0$ なので，$\widehat{p} = 434/900 = 0.482$

問題 5.2　期待度数は下表のとおり

	肥満している	肥満していない	計
スポーツの習慣がある	8.2	31.8	40
スポーツの習慣がない	8.8	34.2	43
計	17	66	83

問題 5.3

(1) 分散 $\sigma^2/10$　標準偏差 $\sigma/\sqrt{10}$

(2) $(\overline{X} - \mu)/\sigma(\overline{X})$ は規準型正規分布に従うので，$\Pr\{|\overline{X} - \mu|/\sigma(\overline{X}) < a\} = 0.99$ となる a の値は規準型正規分布の分布関数値が $\phi(a) = 0.995$ となる a の値であるから付表 A.2 により 2.58 が得られる．

(3) $[1.021, 2.979]$

問題 5.4

(1) 母平均の推定量 $\overline{X} = \frac{1}{N}\sum X_i$

(2) 母分散の推定量 $U^2 = \frac{1}{n-1}\sum(X_i - \overline{X})^2$

(3) 自由度対 $[1, 9]$ の F 分布

(4) 付表 A.12 により 10.56

(5) $[0.767, 3.233]$

問題 5.5

(1) 母分散 σ^2 が未知の正規母集団の母平均 μ の区間推定は，標本数を $n = 10$，標本平均を $\bar{X}$，不偏分散を U^2 とすると，$F = \frac{(\bar{X}-\mu)^2}{U^2/n}$ は自由度対 $[1,\ n-1]$ の F 分布に従う．信頼係数 95% の場合，$F = \frac{(\bar{X}-\mu)^2}{U^2/n}$ は自由度対 $[1, 9]$ の F 分布に従う．$\alpha = 0.05$ なので，付表

A.11 により $\mathrm{F}_9^1(\alpha) = 5.12$ である．したがって信頼係数 95% の母平均 μ の信頼区間は

$$\left[\bar{x} - u\sqrt{\frac{F_{n-1}^1(\alpha)}{n}},\ \bar{x} + u\sqrt{\frac{F_{n-1}^1(\alpha)}{n}}\right]$$

である．標本の測定結果から $\bar{X} = \frac{1}{10}\sum_{i=1}^{10} X_i = 100.0364$, $U^2 = \frac{1}{10-1}\sum_{i=1}^{10}(X_i - \bar{X})^2 = 0.1206$, $U = \sqrt{0.1206} = 0.347$ となるので，母平均 μ の信頼係数 95% の信頼区間は $[99.788, 100.285]$ で与えられる．

(2) 母平均 μ が未知の正規母集団の母分散 σ^2 の区間推定は，標本平均 $\bar{X}$ に対して，$S = (X_1 - \bar{X})^2 + (X_2 - \bar{X})^2 + \cdots + (X_n - X)^2$ とするとき，$\chi^2 = \frac{S}{\sigma^2}$ が，自由度 $n-1$ のカイ二乗分布に従うことを使う．

母分散 σ^2 の信頼係数 $1-\alpha$ の信頼区間は $\left[\frac{s}{x_{n-1}^2\left(\frac{\alpha}{2}\right)},\ \frac{s}{x_{n-1}^2\left(1-\frac{\alpha}{2}\right)}\right]$ で与えられる．$n = 10$, $\bar{x} = 100.0364$, $s = 1.085$, $\alpha = 0.05$ であるから，$\frac{\alpha}{2} = 0.025$, $1 - \frac{\alpha}{2} = 0.975$．したがって，$x_{n-1}^2\left(\frac{\alpha}{2}\right) = 19.025$, $x_{n-1}^2\left(1 - \frac{\alpha}{2}\right) = 2.700$（付表 A.5 より）．母分散 σ^2 の信頼係数 95% の信頼区間は $\left[\frac{1.085}{19.025}, \frac{1.085}{2.700}\right] = [0.057,\ 0.402]$ で与えられる．

6章

問題 6.1

(1) $a : 833.3$　$b : 3333.3$　$c : 4166.7$　$d : 1666.7$

(2) 自由度 3 のカイ二乗分布

(3) 7.42

(4) 有意水準 5%, 1% の α 点はそれぞれ 7.81, 11.34 であるから，いずれの場合においても棄却されない．

(5) p 値は 0.060 で小さな値であるからこの実験結果は確率的に起こりにくいことを示している．

	2,3	4,5,6	7,8,9	10,11,12	合計
実測回数	800	3366	4250	1584	10000
確率 p_i	$\frac{1+2}{36}$	$\frac{3+4+5}{36}$	$\frac{6+5+4}{36}$	$\frac{3+2+1}{36}$	
期待度数	833.3	3333.3	4166.7	1666.7	10000

問題 6.2

(1) 1 の目が出る回数を X とするとき，X の分布は $n = 600$, $p = 1/6$ の二項分布に従う．n が大きいときは正規分布 $N(\mu, \sigma^2)$ で近似される．$\mu = np = 100$, $\sigma^2 = npq = 83.33$, $\sigma = 9.129$，統計量 $T = (X - \mu)/\sigma$ は $N(0, 1)$ に従う．$X = 85$ に対応する統計量 T の実現値は $T_0 = \frac{85-100}{9.129} = -1.643$ である．有意水準 5% として，$\alpha = 0.025$ の α 点は 1.946 なので，棄却域は -1.946 以下か 1.946 以上であるが，-1.643 は棄却域に入らないので「サイコロは正常なもの」という仮説は棄却されない．

(2) X の分布は $n = 1200$, $p = 1/6$ の二項分布に従う．n が大きいときは正規分布 $N(\mu, \sigma^2)$ で近似される．$\mu = 200$, $\sigma^2 = 166.7$, $\sigma = 12.91$, $T_0 = -2.323$ 棄却域は -1.946 以下か 1.946 以上であるが，-2.323 は棄却域に入らないので「サイコロは正常なもの」という仮説は棄却される．

（考察）　(1) に比較して (2) は n と X がどちらも 2 倍になっており 1 の目が出る相対度数 X/n が変わらないので同じような結果に思える．しかし，X の標準偏差は 2 倍ではなく $\sqrt{2}$ 倍なので，相対度数 X/n の標準偏差は $1/\sqrt{2}$ 倍，すなわち小さくなっていることから，(1) では棄却されなかったものが (2) では棄却される結果となった．

問題 6.3 正常なサイコロなのでそれぞれの目の出る確率はいずれも 1/6 である．したがって，各目の出る期待値 m_i はいずれも 100 回である．各目の出る実測度数を X_i とすると $\chi^2 = (X_i - m_i)/m_i$ は自由度 $n - 1 = 5$ のカイ二乗分布に従う．有意水準 5% として，$\alpha = 0.05$ の α 点は 11.0 である．χ^2 の実現値 χ_0^2 は次のように計算できる．

$$\chi_0^2 = \frac{(85-100)^2}{100} + \frac{(130-100)^2}{100} + \frac{(100-100)^2}{100} + \frac{(120-100)^2}{100} + \frac{(90-100)^2}{100} + \frac{(75-100)^2}{100} = 22.5$$

この値は 11.0 より大きいので仮説は棄却される．したがって，この投げ方は無作為といえない．

問題 6.4　コインが表となる確率 p の最尤推定量 $\widehat{p}$ は

$$\widehat{p} = \frac{11 \times 0 + 31 \times 1 + 34 \times 2 + 18 \times 3}{94 \times 3} = 0.543$$

である．期待度数の推定値は $\widehat{m}_i = 94 \times {}_3\mathrm{C}_i\,\widehat{p}^i(1-\widehat{p})^{3-i}$ で計算でき，値は下表のとおりである．

	0	1	2	3	合計
実測回数 X_i	11	31	34	18	94
期待度数の推定値 $\widehat{m}_i$	9.0	32.0	38.0	15.0	94

この結果に対して $\chi^2 = (X_i - \widehat{m}_i)/\widehat{m}_i$ は自由度 $n-2=2$ のカイ二乗分布に従う．有意水準 5% の検定における棄却の条件式は $\chi^2 > 5.991$ であり，χ^2 の実現値が 1.497 であるから，結果は棄却されない．実験は正しく行われたと考える．

索　引

さ　行

た　行

な　行

は　行

ま　行

memo

memo

memo

memo

memo

memo

〈著者紹介〉

福井正博（ふくい　まさひろ）

1983 年　大阪大学大学院工学研究科修士課程修了
1983 年　松下電器産業株式会社 入社
2003 年　立命館大学理工学部電気情報工学科教授
現　在　立命館大学名誉教授
　　　　博士（工学）
専　門　電子デバイス・電子機器，システム工学
著　書　『スマートグリッドと蓄電技術』（共著），コロナ社，2022
　　　　『LSI 入門：動作原理から論理回路設計まで』（共著），森北出版，2016　他

工学系のための確率統計

MATLAB と Excel による実践入門

2025 年 3 月 31 日　初版 1 刷発行

著　者　福井正博　© 2025

発行者　南條光章

発行所　**共立出版株式会社**

〒112-0006
東京都文京区小日向 4-6-19
電話番号　03-3947-2511（代表）
振替口座　00110-2-57035
www.kyoritsu-pub.co.jp

印　刷　大日本法令印刷

製　本　ブロケード

一般社団法人
自然科学書協会
会員

検印廃止
NDC 350.1,417.1

ISBN 978-4-320-11580-4

Printed in Japan